高等学校应用型特色规划教材

C 语言程序设计与应用开发

(第 3 版)

孙霄霄　卓　琳　陈　慧
　　　　吴小菁　高建清　编　著
　　　　杨　玮　唐　磊　参　编

清华大学出版社
北　京

内 容 简 介

本书是C语言程序设计的入门与应用教材。全书共分为13章，主要内容包括C语言概述、C语言程序设计的初步知识、顺序结构程序设计、选择结构程序设计、循环结构程序设计、函数、数组、编译预处理、指针、构造数据类型、文件、位运算、项目实践等。本书注重基础，突出应用。每章均有"小型案例实训"，可以帮助读者综合运用本章知识点，提高实际编程能力。最后一章综合应用前面各章所学的C语言知识，详细分析了一个实际项目开发的全过程，从而帮助读者将前面所学的知识点串联起来，达到从程序设计的角度加以灵活运用的目的。

本书易教易学、学以致用、注重实践，对初学者容易混淆的内容进行了重点提示和讲解。本书适合作为普通高等院校应用型本科(含部分专科、高职类)各相关专业的程序设计教材，也适合编程开发人员培训和自学使用。

图书在版编目(CIP)数据

C语言程序设计与应用开发/孙霄霄等编著. —3版. —北京：清华大学出版社，2018（2020. 7重印）
(高等学校应用型特色规划教材)
ISBN 978-7-302-50788-8

Ⅰ. ①C… Ⅱ. ①孙… Ⅲ. ①C语言—程序设计—高等学校—教材 Ⅳ. ①TP312.8

中国版本图书馆CIP数据核字(2018)第174804号

责任编辑： 章忆文　桑任松
封面设计： 李　坤
责任校对： 吴春华
责任印制： 丛怀宇
出版发行： 清华大学出版社
　　网　　址： http://www.tup.com.cn, http://www.wqbook.com
　　地　　址： 北京清华大学学研大厦A座　　**邮　　编：** 100084
　　社 总 机： 010-62770175　　**邮　　购：** 010-62786544
　　投稿与读者服务： 010-62776969, c-service@tup.tsinghua.edu.cn
　　质量反馈： 010-62772015, zhiliang@tup.tsinghua.edu.cn
　　课件下载： http://www.tup.com.cn, 010-62791865
印 装 者： 三河市少明印务有限公司
经　　销： 全国新华书店
开　　本： 185mm×260mm　　**印　张：** 21.75　　**字　数：** 528千字
版　　次： 2006年4月第1版　2018年8月第3版　　**印　次：** 2020年7月第2次印刷
定　　价： 49.00元

产品编号：078536-01

前　言

为适应当前普通高等学校注重培养应用型人才的需求，清华大学出版社推出了“高等学校应用型特色规划教材”丛书。本书是该丛书中的一本，依据普通高等院校教学大纲以及实际开发经验组织内容，注重理论的严谨性和完整性，案例丰富、实用性强，力求使学生在掌握 C 语言的同时获得程序开发的基本思路，以培养学生独立开发较为复杂系统的能力。

C 语言功能丰富，表达能力强，使用灵活方便，应用面广，具有完善的模块程序结构，可移植性好，它的高级语言形式、低级语言功能具有独特的魅力，使用 C 语言进行程序设计已成为软件开发的一个主流。现今，C 语言已被大多数高等学校作为典型的计算机教学语言。

本书是 C 语言程序设计的入门与应用教材，全书共分为 13 章，各章的主要内容说明如下。

第 1 章讲述 C 语言概述，包括 C 语言的发展及特点、C 语言程序的格式与构成及其基本要求、C 语言程序的编译和运行以及算法等内容。

第 2 章讲述 C 语言程序设计的初步知识，包括 C 语言的数据类型、标识符和常量及变量、整型数据、实型数据、字符型数据、算术运算符和算术表达式、赋值运算符和赋值表达式、逗号运算符和逗号表达式、自增运算符、自减运算符及 C 语言运算符的优先级、不同类型数据间的混合运算等内容。

第 3 章讲述顺序结构程序设计，包括 C 语言的几种语句、数据的输出(含字符输出函数和格式输出函数)、数据的输入(含字符输入函数和格式输入函数)等内容。

第 4 章讲述选择结构程序设计，包括关系运算符和关系表达式、逻辑运算符和逻辑表达式、条件运算符和条件表达式、if 语句、switch 语句、程序举例等内容。

第 5 章讲述循环结构程序设计，包括 while 语句、do-while 语句、for 语句、break 和 continue 语句在循环体中的作用、语句标号和 goto 语句、循环结构的嵌套等内容。

第 6 章讲述函数，包括函数概述、函数的参数和返回值、函数的参数传递方式、函数的调用、变量的作用域和存储类型、函数的作用范围等内容。

第 7 章讲述数组，包括一维数组、二维数组、字符数组的定义、引用、初始化和应用以及字符串处理函数、数组与函数等内容。

第 8 章讲述编译预处理，包括宏定义(含无参宏、带参宏和终止宏定义)、文件包含命令、条件编译等内容。

第 9 章讲述指针，包括指针概述、指针变量、指针与数组、指针与字符串、指针数组、指针与函数、指向指针的指针、main 函数的形参和 void 指针等内容。

第 10 章讲述构造数据类型，包括结构体、结构体与函数、结构体与指针、链表、共

用体、枚举类型、typedef 类型声明等内容。

第 11 章讲述文件，包括文件概述、文件类型指针、文件的基本操作、文件的定位函数、文件出错检测函数等内容。

第 12 章讲述位运算，包括位运算符、位段等内容。

第 13 章讲述项目实践，综合应用前面各章所学的 C 语言知识，详细分析了项目开发的全过程(包括可行性与需求分析、系统设计、软件编码、软件测试等)，帮助学生将前面所学的知识点串联起来，真正掌握程序设计的核心内容。

本书注重基础，突出应用，除了最后一章(第 13 章)外每章均有“小型案例实训”“学习加油站”“上机实验”和“习题”，目的是让读者能够通过本章所学知识点来提高实际编程能力。

本书还提供了 3 个附录，分别是运算符的优先级和结合性、常用字符与 ASCII 代码对照表、各章习题参考答案。

本书具有如下特色。

(1) 易于教学和自学，适合初学者。本书充分考虑了初学者学习 C 语言的特点，按照循序渐进、难点分散的原则组织内容，用浅显的文字，阐明复杂、灵活的概念，通过丰富的示例解释难点与重点，力求做到语言通俗、概念清晰、易学实用，以使读者上手快、学得会、用得着。

(2) 注重基础内容，突出实用性。C 语言博大精深，本书精选最基本、最重要、最实用的内容进行介绍，不刻意追求所谓的全面和详尽。对于较生僻的内容，本书也从概念讲解入手，以保证 C 语言本身的完整性。力求做到内容新颖、实用，逻辑性强，完整性好，重点突出。

(3) 强调编程思想，突出应用性。全书强调编程思想，突出应用性，编写了大量例题、习题、小型案例和项目案例，以培养读者的 C 语言程序设计能力和动手编程的能力。衡量这门课学习的好坏，不是看“知不知道”，而是看“会不会干”。

本书免费提供等级考试系统、电子教案、程序源代码以及等级考试题库，读者可以从 www.tup.com.cn 网站下载。

特别感谢中兴通讯股份有限公司的资深高级程序员王国全提供了宝贵的修改意见并编写了第 13 章。本书由孙霄霄、卓琳、陈慧、吴小菁、高建清编著，杨玮、唐磊、苏忠参编。在本书编写过程中，何光明、陈海燕、王珊珊、石雅琴、许娟、俞露、凌莉、何壮等在内容编写、程序测试、文字校对中付出了辛勤劳动，在此一并表示感谢。

由于作者水平有限，书中难免有不当之处，恳请广大读者批评指正。联系邮箱：iteditor@126.com。

作　者

目 录

高等学校应用型特色规划教材

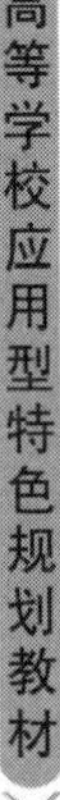

第 1 章　C 语言概述

本章要点

- ☑ C 语言的发展及特点
- ☑ C 语言程序的格式
- ☑ C 语言程序的构成
- ☑ C 语言程序的基本要求
- ☑ C 语言程序的编译和运行
- ☑ 算法概述

1.1　C 语言的发展及特点

C 语言是一种面向过程的通用程序设计语言。它以表达简明、使用灵活、结构化的流程控制、丰富的数据结构和操作集合、良好的程序可移植性和较高效率的目标代码为特征。C 语言不仅具有高级语言的要素，还兼有低级语言的功能，因此既可用于编写系统程序，也可用于编写不同领域的应用程序。本节主要介绍 C 语言的发展及特点。

1.1.1　C 语言的发展

C 语言是美国贝尔实验室的 Dennis M.Ritchie 于 1972 年设计实现的。C 语言是在 B 语言的基础上发展起来的，它的根源可以追溯到 ALGOL 60。ALGOL 60 是 1960 年由国际计算机委员会设计的一种面向过程的结构化程序设计语言，用它编写的程序具有可读性和可移植性好的特点。但是，它不能直接对硬件进行操作，不宜用来编写系统程序。系统程序主要用汇编语言编写，而汇编语言是面向机器的程序语言，用它编写的程序可读性和可移植性都比较差。为此，人们开始考虑设计一种集高级语言和低级语言功能于一身的语言，以便用它来编写可读性和可移植性都比较好的系统程序。

1963 年，英国剑桥大学和伦敦大学首先将 ALGOL 60 发展成 CPL(Combined Programming Language，组合程序设计语言)。该语言已比较接近于硬件，但规模较大，实用性不强。

1967 年，剑桥大学的 Martin Richards 将 CPL 改制成 BCPL(Basic Combined Programming Language，基本组合编程语言)。BCPL 比 CPL 大为简化，既具有结构化程序设计语言的特点，也能直接处理与硬件相关的数据，被软件人员用作系统程序的描述语言。

1970 年，美国贝尔实验室的 Ken Thompson 将 BCPL 修改为 B 语言(Boiling CPL down to its basic good feature)，并用 B 语言开发了第一个由高级语言实现的 UNIX 操作系统，在 DEC 公司的 PDP-7 小型机上运行。

1972 年，Dennis M. Ritchie 将 B 语言修改设计成 C 语言。C 语言既保持了 BCPL 和 B 语言的精练和接近于硬件的特点，也克服了它们过于简单、数据无类型等缺点。1973 年，Ken Thompson 和 Dennis M. Ritchie 又合作将 1969 年用汇编语言编写的 UNIX 操作系统改用 C 语言编写，C 语言代码占 90%以上，只保留了少量汇编语言代码，这样就使得 UNIX 操作系统向其他类型的机器上移植变得相当简单。到了 20 世纪 70 年代中期，UNIX 操作系统和 C 语言作为软件设计师的得力工具传遍了贝尔实验室，接着又传遍了所有的美国大学校园。随着西欧和日本相继宣布加入 UNIX 和 C 语言的行列，UNIX 和 C 语言开始风靡世界。

1978 年，以 UNIX 第 7 版中的 C 编译程序为基础，Brain W.Kernighan 和 Dennis M. Ritchie 合著了影响深远的名著 *The C Programming Language*(《C 程序设计语言》)。这本书中介绍的 C 语言成为后来广泛使用的 C 语言版本的基础，称为 K&R C 语言。在其后的十几年中，适用于不同机种和不同操作系统的 C 编译系统相继问世，从而把 C 语言的应用推向了更加广泛普及的阶段。1983 年，美国国家标准局 ANSI 制定了 C 语言标准。这个标准不断完善，并从 1987 年开始实施，称为 ANSI C。1988 年，Kernighan 和 Ritchie 修改了经典著作 *The C Programming Language*，按 ANSI C 标准重新编写了该书。现在一般称 ANSI C 为新标准或现代 C，K&R C 为旧标准或传统 C。1990 年 ISO 通过了 C 程序设计语言的国际标准，称之为标准 C。此后陆续出现的各种 C 语言版本，如 Microsoft C 5.0/9.0、Turbo C 2.0/3.0、Quick C 等都是与 ANSI C 兼容的版本。它们的语法和语句功能是一致的，差异表现在各自的标准函数库中所收纳的函数种类、格式和功能上，尤其是图形函数库的差异更大一些。由于 C 语言源程序本质上是一个文本文件，因此常见的文件编辑软件都可以用来编辑 C 语言源程序。如：DOS 环境下的 Edit，Windows 环境下的记事本、写字板、EditPlus，以及 Turbo C、WinTC、Visual C++集成开发环境等。使用常用的编辑软件来编辑 C 语言源程序时，在存盘时应采用纯文本的方式保存文件。

在 C 语言的基础上，1983 年贝尔实验室又推出了 C++语言。C++语言进一步扩充和完善了 C 语言，成为一种面向对象的程序设计语言。C 语言是 C++的基础，C++语言和 C 语言在很多方面是兼容的。因此，掌握了 C 语言，再进一步学习 C++语言会更容易、更便利，并能达到事半功倍的效果。

1.1.2 C 语言的特点

C 语言是近年来较流行的高级程序设计语言之一，许多大型软件均是用 C 语言编写的，如 UNIX 操作系统。C 语言同时具有汇编语言和高级语言的双重特性。具体来说，C 语言具有以下特点。

(1) 具有结构化的控制语句(如 if…else 语句、while 语句、do…while 语句、switch 语句、for 语句)。用函数作为程序的模块单位，便于实现程序的模块化，其基本思想是将一个大的程序按功能分割成一些模块，使每一个模块都成为功能单一、结构清晰、容易理解的函数。

(2) 语言简洁，结构紧凑，使用方便灵活。C 语言一共有 32 个关键字和 9 条控制语句，且源程序书写形式自由。

(3) 运算类型丰富、数据处理能力强。C 语言是一种表达式语言，共有 42 个运算符，如自增运算符(++)、自减运算符(--)、取地址运算符(&)和间接运算符(*)等，用这些运算符可书写简洁而功能很强的表达式，从而提高软件的生产率。由于 C 语言的运算类型极其丰富，从而使得表达式的类型灵活多样，在其他高级语言中难以实现的运算，在 C 语言中都能很容易地实现。

(4) 可直接访问物理地址，实现对硬件操作和底层系统软件的访问。C 语言包含地址运算、位运算和指针运算等功能，可以直接对硬件进行操作，实现汇编语言的多数功能，并能通过参数传递实现对系统软件的底层调用。

(5) 语言生成的代码质量高。对于一个应用程序来说，如果生成的目标代码(可执行程序)质量低，则系统开销大、无实用性。许多实验表明，针对同一个问题用 C 语言编写程序，其生成代码的效率仅比汇编语言编写的代码低 10%～20%，但编程相对容易，而且程序可读性好，易于调试、修改和移植，运行速度快。

(6) 可移植性好。所谓可移植性是指从一个系统环境下不加或稍加改动就可搬到另一个完全不同的系统环境中运行。C 语言编译程序的大部分代码是公共的，基本上可以不做任何修改，就能运用于各种不同型号的计算机和各种操作系统环境中。

C 语言还有其他优点，可在学习和实践中体会。当然，C 语言也和其他语言一样，存在一些不足之处，如某些运算符优先顺序与习惯不完全一致；类型转换比较随便等。尽管如此，相比之下，C 语言仍是优秀的程序设计语言之一。

1.2 C 语言程序的格式、构成及其基本要求

C 语言程序是由各种基本符号按照 C 语言的语法规则构成的语句组成的。下面通过两个例子说明 C 程序的格式、构成及其基本要求。

例 1.1 计算两个给定的整数的和。程序代码如下：

```
#include <stdio.h>
main()
{
    int a,b,sum;        /*定义三个变量*/
    a=8;                //为变量 a 赋值
    b=10;
    sum=a+b*3;
    printf("sum=%d\n",sum);
}
```

程序第一行的#include <stdio.h>是文件包含行，它表示本程序中所用到的某些常量或宏定义在头文件 stdio.h 中进行了定义。程序第二行的 main 是主函数名，后面必须有一对圆括号()。第三行开始的左花括号“{”和最后一行的右花括号“}”括起来的部分称为函数体，中间包含了若干行语句。其中第四行 int 开头的变量是变量定义语句，定义了整型变量 a、b 和 sum。第五行、第六行和第七行是赋值语句，首先给变量 a 赋值 8，给变量 b 赋值 10，再计算 a 与 b 的 3 倍之和并赋给 sum。最后用 printf 开头的函数调用语句输出 sum 的值。第四行的“/*定义三个变量*/”和第五行的“//为变量 a 赋值”是注释语句，用于提高程序的可读性。

程序运行结果如下：

```
sum=38
```

例 1.2 求矩形的面积。程序代码如下：

```
#include <stdio.h>
int area(int x,int y)    //求面积的函数
{
     int z;
     z=x*y;
     return (z);               //通过 return 语句将 z 的值带回到主函数 main 中的调用处
}
main()
{
     int a,b,c;
     scanf("%d,%d",&a,&b);       //输入数据，分别赋值给变量 a、b
     c=area(a,b);                //调用函数,得到矩形的面积，赋值给变量 c
     printf("area=%d\n",c);      //输出矩形的面积
}
```

程序运行结果如下：

```
3,4
area=12
```

1.2.1 C 语言程序的格式

C 语言中的书写格式相当自由，一行可以写多条语句，一条语句也可以分成多行写。

注意：所有的 C 语句都必须以分号“;”结束。只有一个分号而没有前面的语句体，称为空语句，在 C 语言中是合法的语句。

语句中大写字母和小写字母代表不同的含义。例如变量 A 和变量 a 代表不同的变量。

为了增加程序的可读性，应避免在一行中连续书写多条语句。提倡按照程序的逻辑结构使用缩进的书写形式，以明确地表示程序的层次性和逻辑性。

1.2.2 C 语言程序的构成

C 语言程序的基本结构是函数，一个或多个 C 函数组成一个 C 程序，若干 C 语句构成一个 C 函数，若干基本单词形成一个 C 语句。C 语言中使用的函数有两类，一类是系统定义的函数，如 printf 和 scanf 函数等，称为标准库函数，可以直接在程序中使用；另一类是用户自己定义的函数，如 main 和 max 函数等，必须由用户自己编写源程序代码。

每个函数均由函数首部和函数体两部分组成。其一般结构如下：

```
[函数类型] 函数名([函数形参表])          /*函数首部*/
{
     [变量定义和声明语句;]
     可执行的操作语句;
}
```

1. 函数首部

函数首部用于说明函数名、函数类型、函数参数名及参数的类型，其中函数后面有一

对圆括号，参数和参数类型就写在圆括号中。例如，例 1.2 中的函数，其函数首部：

```
int area(int x,int y)
```

其中，函数名是 area，它的类型由最前面的 int 指出，说明 area 是一个整型函数。圆括号中用逗号分开的是两个参数 x 和 y，各用 int 说明是整型参数。

也有一些函数不带参数，即函数名后面是一对空的圆括号，如 main 函数。

2. 函数体

函数首部下面用花括号括起来的部分称为函数体，通常包括变量定义和声明语句以及可执行的操作语句两部分。

1)　变量定义和声明语句

“变量定义和声明语句”由变量定义、自定义函数声明、外部变量声明等语句组成。其中变量定义是主要的，其作用是指出函数内使用的变量名和变量类型，系统据此为变量分配相应的存储空间，用于存放变量的值。如例 1.1 中有：

```
int a,b,sum;
```

它定义了三个变量 a、b 和 sum，它们的类型是整型 int。系统将根据定义的类型为它们各分配两个字节的存储空间，存放各自的值。

而在例 1.2 中有

```
int z;
…
int a,b,c;
```

前一行是在 area 中定义的整型变量 z，它只能在 area 函数中使用；后一行是在 main 函数中定义的整型变量，它们只能在 main 函数中使用。系统会为它们各分配两个字节的存储空间，存放它们的值。

2)　可执行的操作语句

可执行的操作语句用于产生可以被计算机执行的操作指令。功能不同的 C 程序函数中可以执行的语句条数也不等，但是可执行语句必须位于变量定义语句的后面。如在例 1.1 中有：

```
a=8;
```

它是一个赋值语句，其作用是将常量 8 赋给整型变量 a，即将 8 存放到系统为 a 分配的内存空间中。又如在例 1.2 中有：

```
z=x*y;
```

1.2.3　C 语言程序的基本要求

(1)　在整个程序文件中，函数可以出现在任意位置。主函数(即 main 函数)不一定出现在程序的开始处，但不管主函数位于程序中的何处，程序运行时总是从主函数开始。

(2)　每个程序行中的语句数量任意，既允许一行内写几条语句，也允许一条语句分几行书写，但每条语句都必须以分号结束。有时也可以在程序中的适当位置加进一个或多个空行，使程序结构更加清晰。

(3) 注释的位置任意，注释可以出现在程序的任何地方，既可以单独占一行或几行，也可以出现在某语句的开头或结尾处。如果注释占有几行，则每一行都要以“/*”开头，以“*/”结尾，“*”和“/”之间不能有空格。另外一种风格的注释是“//”，它只能用在一行中。注释不是 C 语言的正式语句，它对程序的编译和运行没有影响，使用注释的唯一目的是增强程序的可读性。

1.3 C 语言程序的编译和运行

C 语言是一种编译型的程序设计语言。一个 C 语言程序要经过编辑、编译、连接和运行 4 个步骤，才能得到运行结果。

1. 编辑

编辑是指输入 C 语言源程序并进行修改，最后以文本文件的形式存放在磁盘上。文件名由用户自己选定，扩展名一般为“.c”。

2. 编译

编译是把 C 语言源程序翻译成可重定位的二进制目标程序。编译过程由编译程序完成，编译程序自动对源程序进行句法和语法检查。当发现错误时，将错误类型和错误在程序中的位置显示出来，以帮助用户对源程序进行修改。如果未发现错误，就自动形成目标代码，并对目标代码进行优化后生成目标文件。目标文件的主名与源程序的主名相同，但扩展名为“.obj”。

3. 连接

连接也称链接或装配，是用连接程序将编译过的目标程序和程序中用到的库函数连接装配在一起，形成可执行的目标程序。它是一个与源文件主名相同，扩展名为“.exe”的可执行文件。

4. 运行

运行是将可执行的目标文件投入运行，以获取程序的运行结果。在操作系统平台上，可以直接执行扩展名为“.exe”的文件。如果执行后没有得到预定的结果，说明程序中还存在逻辑错误或算法错误，此时必须重复前面的步骤，对源程序进行修改，重新编译、连接，直到得出正确的运行结果。

1.4 算　　法

1.4.1 算法的概念

一个程序应包括以下两方面内容。

(1) 对数据的描述。在程序中要指定数据的类型和数据的组织形式，即数据结构(Data Structure)。

(2) 对操作的描述。即操作步骤，也就是算法(Algorithm)。

数据是操作的对象，操作的目的是对数据进行加工处理，以得到期望的结果。打个比方，厨师做菜肴，需要有菜谱。菜谱上一般应包括：①配料，指出应使用哪些原料；②操作步骤，指出如何使用这些原料按规定的步骤加工成所需的菜肴。作为程序设计人员，必须认真考虑和设计数据结构和操作步骤。因此，著名的计算机科学家沃思(Nikiklaus Wirth)提出了一个公式：

程序=数据结构+算法

对同一个问题，可以有不同的解题方法和步骤。例如，求 1+2+3+…+100，有人可能先用 1+2，再加 3，一直加到 100；而有的人可能采用 100+(1+99)+…+(49+51)+50=5050 的方法和步骤。当然还有其他的方法。有的方法只需很少的步骤，有些方法则需要较多的步骤。一般来说，人们都希望采用简单的和运算步骤少的方法。因此，为了有效地进行解题，不仅需要保证算法正确，还要考虑算法的质量。

本书介绍的算法只限于计算机算法。例如，计算 100 个数的累加和，或将 100 个学生的成绩按高低分次序进行排列。计算机算法分为：数值运算算法和非数值运算算法。数值运算算法的目的是求数值解，例如求方程的根，求一个几何图形的面积等，都属于数值运算范围。非数值运算包括的面很广，最常见的是应用于事务管理领域，如图书检索、人事管理等。由于数值运算有现成的模型，可以运用数值分析方法，因此对数值运算的算法研究比较深入，算法比较成熟。而非数值运算的种类繁多，要求各异，难以规范化，因此只对一些典型的非数值运算算法做出了比较深入的研究。其他的非数值运算问题，往往要对特定的问题重新设计算法。

1.4.2　算法的特性

一个算法应该具有以下几个特性。

(1) 有穷性。一个算法应该包含有限的操作步骤，而不能是无限的，否则程序会陷入死循环。

(2) 确定性。算法中的每一个步骤都应当是确定的，不应该是含糊或模棱两可的，即算法中的每一个步骤应是十分明确无误的。

(3) 有 0 个或多个输入。所谓输入是指在执行算法时需要从外界取得必要的信息。例如，判断一个数据是否是素数，此时只输入一个数，而计算两个数的最小公倍数时，应该输入两个数。一个算法也可以没有输入。例如，求已知数据的累加和，显然不需要再输入任何数据就可以完成该算法。

(4) 有 1 个或多个输出。算法是为了求解，该“解”就是输出。例如，求最小公倍数的算法，最后打印出的公倍数就是输出。但算法的输出不一定就是计算机打印输出，一个算法得到的结果就是算法的输出。没有输出的算法是没有意义的。

(5) 有效性。算法中的每一个步骤都应当能有效地执行，并得到确定的结果。

1.4.3 算法的表示方法

算法可以用各种描述方法来进行描述，最常用的是伪代码和流程图。

伪代码是一种近似高级语言但又不受语法约束的语言描述方式。流程图是描述算法最常用的工具，传统的流程图由几种基本框、流程线及连接点组成，如图 1.1 所示。

用这些框和流程线组成的流程图来表示算法，形象直观，简单方便，但是这种流程图对于流程线的走向没有任何限制，可以任意转向，在描述复杂的算法时所占篇幅较多，费时费力且不易阅读。

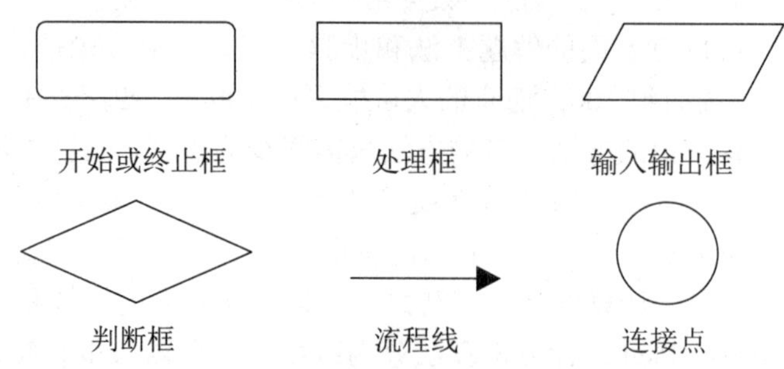

图 1.1　流程图的基本框图

随着结构化程序设计方法的出现，1973 年美国学者提出了一种新的流程图形式。这种流程图完全去掉了流程线，算法的每一步都用一个矩形框来描述，把一个个矩形框按执行的次序连接起来就是一个完整的算法描述。这种流程图称为 N-S 流程图。本书将在下一节结合结构化程序设计中的三种基本结构来介绍这种流程图的基本结构。

1.4.4 结构化程序设计

结构化程序由三种基本结构组成，分别是顺序结构、选择结构和循环结构。

1. 顺序结构

顺序结构是最简单的一种基本结构，由赋值语句、输入、输出语句构成，当执行由这些语句构成的程序时，将按这些语句在程序中的先后顺序逐条执行，没有分支，没有转移。顺序结构可用如图 1.2 所示的流程图表示，图 1.2(a)所示为一般的流程图，图 1.2(b)所示为 N-S 流程图。

2. 选择结构

选择结构也称为分支结构，当执行该结构中的语句时，程序将根据不同的条件执行不同分支中的语句，如图 1.3 所示。程序流程根据判断条件 a 是否成立，选择执行其中的一路分支，图 1.3(a)所示为一般的流程图，图 1.3(b)所示为 N-S 流程图。

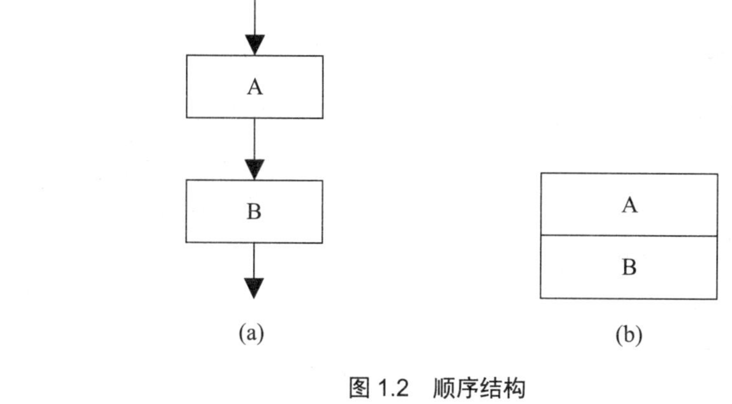

图 1.2　顺序结构

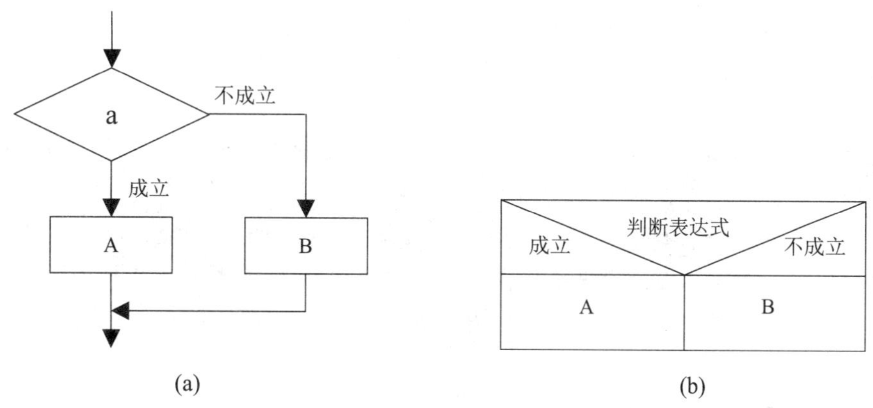

图 1.3　选择结构

3. 循环结构

循环结构是指根据各自的条件，使同一组语句重复执行多次或一次也不执行。循环结构有两种形式：当型循环和直到型循环。

(1) 当型循环是指当判断条件成立时，重复执行某个操作，如图 1.4(a)、(b)所示。

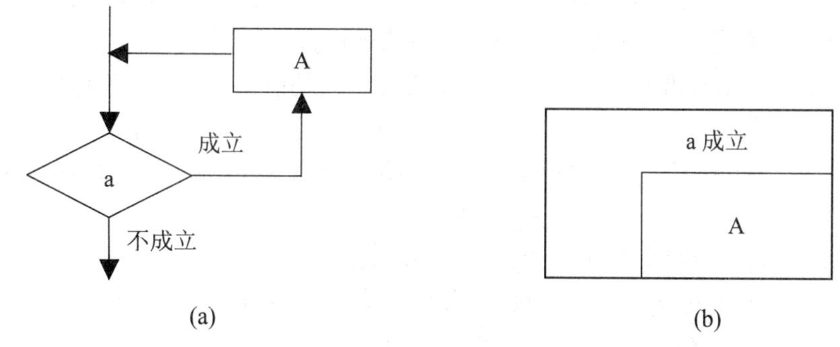

图 1.4　当型循环

(2) 直到型循环是指重复执行某一操作，直到满足判断条件为止，如图 1.5(a)、(b)所示。

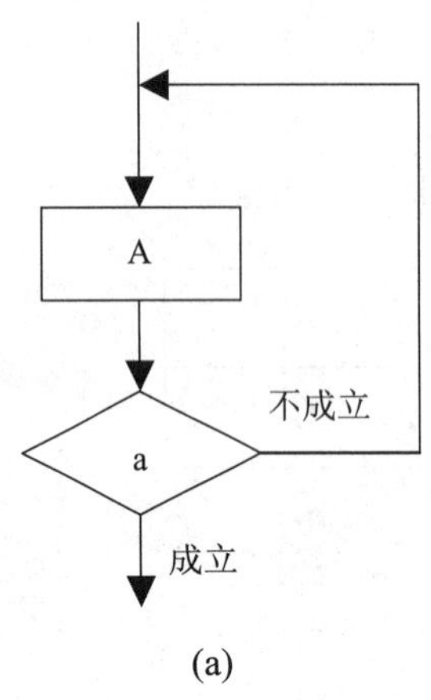

(a)

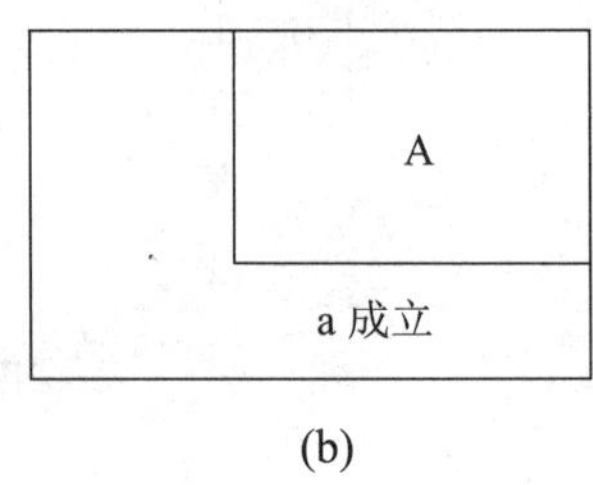

(b)

图 1.5　直到型循环

注意： 无论是顺序结构、选择结构还是循环结构，它们都有一个共同特点，即只有一个入口和一个出口。在三种基本结构中，A、B 操作是广义的，它们可以是一个操作，也可以是另一个基本结构或几种结构的组合。在选择结构和循环结构中都出现了条件判断框。选择结构会根据条件成立与否决定执行 A 操作还是 B 操作，执行之后流程就会脱离该结构；而循环结构则会根据条件成立与否反复执行 A 操作。

1.5　小型案例实训

1. 案例说明

输入两个数，输出其中的大数。

2. 编程思路

程序的第一行用来包含头文件。程序的第二行表示定义名字为 max 的函数，它有两个整型参数 x 和 y。从第三行开始的一对花括号中是 max 的函数体，包含函数定义和 if…else 等语句。其中，if...else 语句是一个双重分支语句，其功能是比较 x 和 y 的值。如果 x>y，就将 x 的值赋给 z；否则就将 y 的值赋给 z。这个函数的作用是将 x 和 y 中较大的值赋给变量 z，并通过 return 语句将 z 的值带回到主函数 main 中的调用处，赋给变量 c。

以 main 开头的是主函数，在花括号括起来的函数体中先定义变量 a、b 和 c，再调用 scanf 函数将键盘输入的两个数赋给变量 a 和 b。语句“c=max(a,b);”的作用是先调用函数 max，并将 a 和 b 的值传递给 max 函数的参数 x 和 y，调用结束时通过 max 函数的变量 z 将返回值赋给 c，最后通过 printf 语句输出 c 的值。

3. 程序代码

```
#include <stdio.h>
int max(int x,int y)
{
```

```
    int z;
    if(x>y)z=x;
    else z=y;
    return(z);
}
main()
{
    int a,b,c;
    scanf("%d,%d",&a,&b);
    c=max(a,b);
    printf("max=%d\n",c);
}
```

4. 输出结果

当程序运行时输入 20 和 36 两个数并按 Enter 键后，输出结果，如图 1.6 所示。

图 1.6　两个数比较的程序运行结果

1.6　学习加油站

1.6.1　重点整理

(1) C 语言是一种兼有汇编语言和高级语言特点的新语言，于 20 世纪 70 年代初期由贝尔实验室研制。

(2) C 语言是一种理想的结构化语言，其特点如下。

① 具有结构化的控制语句。

② 语言简洁，结构紧凑，使用方便灵活。

③ 运算类型丰富、数据处理能力强。

④ 可直接访问物理地址，实现对硬件和底层系统软件的访问。

⑤ 语言生成的代码质量高。

⑥ 可移植性好。

(3) 功能相对独立的函数是 C 语言程序的基本单位。一个 C 语言源程序可以由多个函数组成，其中有且仅有一个名为 main 的主函数。不论 main 函数的位置在何处，C 语言总是从 main 函数开始执行。

(4) 任何函数都是由函数首部和函数体两部分组成的。

(5) 用 C 语言编写的程序称为 C 语言源程序，必须经过编辑、编译和连接，生成可执行程序后才能执行。

(6) 对数据处理的描述，即算法。算法是为解决一个问题而采取的方法和步骤，是程序的灵魂。算法可以用各种方法进行描述，最常用的是伪代码和流程图。结构化程序由三种基本结构组成，分别是顺序结构、选择结构和循环结构。

(7) 算法具有以下特点。

① 有穷性。

② 确定性。

③ 有 0 个或多个输入。

④ 有 1 个或多个输出。

⑤ 有效性。

1.6.2 典型题解

【典型题 1-1】下列叙述中错误的是________。

A. 计算机不能直接执行用 C 语言编写的源程序

B. C 语言程序经编译后，生成的扩展名为.obj 的文件是一个二进制文件

C. 扩展名为.obj 的文件，经过连接程序生成的扩展名为.exe 的文件是一个二进制文件

D. 扩展名为.obj 和.exe 的二进制文件都可以直接运行

解析：一个 C 语言的源程序(扩展名为.c)在经过编译器编译后，先生成一个汇编语言程序，然后由编译程序再将汇编语言程序翻译成机器指令程序，即目标程序(扩展名为.obj)。目标程序不可以直接运行，它要和库函数或其他目标程序连接成可执行文件(扩展名为.exe)后方可运行。

答案：D

【典型题 1-2】以下叙述中错误的是________。

A. 算法正确的程序最终一定会结束

B. 算法正确的程序可以有零个输出

C. 算法正确的程序可以有零个输入

D. 算法正确的程序对于相同的输入一定有相同的结果

解析：根据算法的 5 个特点可知，一个有效的算法程序必须有一个或一个以上的输出。

答案：B

【典型题 1-3】以下叙述中错误的是________。

A. C 语言是一种结构化程序设计语言

B. 结构化程序由顺序结构、分支结构、循环结构 3 种基本结构组成

C. 使用 3 种基本结构构成的程序只能解决简单问题

D. 结构化程序设计提倡模块化的设计方法

解析：结构化程序设计是指在程序的构成上只使用顺序结构、选择结构(即分支)和循环结构 3 种结构组成的编程方式。它强调程序设计风格和程序结构的规范化，提倡清晰的结构。结构化程序设计方法的基本思路是把一个复杂问题的求解过程分阶段进行。每个阶段处理的问题都控制在容易理解和处理的范围内。结构化程序设计提倡模块化的设计方法。

答案：C

【**典型题 1-4**】能将高级语言编写的源程序转换为目标程序的是________。

A. 汇编程序　　B. 编辑程序　　C. 解释程序　　D. 编译程序

解析：计算机不能直接识别由高级语言编写的程序，它只能接受和处理由 0 和 1 构成的二进制指令或数据。我们把由高级语言编写的程序称为“源程序”，把由二进制代码表示的程序称为“目标程序”，如何把源程序转换成机器能够接受的目标程序，软件工作者编制了一系列软件，通过这些软件可以把用户按规定语法写出的语句翻译成二进制的机器指令，这种具有翻译功能的软件称为“编译程序”。一般每一种高级语言都有与它对应的编译程序。

答案：D

【**典型题 1-5**】一个算法应该具有“确定性”等 5 个特性，下面对另外 4 个特性的描述错误的是________。

A. 有零个或多个输入　　B. 有零个或多个输出

C. 有穷性　　D. 可行性

解析：算法的 5 个特性为：有穷性、确定性、可行性、有零个或多个输入、有一个或多个输出。

答案：B

【**典型题 1-6**】C 语言中用于结构化程序设计的三种基本结构是________。

A. 顺序结构、选择结构、循环结构　　B. if、switch、break

C. for、while、do-while　　D. if、for、continue

解析：结构化程序由三种基本结构组成：顺序结构、选择结构和循环结构。在选择结构中，又分为 if 结构和 switch 结构，在循环结构中，又分为 while 型、do-while 型和 for 型循环。

答案：A

1.7　上 机 实 验

1. 实验目的

掌握在集成环境下编辑、编译、连接和运行一个 C 语言程序的基本技术。

通过运行简单的 C 语言程序，初步了解 C 语言程序的基本结构及特性。

2. 实验内容

(1) 编写将 3 个字符串：“How old are you?”“I’m eighteen.”“I’m a student”在同一行显示的程序。

(2) 编写程序，程序的运行结果如图 1.7 所示。

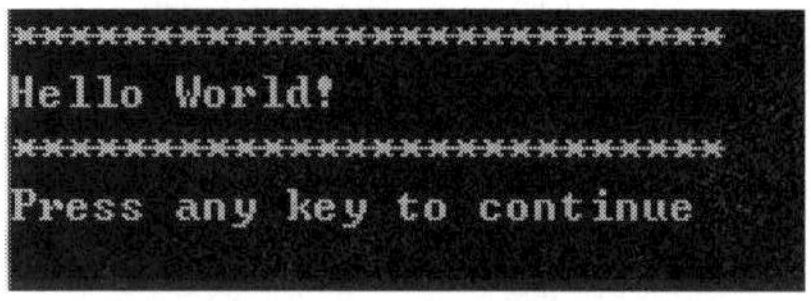

```
**************************
Hello World!
**************************
Press any key to continue
```

图 1.7　实验(2)的程序运行结果

(3) 上机改错题：

```
#include  stdio.h
main( );
{   double a, b, area;
    a = 1.2;          /*将矩形的两条边长分别赋给 a 和 b
    b = 3.6;
    area = a*b;       //计算矩形的面积并存储到变量 area 中
    printf("area = %f\n", area)   // 输出矩形的面积
}
```

1.8 习　　题

1. 选择题

(1) 能将高级语言编写的源程序转换成目标程序的是________。

A. 编辑程序　　B. 编译程序　　C. 驱动程序　　D. 连接程序

(2) 下列 4 项叙述中正确的一项是________。

A. 计算机语言中，只有机器语言属于低级语言

B. 高级语言源程序可以被计算机直接执行

C. C 语言属于高级语言

D. 机器语言是与所用机器无关的

(3) 算法具有 5 个特性，以下选项中不属于算法特性的是________。

A. 有零个或多个输入　　B. 可行性

C. 有穷性　　D. 通用性

(4) while、do-while 语句用于________基本结构。

A. 顺序　　B. 选择　　C. 循环　　D. 转移

(5) 用 C 语言编写的代码________。

A. 可立即执行　　B. 是一个源程序

C. 经过编译即可执行　　D. 经过编译解释才能执行

(6) C 语言中的赋值、输入输出语句可以构成________基本结构。

A. 分支　　B. 顺序　　C. 循环　　D. 选择

(7) 在循环结构中，________可以使得同一组语句一次也不执行。

A. 当型循环　　B. 直到型循环

C. do-while 语句　　D. 都不能实现

2. 填空题

(1) C 语言是一种_______化程序设计语言。

(2) C 程序中语句必须以_______作为结束标记。

第 2 章　C 语言程序设计的初步知识

本章要点

☑ 标识符命名规则
☑ 常量与变量
☑ 基本数据类型
☑ 常用运算符及表达式
☑ 运算符的优先级及结合性

本章难点

☑ 不同类型数据间的混合运算
☑ 运算符的优先级
☑ 自增运算符(++)、自减运算符(--)的使用

2.1　C 语言的数据类型

在 C 语言中，系统提供的数据结构是以数据类型表现的，每个数据都属于一个确定的、具体的数据类型。不同类型的数据在数据表示形式、合法的取值范围、占用的内存空间大小及可以参与的运算种类等方面都有所不同。

C 语言提供了丰富的数据类型，这些数据类型分为基本类型、构造类型、指针类型和空类型，如图 2.1 所示。

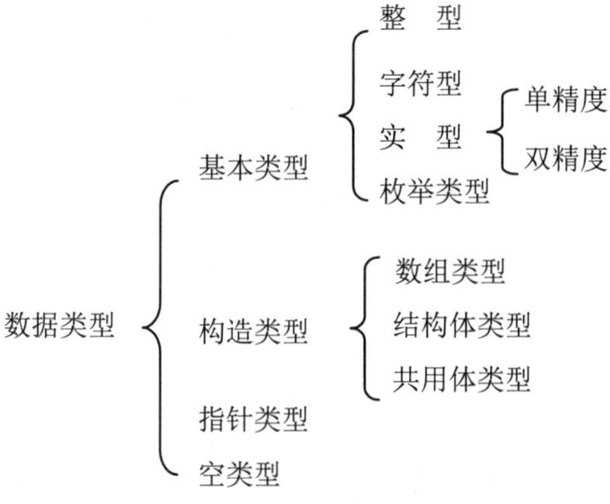

图 2.1　C 语言的数据类型

C 语言中的数据有常量与变量之分，它们分别属于上述这些类型。本章主要介绍 C 语言提供的基本类型中的整型、实型和字符型三种数据类型。

2.2 标识符、常量和变量

2.2.1 标识符

标识符是由字母、数字和下划线三种字符组成的字符序列，用于标识程序中的变量、符号常量、数组、函数和数据类型等操作对象的名字。绝大多数情况下，标识符由字母、下划线开头。

C 语言中的标识符可以分为系统定义标识符和用户定义标识符。

1. 系统定义标识符

系统定义标识符一般具有固定的名字和特定的含义，它可以进一步分为关键字和预定义标识符。

1) 关键字

关键字是 C 语言系统使用的具有特定含义的标识符，不能作为预定义标识符和用户定义标识符使用。C 语言定义了 32 个关键字，如表 2.1 所示。

表 2.1 C 语言中的关键字

auto	break	case	char	const
continue	default	do	double	else
enum	extern	float	for	goto
if	int	long	register	return
short	signed	sizeof	static	struct
switch	typedef	unsigned	union	void
volatile	while			

注意：这些关键字必须用小写字母；不允许使用关键字为变量、数组和函数等操作对象命名。

2) 预定义标识符

预定义标识符也是具有特定含义的标识符，包括系统标准函数名和编译预处理命令等，如 scanf、printf、define 和 include 等都是预定义标识符。预定义标识符不属于 C 语言的关键字，允许用户对它们重新定义，重新定义以后将会改变原来的含义。例如当程序中出现变量定义：

```
int  define=10;
```

此时 define 就不再表示用于定义字符常量的编译预处理命令，而是作为一个变量名使用。

注意：虽然预定义标识符不是关键字，但是习惯上将它们看作保留字，一般不作为用户定义标识符使用，以免造成理解上的混乱。

2. 用户定义标识符

用户定义标识符用于对用户使用的变量、数组和函数等操作对象进行命名。例如将一个变量命名为 a，将一个数组命名为 date，将一个函数命名为 fun 等。

用户为标识符命名时要注意以下事项。

(1) C 语言对英文字母的大小写敏感，即同一字母的大小写被认为是两个不同的字符。例如，total 与 TOTAL 是不同的标识符。

(2) 标识符必须由字母或下划线开头，并且除了字母、数字和下划线外，不能含有其他字符。

(3) 标识符的命名要见名知意，即通过变量名就知道变量值的含义。通常以表示数据含义的英文单词(或缩写)做变量名，或以汉语拼音字头做变量名。例如，name/xm(姓名)、sex/xb(性别)、age/nl(年龄)、salary/gz(工资)。

(4) 标识符的有效长度随系统而异，但至少前 8 个字符有效。如果超长，则超长部分被舍弃。例如，student_name 和 student_number 的前 8 个字符相同，有的系统认为这两个变量是一样的而不加区别。在 TC 2.0 中，标识符的有效长度为 1～32 个字符。

2.2.2　常量

常量(Constant)是指在程序运行过程中其值不能被改变的量。

常量也分为各种类型，而计算机是根据常量的书写形式识别其数据类型的。常量通常有 4 种类型：整型常量，如 2、0、−8 等；实型常量，如 2.3、4.66、−3.89 等；字符型常量，如‘s’‘a’等；字符串常量，如“Who are you?”“English”等。

也可以用一个标识符代表一个常量。

例 2.1　用标识符代表常量。程序代码如下：

```
#include <stdio.h>
#define PI 3.1415926
main()
{
    float s,r;
    r=5;
    s=PI*r*r;
    printf("%f",s);
}
```

程序中用#define PI 3.1415926 命令行定义 PI 代表常量 3.1415926，此后凡在此文件中出现的 PI 都代表 3.1415926，可以和常量一样进行运算。

这种用一个标识符代表的常量称为符号常量。符号常量使程序易于阅读和修改，在此程序中看到 PI 就知道它代表 3.1415926。

2.2.3　变量

1. 变量的概念

在程序运行时，其值能被改变的量叫作变量(Variable)。程序运行时，计算机给每个变量分配一定量的存储空间。每个变量必须有一个类型，如整型、浮点型等，用于指明给这个变量分配多大的存储空间；每个变量还必须有一个名字，如 x、y 等，用于指明是哪个变量命名遵循标识符命名规则，习惯上，变量名用小写字母表示，以增强可读性。一般来说，一个变量还要有值，该值放在变量的存储空间内，程序通过变量名引用变量值，实际上是通过变量名找到其内存地址，从内存单元中读取数据。

2. 变量的定义

要使用变量，必须为变量命名。变量名是用户自己定义的标识符，习惯上由小写字母组成。

变量定义的一般格式如下：

```
数据类型标识符  变量名 1,变量名 2,…,变量名 n;
```

例 2.2 变量的定义。程序代码如下：

```
#include <stdio.h>
main()
{
    int a;                      /*定义了整型变量 a*/
    a=20;
    printf("%d", a);
}
```

程序中首先定义了一个整型变量 a，系统会为整型变量分配两个字节的存储空间，用于存放 a 的值。为了便于理解，通常采用如图 2.2 所示的方法进行描述。

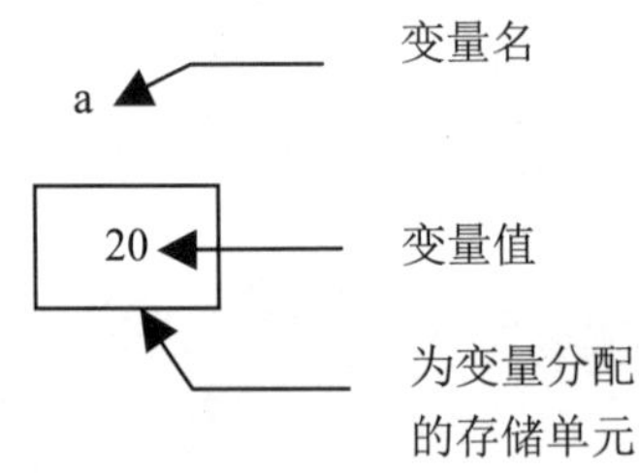

图 2.2 变量的存储

注意：在 C 语言中，要求对所有用到的变量作强制定义，也就是“先定义，后使用”，否则，在编译时会出现有关的“出错信息”。
必须使用合法的标识符作为变量名，同时不能使用关键字为变量命名。
系统根据变量定义的数据类型为其分配相应的内存单元，并以此为依据检查其参加的运算是否合法。
注意符号常量与变量的区别：两者的名字都是标识符，但符号常量的值只能通过程序前的预处理命令 define 定义，在程序中不能改变；而变量的值则可以在程序中通过赋值语句多次改变。

3. 变量的初始化

C 语言允许在定义变量的同时给变量赋值，这称为变量的初始化。

变量初始化的一般格式如下：

数据类型标识符　变量名 1=初值 1，变量名 2=初值 2，…，变量名 n=初值 n;

C 语言允许在定义变量的同时初始化变量，如：

```
int      a=4;         /*指定 a 为整型变量,初值为 4*/
float    f=4.56;      /*指定 f 为实型变量,初值为 4.56*/
char     c='a';       /*指定 c 为字符变量,初值为'a'*/
```

也可以给要定义的变量的一部分赋予初值，如：

```
int   a=1, b=-3,c;
```

表示 a、b、c 为整型变量，只对 a、b 初始化，a 的值为 1，b 的值为-3。

如果给几个变量赋予同一个初值，不能写成：

```
int  a=b=c=3;
```

而应写成：

```
int a=3,b=3,c=3;
```

初始化不是在编译阶段完成的，而是在程序运行中执行本函数时赋予初值的，相当于有一个赋值语句，例如：

```
int  a=4;
```

相当于：

```
int  a;                      /*指定 a 为整型变量*/
a=4;                         /*赋值语句,将 4 赋给 a*/
```

又如：

```
int  a,b,c=8;
```

相当于：

```
int  a,b,c;              /*指定 a,b,c 为整型变量*/
c=8;                     /*将 8 赋给 c*/
```

注意：当定义一个变量但并未给它赋予初值的时候，分配给它的存储单元是一个不确定的数据，必须在程序中赋予适当的值才能使用。

初始化的初值应该与变量定义的类型一致，并且只能是常量、常量表达式、已定义过的符号常量或者已经初始化了的变量，不能含有未定义的变量或已定义过但未初始化的变量。例如，下面的初始化是正确的：

```
#define  PI 3.1415926
…
float s,r=5;   s=PI*r*r;
```

而下面的变量初始化是错误的：

```
int  b=3+a,a=6;
int  m=n=30;
```

2.3 整型数据

2.3.1 整型常量

1. 整型常量的形式

整型常量即整常数。C 语言中的整常数可用以下三种形式表示：

(1) 十进制整数。十进制整型常量是由正负号(+或-)开头，由数字 0～9 组成的整数。正号可以省略不写，且第一个数字不能为 0(除了 0 本身)，如 0、5、-10 等。

(2) 八进制整数。它是以数字 0 开头，由数字 0～7 组成的整数，如 06、017 等。

(3) 十六进制整数。它是以数字 0 和字母 X(或小写字母 x)开头，即以 0X 或 0x 开头，由数字 0～9 和字母 A～F(a～f)组成的整数，如 0x5、0X6B 等。

例 2.3 八进制数与十六进制数的使用。程序代码如下：

```
#include <stdio.h>
main()
{
    int a=0123,b=0x123;           /*0123 是八进制数,0x123 是十六进制数*/
    printf("a=%d,b=%d",a,b);
}
```

程序运行结果如下：

```
a=83,b=291
```

2. 整型常量的类型

整型常量可分为 int、short int、long int 和 unsigned int、unsigned short、unsigned long 等类型。判定整型常量的类型时应注意以下几点。

(1) 一个整常量，如果其值在-32 768～+32 767 范围内，则认为它是 int 型，可以将它赋值给 int 型和 long int 型变量。

(2) 一个整常量，如果其值超过了上述范围，而在-2 147 483 648～2 147 483 647 范围内，则认为它是 long int 型。可以将它赋值给一个 long int 型变量。

(3) 如果某一计算机系统的 C 版本确定的 short int 与 int 型数据在内存中占据的长度相同，则它的表示范围与 int 型相同，因此一个 int 型的常量同时也是一个 short int 型常量，可以赋给 int 型或 short int 型变量。

(4) 整常量中无 unsigned 型，但一个非负值的整常量可以赋值给 unsigned 型整变量，只要它的范围不超过变量的表示范围即可。例如，将 50 000 赋给一个 unsigned int 型变量是可以的，而将 70 000 赋给它是不行的(溢出)。

(5) 在一个整常量后面加一个字母 l 或 L 则认为是 long int 型常量，例如 123l、432L，往往用于函数调用中。如果函数的形参为 long int 型，则要求实参也为 long int 型，此时不能用 123 作实参，而要用 123L 作实参。

整型常量的值若超过了整型数范围，会自动被认为是长整型常量；整型常量也可以在后加字母 L，强制设置为长整型，如 5L、100L 等。

2.3.2　整型变量

1. 整型变量的类型

整型变量可分为基本型、短整型和长整型三种：①基本型，以 int 表示；②短整型，以 short int 表示，或用 short 表示；③长整型，以 long int 表示，或用 long 表示。

根据计算机中存放数据的最高位所表示的含义不同，整型数据还可以分为无符号数和有符号数。

(1) 无符号数，存储单元中全部二进位(bit，比特)用作存放数本身，而不包括符号。对以上三种基本的整型变量分别加上修饰符 unsigned，即 unsigned int、unsigned short、unsigned long，以表示它们是无符号整数。无符号型变量只能存放不带符号的整数，如 123、4687 等，而不能存放负数，如-123、-3。一个无符号整型变量中可以存放的数的范围比一般整型变量中数的范围大 1 倍。

(2) 有符号数，存储单元的最高位用来存放数据的符号，其他位用来存放数据本身。对以上三种基本的整型变量分别加上修饰符 signed，即 signed int、signed short、signed long 以表示它们是有符号数。当符号位为 0 时表示该数是正数，为 1 时表示该数为负数。

上述各类型整型变量占用的内存字节数随系统而异。在 16 位操作系统中，一般分配两个字节给一个 int 型变量，long 型(4 字节)≥int 型(2 字节)≥short 型(2 字节)。显然，不同类型的整型变量，其值域不同。整型量在内存中占两个字节(16 位)，则 int 型变量数的范围为-32 768～32 767，用 1 位表示符号，15 位表示数值；无符号整数在内存中占两个字节，16 位都表示数值，可表示数值范围为 0～65 535；长整型整数在内存中占 4 个字节，有符号长整型整数，用 1 位表示符号，31 位表示数值，可表示数值范围为 -2^{31}～$2^{31}-1$；无符号长整型整数，32 位都表示数值，可表示数值范围为 0～$2^{32}-1$。

C 语言中 ANSI 标准定义的整型数据类型，如表 2.2 所示。

表 2.2　ANSI 标准定义的整型数据类型

类型名称	类型标识符	比 特 数	取值范围
整型	[signed] int	16	−32 768～32 767 (-2^{15}～$2^{15}-1$)
无符号整型	unsigned [int]	16	0～65 535 (0～$2^{16}-1$)
短整型	[signed] short [int]	16	−32 768～32 767 (-2^{15}～$2^{15}-1$)
无符号短整型	unsigned short [int]	16	0～65 535 (0～$2^{16}-1$)
长整型	[signed] long [int]	32	−2 147 483 648～2 147 483 647 (-2^{31}～$2^{31}-1$)
无符号长整型	unsigned long [int]	32	0～4 294 967 295 (0～$2^{32}-1$)

注意： 不同的编译环境整型对整型和无符号整型的长度规定不同。Turbo C 中的规定是 16 位，Visual C++ 6.0 则规定为 32 位。

2. 整型变量的定义

前面已提到，C 语言规定在程序中有用到的变量都必须在程序中指定其类型，即“定义”。这是和 BASIC、FORTRAN 语言不同的，而与 Pascal 语言相类似。例如：

```
int a,b;                    /*指定变量 a,b 为整型*/
unsigned  short  c,d;       /*指定变量 c,d 为无符号短整型*/
long  e,f;                  /*指定变量 e,f 为长整型*/
```

对变量的定义，一般是放在一个函数的开头部分(也可以放在程序中间，但作用域只限于某一部分程序)。

例 2.4 整型变量的定义与使用。程序代码如下：

```
#include <stdio.h>
main()
{
    int a,b,c,d;            /*指定 a,b,c,d 为整型变量*/
    unsigned u;             /*指定 u 为无符号整型变量*/
    a=20;b=-40;u=10;
    c=a+u;d=b+u;
    printf("c=%d d=%d",c,d);
}
```

程序运行结果如下：

```
c=30,d=-30
```

可以看到不同种类的整型数据都可以进行算术运算。在本例中是 int 型数据与 unsigned int 型数据进行加减运算。

2.4 实 型 数 据

2.4.1 实型常量

1. 实型常量的形式

实型常量即实数，在 C 语言中又称浮点数，它有两种表达形式：

(1) 十进制数形式：由数字 0～9 和小数点组成(注意必须有小数点)，例如：3.14、9.8、135 等。

注意： 如果整数部分为 0，则小数点前的 0 可以省略不写；如果小数部分是 0，则小数部分可以省略不写。但这两种情况下常量中都必须有小数点，如.135、32.。

(2) 指数形式：<尾数>E(e)<整型指数>，它所代表的数值等于尾数乘以 10 的指数次幂。例如，3.0E+5、123e3 等，表示 3.0×10^5、123×10^3。

注意： 指数只能是整数，而尾数可以是整数也可以是小数。
尾数或指数即使是 1 或 0，在书写时也不能省略，即字母 E(e)前面和后面都必须有数字。例如，.0e0、1E0 和 0e5 合法，而 e2、E-3 和 6.7 e 都是不合法的实型常量。
另外，在字母 E(e)的前后以及数字之间不能插入空格。

2. 实型常量的类型

多数 C 编译系统对实型常量按双精度(double)类型处理，以提高运算精度。此时系统为实型常量分配 8 个字节的存储空间。

如果在实型常量后加字母 f 或 F，则强调表示该数是 float 型常量，这时系统会为其分配 4 个字节的存储空间。

2.4.2　实型变量

C 语言中的实型变量分为单精度(float 型)和双精度(double 型)两类，对每一个实型变量都应在使用前加以定义。例如：

```
float  x,y;           /*指定 x,y 为单精度实数*/
double  z;            /*指定 z 为双精度实数*/
```

在一般系统中，一个 float 型数据在内存中占 4 个字节(32 位)，一个 double 型数据占 8 个字节(64 位)。单精度实数提供 7 位有效数字，双精度实数提供 15～16 位有效数字，数值的范围随机器系统而异。

应当说明，实型常量不分 float 型和 double 型，一个实型常量可以赋给一个 float 型或 double 型变量。根据变量的类型截取实型常量中相应的有效位数字，例如，a 已指定为单精度实型变量：

```
float  a;
a=111111.111;
```

由于 float 型变量只能接收 7 位有效数字，因此最后两位小数不起作用。如果将 a 改为 double 型，则能全部接收上述 9 位数字并存储在变量 a 中。

2.5　字符型数据

2.5.1　字符常量

C 语言中的字符常量是用单引号(半角形式)括起来的单个可视字符或转义字符，在内存中占一个字节的存储空间，存放其 ASCII 码值。例如，'A''b''1''+''?''$'等都是字符常量。

注意： 字符常量首尾的单引号是定界符，不占存储空间。

在 C 语言中，'a'和 a 是不同的。前者代表字符常量，后者代表一个标识符。

'a'和'A'是不同的字符常量。前者存储的是小写字母 a 的 ASCII 码值，为 97，后者存储的是大写字母 A 的 ASCII 码值，为 65。

除了以上形式的字符常量外，C 语言还允许用一种特殊形式的字符常量，就是以一个“\”开头的字符序列。例如，前面已经遇到过的，printf 函数中的'\n'代表“换行”。这种非显示字符难以用一般形式的字符表示，故规定用转义字符表示，意思是将反斜杠“\”后面的字符转变成另外的意义。如果反斜杠或单引号本身作为字符常量，则必须使用转义字符'\\'、'\''。

常用的以“\”开头的转义字符及其含义如表 2.3 所示。

表 2.3　转义字符及其含义

转义字符	含　义	转义字符	含　义
\n	换行	\t	水平制表
\v	垂直制表	\b	退格
\r	回车	\f	换页
\a	响铃	\\	反斜杠
\'	单引号	\"	双引号
\ddd	3 位八进制数代表的字符	\xhh	两位十六进制数代表的字符

注意：转义字符代表一个字符，在内存中只占一个字节的存储空间。

转义字符'\0'就是 ASCII 码值为 0 的字符，是常用于表示字符串结束的标志。

'\ddd'形式的转义字符是用 ASCII 码(八进制数)表示的一个字符，例如'\101'代表字符'A'，'\012'代表“换行”。

'\xhh'形式的转义字符也代表一个字符，反斜杠后必须以小写字母 x 开头，后面的两位数字为十六进制数。例如，'\x a'和'\x A'都代表回车换行符，等价于转义字符'\ n '。

例 2.5　转义字符举例。程序代码如下：

```
#include <stdio.h>
main()
{
    printf("\101 \x42 C\n");
    printf("I say:\"How are you?\"\n");
    printf("\\C Program\\\n");
    printf("Turbo \'C\'");
}
```

程序运行结果如下：

```
A B C
I say:"How are you?"
\C Program\
Turbo 'C'
```

2.5.2　字符变量

字符变量用来存储字符常量。将一个字符常量存储到一个字符变量中，实际上是将该字符的 ASCII 码值(无符号整数)存储到内存单元中。字符变量的定义形式如下：

```
char  c1,c2;
```

它表示 c1 和 c2 为字符变量，分别可以放一个字符，因此可以用下面的语句对 c1、c2 赋值：

```
c1='a';c2='b';
```

一般一个字节存放一个字符，或者说一个字符变量在内存中占一个字节。因为在内存中，字符数据以 ASCII 码存储，与整数的存储形式类似，所以 C 语言中一个字符数据既可以以字符形式输出，也可以以整数形式输出。以字符形式输出时，需要先将存储单元中的 ASCII 码转换成相应字符，然后输出。以整数形式输出时，直接将 ASCII 码作为整数输出。

例 2.6　字符变量的字符形式输出和整数形式输出。程序代码如下：

```
#include <stdio.h>
main()
{
    char ch1,ch2;
    ch1='a'; ch2='b';
    printf("ch1=%c,ch2=%c\n",ch1,ch2);
    printf("ch1=%d,ch2=%d\n",ch1,ch2);
}
```

程序运行结果如下：

```
ch1=a,ch2=b
ch1=97,ch2=98
```

因为'a'和'b'的 ASCII 码值为 97 和 98，因此可以理解为将 97 和 98 两个整数直接存放到 ch1 和 ch2 的内存单元中。而 ch1='a'和 ch2='b'是先将字符'a'和'b'转化成 ASCII 码值 97 和 98，然后放到内存单元中。以上这两者的作用是相同的。第 5 行将输出两个字符的 ASCII 码值。“%c”是输出字符的格式符。

字符数据与整型数据可以互相赋值，如：

```
int i;
char c;
i='a';
c=97;
```

是合法的。如果将 i 的值按格式“%d”输出得到 97，则 c 按格式“%c”输出可得字符'a'。

C 语言程序允许对字符数据进行算术运算，此时就是对它们的 ASCII 码值进行算术运算。

例 2.7　字符数据的算术运算。程序代码如下：

```
#include <stdio.h>
main()
{
    char ch1,ch2;
    ch1='a'; ch2='B';
    printf("ch1=%c,ch2=%c\n",ch1-32,ch2+32);
}
```

程序运行结果如下：

```
ch1=A,ch2=b
```

以上程序的功能是将小写字母 a 转换成大写字母 A，将大写字母 B 转换成小写字母 b。字母 a 的 ASCII 码值为 97，而字母 A 的 ASCII 码值为 65，所以通过算术运算 ch1-32 可以将小写字母 a 转换成大写字母 A。字母 B 的 ASCII 码值为 66，而 b 的 ASCII 码值为 98，同理，通过算术运算 ch2+32 可以将大写字母 B 转换成小写字母 b。

2.5.3 字符串常量

前面已提到，字符常量是由一对单引号括起来的单个字符。C 语言除了允许使用字符常量外，还允许使用字符串常量。字符串常量是用一对双引号括起来的若干字符序列。例如，“123”“a”“How do you do!”“\nGood morning!”等。

1. 字符串常量的长度

字符串中字符的个数称为字符串长度。例如，“How do you do!”的长度为 14(空格也是一个字符)、“a”的长度为 1、“\nGood morning!”的长度为 14(转义字符“\n”代表一个字符)等。

长度为 0 的字符串(即一个字符都没有的字符串)称为空串，表示为“”(一对紧连的双引号)。

2. 字符串常量的存储方式

C 语言规定，在每一个字符串的结尾加一个字符串结束标志，以便系统据此判断字符串是否结束，因此 C 语言系统自动给每一个字符串常量的结尾处加转义字符‘\0’作为字符串结束的标志。‘\0’是一个 ASCII 码为 0 的字符，从 ASCII 代码表中可以看到 ASCII 码为 0 的字符是“空操作字符”，即它不引起任何控制动作，也不是一个可显示的字符。空串“”实际在内存中占有一个字节，即包含一个字符‘\0’。一个字符串“hello”在内存中的存储形式如表 2.4 所示。

表 2.4　字符串“hello”在内存中的存储形式

h	e	l	l	o	\0

它占有的内存不是 5 个字节，而是 6 个字节，系统自动加的字符串结束标志‘\0’也要占一个字节的存储空间。但在输出时不输出‘\0’。例如，语句 printf(“How do you do!”)在输出时是一个一个字符顺序输出，直到遇到最后的‘\0’字符，这时字符串输出结束，停止输出。

注意： 字符串常量首尾的双引号是定界符，不属于字符串的内容。如果字符串本身包括双引号或反斜杠，必须使用转义字符。例如，要表示一个字符串 “He said:"Good bye!"” 就必须写成 “He said: \ "Good bye ! \" ” 。单引号在字符串中可以用转义字符 “\‘” 形式，也可以直接使用单引号。

不要将字符常量与字符串常量混淆。‘a’是字符常量，“a”是字符串常量，二者不同。前者只占一个字节的存储空间，存放字符‘a’的 ASCII 码值；后者占两个字节的存储空间，分别存放字符‘a’和字符串结束标志‘\0’。

字符串常量中包含转义字符时，一定要注意其长度的计算。例如：

字符串 “ab<u>\123</u>c<u>\n</u>4<u>\\</u>14<u>\t</u>k<u>\b</u>w<u>\xa</u>” 的长度为 14，在内存中占 15 个字节的存储空间(其中有下划线的字符组均是转义字符，按一个字符计算)。

字符串“ari\569c\tyou”的长度为 10，在内存中占 11 个字节的存储空间(注意不要把\569 算成一个转义字符，因为 9 不是八进制数据。
在写字符串时不必加‘\0’，否则会画蛇添足，字符‘\0’是系统自动加上的。

2.6　算术运算符和算术表达式

2.6.1　基本的算术运算符和算术表达式

1. 基本的算术运算符

在 C 语言中，有 5 种基本算术运算符，如表 2.5 所示。

表 2.5　5 种基本算术运算符

运 算 符	功　能
+	加法运算符，如 3+6 正值运算符，如 +2
−	减法运算符，如 6−3 负值运算符，如 −2
*	乘法运算符，如 3*6
/	除法运算符，如 6/3
%	模运算符(或称求余运算符)，如 7%4，%的两侧均应为整数

前 4 种用于所有数据类型，最后一种只用于整型、长整型、字符型数据。

注意：除法运算符“/”的运算对象可以是各种类型的数据，但是当进行两个整型数据相除时，运算结果也是整型数据，即只取商的整数部分；而操作数中有一个为实型数据时，则结果为双精度实型数据，即 double 型。例如，5.0/10 的运算结果是 0.5，5/10 的运算结果是 0，而不是 0.5，10/4 的运算结果是 2。
求余运算符“%”要求运算对象必须是整型操作数，它的功能是求两个操作数相除的余数，余数的符号与被除数的符号相同。例如，11%3 的值为 2，−11%3 的值为 −2，2%−5 的值为 2。

2. 算术表达式

算术表达式是指用算术运算符和括号将运算对象(也称操作数，如常量、变量、函数等)连接起来、符合 C 语言语法规则的表达式，如：

```
a*b/c-1.5+'a'
```

在算术表达式中，运算对象可以是各种类型的数据，包括整型、实型或字符型的常量、变量及函数调用。

2.6.2 算术运算符的优先级、结合性

在5个算术运算符中，*、/和%的优先级相同且高于+、-。

在运算符优先级相同的情况下，这5个运算符的结合方向为从左至右(先左后右，简称左结合)。例：

```
a-b+c
```

由于算术运算符为左结合，故先执行a-b，再执行加c的运算。

2.7 赋值运算符和赋值表达式

2.7.1 基本赋值运算符

赋值符号“=”就是赋值运算符，它的作用是将一个数据赋给一个变量。如x=5的作用是执行一次赋值操作，将常量5赋给变量x。

它的一般格式如下：

```
变量标识符=表达式
```

功能：将“=”右侧的常量或表达式计算所得的值赋给左侧。

结合方向：从右向左。

例如：“a=b=c=10;”等价于“a=(b=(c=10));”即先将常量10赋给变量c，然后将10赋给变量b，最后将10赋给变量a。

2.7.2 复合赋值运算符

在赋值符号“=”之前加上其他双目运算符，可以构成复合赋值运算符。

其一般格式如下：

```
变量    双目运算符=表达式
```

其中，“双目运算符=”即是复合赋值运算符。

它等价于：

```
变量 = 变量 双目运算符 表达式
```

例如：

```
a+=3                    /*等价于 a=a+3*/
x*=y+8                  /*等价于 x=x*(y+8)*/
x%=3                    /*等价于 x=x%3*/
```

以“a+=3”为例来说明，它相当于使a进行一次自加3的操作，即先使a加3，再赋给a。同样，“x*=y+8”的作用是使x乘以(y+8)，再赋给x。

为便于记忆，可以这样理解：

```
a+=b                    /*其中 a 为变量,b 为表达式*/
  = a+b                 /*将"a+"移到"="右侧*/
a=a+b                   /*在"="左侧补上变量名*/
```

注意，在 a+=b 中，如果 b 是包含若干项的表达式，则默认它带有括号。如：

```
X%=y+3
X%=(y+3)
x=x%(y+3)                    /*不要写成 x=x%y+3*/
```

C 语言规定的 10 种复合赋值运算符如下：

```
+=, -=, *=, /=, %=           /*复合算术运算符 5 个*/
&=, ^=, |=, <<=, >>=         /*复合位运算符 5 个*/
```

2.7.3 赋值表达式

由赋值运算符将一个变量和一个表达式连接起来的表达式称为赋值表达式。

它的一般形式如下：

```
<变量> <(复合)赋值运算符> <表达式>
```

如“a=5”是一个赋值表达式。对赋值表达式求解的过程是：将赋值运算符右侧的“表达式”的值赋给左侧的变量。赋值表达式的值就是被赋值的变量的值。例如，“a=5”这个赋值表达式的值为 5(变量 a 的值也是 5)。

上述一般形式的赋值表达式中的“表达式”，又可以是一个赋值表达式。如：

```
a=(b=5)
```

括号内的“b=5”是一个赋值表达式，它的值等于 5，因此“a=(b=5)”相当于“a=5”，a 的值等于 5，整个赋值表达式的值也等于 5。赋值运算符按照“从右至左”的结合顺序，因此，“b=5”外面的括号可以不要，即“a=(b=5)”和“a=b=5”等价，都是先求“b=5”的值(得 5)，然后再赋给 a，下面是赋值表达式的例子：

```
a=b=c=5              /*赋值表达式的值为 5,a、b、c 的值均为 5*/
a=5+(c=6)            /*表达式的值为 11,a 的值为 11,c 的值为 6*/
a=(b=4)+(c=6)        /*表达式的值为 10,a 的值为 10,b 等于 4,c 等于 6*/
a=(b=10)/(c=2)       /*表达式的值为 5,a 等于 5,b 等于 10,c 等于 2*/
```

赋值表达式也可以包含复合的赋值运算符。如：

```
a+=a-=a*a
```

也是一个赋值表达式。如果 a 的初值为 12，此赋值表达式的求解步骤如下。

(1) 先进行“a-=a*a”的运算，相当于 a=a-a*a，a 的值=12-144=-132。

(2) 再进行“a+=-132”的运算，相当于 a=a+(-132)=-132-132=-264。

将赋值表达式作为表达式的一种，使赋值操作不仅可以出现在赋值语句中，而且可以以表达式的形式出现在其他语句(如循环语句)中，这是 C 语言具有灵活性的一种表现。

2.8 逗号运算符和逗号表达式

1. 逗号运算符

在 C 语言中，逗号“,”是 C 语言中一种特殊的运算符，用于将表达式连接起来。例如：

```
2+n,100/5
a=4,a+=5,a*a
```

2. 逗号表达式

用逗号运算符连接的表达式称为逗号表达式。

它的一般格式如下：

```
<表达式 1>,<表达式 2>,…,<表达式 n>
```

结合性：从左至右。

逗号表达式的值：等于表达式 n 的值。

用途：常用于循环 for 语句中。

逗号表达式的求解过程：从左至右先求解表达式 1，再求解表达式 2，以此类推，最后求解表达式 n，整个逗号表达式的值是表达式 n 的值。

例如：

```
a=3*5,a*4             /*表示 a=15,表达式的值为 60*/
a=3*5,a*4,a+5         /*表示 a=15,表达式的值为 20*/
x=(a=3,6*3)           /*是一个赋值表达式,右边逗号表达式的值为 18,x=18*/
x=a=3,6*a             /*逗号表达式的值为 18,a=3,x=3*/
```

再比如以下程序段：

```
a=1,b=2,c=3;
printf("%d,%d,%d",a,b,c);
```

输出结果如下：

```
1,2,3
```

以下语句：

```
printf("%d,%d,%d",(a,b,c),b,c);
```

输出结果如下：

```
3,2,3
```

注意并不是任何地方出现的逗号都用作逗号运算符，函数参数也是用逗号来间隔的，例如：

```
printf("%d,%d,%d",a,b,c);
```

上一行中的“a,b,c”并不是一个逗号表达式，它是 printf 函数的三个参数，参数间用逗号间隔。

2.9 自增运算符、自减运算符及 C 语言运算符的优先级

C 语言中除了基本运算符外，还包括两个特殊的算术运算符：自增运算符(++)和自减运算符(--)。这两种运算符都是单目运算符，即只有一个运算对象，而且运算对象必须是

变量，不能是常量。

2.9.1　自增运算符

自增运算符(++)是单目运算符，其作用是使单个变量的值增 1。自增运算符有两种形式：

前置形式，如++i，先执行 i+1，再使用 i 值；

后置形式，如 i++，先使用 i 值，再执行 i+1。

例如：

j=3;　k=++j; 则 k=4，j=4;

j=3;　k=j++; 则 k=3，j=4。

2.9.2　自减运算符

自减运算符(--)是单目运算符，其作用是使单个变量的值减 1。自减运算符也有两种形式：

前置形式，如--i，先执行 i-1，再使用 i 值；

后置形式，如 i--，先使用 i 值，再执行 i-1。

例如：

j=3;　k=--j; 则 k=2，j=2;

j=3;　k=j--; 则 k=3，j=2。

注意： 自增运算符(++)、自减运算符(--)只能用于变量，不能用于常量和表达式。例如，5++、-- (a+b)等都是非法的。因为 5 是常量，常量的值不能改变。(a+b)++也不可能实现，假如 a+b 的值为 5，那么自增后得到的 6 放在什么地方呢？无变量可供存放。

++和--的结合方向是“从右至左”，其优先级高于算术运算符。例如 i=3, -i++相当于-(i++)，因此表达式的值为-3，i=4。

自增运算符(++)、自减运算符(--)常用于循环语句中，使循环控制变量加(或减)1，或指针变量中，使指针指向下(或向上)一个地址。

2.9.3　C 语言运算符的优先级与结合性

C 语言的运算符范围很宽，把除了控制语句和输入输出以外的几乎所有的基本操作都作为运算符处理，例如将赋值符“=”作为赋值运算符，方括号作为下标运算符等。C 语言的运算符有以下几类。

(1)　算术运算符　　(+　-　*　/　%)

(2)　关系运算符　　(>　<　==　>=　<=　!=)

(3)　逻辑运算符　　(!　&&　||)

(4)　位运算符　　(<<　>>　~　|　^　&)

(5)　赋值运算符　　(= 及其扩展赋值运算符)

(6)　条件运算符　　(?　:)

(7)　逗号运算符　　(,)

(8)　指针运算符　　(* 和 &)

(9) 求字节数运算符　　　　　　(sizeof)
(10) 强制类型转换运算符　　　　(类型)
(11) 分量运算符　　　　　　　　(. ->)
(12) 下标运算符　　　　　　　　([ ])
(13) 其他　　　　　　　　　　　(如函数调用运算符())

C 语言规定了运算符的优先级和结合性。

运算符的优先级别从高到低依次如下：

初等运算符，如()、[ ]、 ->、.;

单目运算符，如 !、~、++、--、*(指针)、&、(类型);

算术运算符(先乘除，后加减);

关系运算符;

逻辑运算符(不包括!);

条件运算符;

赋值运算符;

逗号运算符。

所谓结合性，是指当一个操作数两侧的运算符具有相同的优先级时，该操作数是先与左边的运算符结合，还是先与右边的运算符结合。从左至右的结合方向，称为左结合性；反之，称为右结合性。结合性是 C 语言的独有概念。除单目运算符、赋值运算符和条件运算符是右结合性外，其他运算符都是左结合性。

2.10　不同类型数据间的混合运算

在 C 语言中，整型数据、实型数据和字符型数据间可以混合运算(因为字符数据与整型数据可以通用)。如果一个运算符两侧的操作数的数据类型不同，则系统按“先转换、后运算”的原则，首先将数据自动转换成同一类型，然后在同一类型数据间进行运算。类型转换有自动进行的，也有强制执行的。前者称为隐式类型转换，后者称为强制类型转换。

1. 隐式类型转换

隐式类型转换主要又可分为两类：算术转换和赋值转换。

1)　算术转换

当表达式中的运算对象不同时，系统会进行类型的自动转换。转换的基本原则是：自动将精度低、表示范围小的运算对象类型向精度高、表示范围大的运算对象转换。具体转换规则如图 2.3 所示。

横向的箭头表示必定的转换，如字符数据必定先转换为整数，short 型转换为 int 型，float 型数据在运算时一律转换成双精度型，以提高运算精度(即使是两个 float 型数据，也要先转换成 double 型，然后进行运算)。

纵向的箭头表示当运算对象为不同类型时转换的方向。例如 int 型与 double 型数据进行运算，先将 int 型的数据转换成 double 型，然后两个同类型(double 型)的数据再进行运算，结果为 double 型。注意箭头方向只表示数据类型级别的高低，由低向高转换，不要理解为 int 型先转成 unsigned 型，再转成 long 型，最后转成 double 型。如果一个 int 型数据与一个 double 型数据进行运算，是直接将 int 型转成 double 型。同理，一个 int 型与一个 long 型数据进行运算，先将 int 型转换成 long 型。

```
double  ←  float
  ↑
long
  ↑
unsigned
  ↑
int     ←  char、short
```

图 2.3　隐式类型转换规则

2)　赋值转换

赋值转换主要出现在赋值表达式中，不管赋值运算符的右边是什么类型，都要转换为赋值运算符左边的类型。若赋值运算符右边的值表示范围更大，则左边赋值所得到的值将失去右边数据原有的精度。

2. 强制类型转换

C 语言提供了强制类型转换运算符来实现强制类型转换。

它的一般格式如下：

```
(类型)表达式
```

例如：

```
(int)3.5
```

注意：在进行类型转换时，操作数的值并不发生改变，改变的只是表达式值的类型。

例如：

```
float x=3.5;i=(int)x;          /* i 的值为 3*/
```

使用强制类型转换得到的是一个所需类型的中间量，原表达式类型并不发生变化。例如，(double)a 只是将变量 a 的值转换成一个 double 型的中间量，其数据类型并未转换成 double 型。

```
(int)(x+y);      /* 将 x+y 的值转换为 int 类型 */
(int)x+y;        /* 将 x 的值转换为 int 类型,再与 y 相加 */
```

2.11　小型案例实训

1. 案例说明

利用转义字符在屏幕上输出相应结果。

2. 编程思路

实际上，屏幕上完全按程序要求输出了两个字符，只是前面的字符“Y”很快被后面的字符“=”回退一格所替代，因此屏幕上看不到“Y”。而在打印机上输出时，会在纸上留下不可磨灭的痕迹，能真正反映输出的过程与结果。

3. 程序代码

```
#include <stdio.h>
main()
{
    printf("Y\b=\n");
}
```

4. 输出结果

程序运行时在屏幕上显示结果：=
程序运行时在打印机上输出结果：¥

2.12 学习加油站

2.12.1 重点整理

本章重点是基本数据类型的定义和使用方法，以及常用运算符和算术表达式的使用。本章需要掌握的知识点如下。

(1) C 语言的数据类型：基本类型、构造类型、指针类型和空类型。其中基本类型包括整型、实型(包括单精度实型和双精度实型)、字符型和枚举类型。构造类型包括数组类型、结构体类型和共用体类型。

(2) C 语言标识符的构造规则：

① 标识符由字母、数字和下划线组成。

② 标识符必须以字母或下划线开头。

(3) 常量是指在程序运行过程中其值不能被改变的量。常量通常有 4 种类型：整型常量、实型常量、字符型常量、字符串常量。整型常量可用十进制、八进制和十六进制表示。实型常量有小数和指数两种表示形式，均按 double 类型处理。字符常量是用单引号(半角形式)括起来的单个可视字符或转义字符。字符串常量是用一对双引号括起来的若干字符序列，存储时系统会自动在其末尾加'\0'作为字符串的结束标志，因此，字符串常量所占存储空间等于字符串长度加 1。

(4) 在程序运行时，其值能被改变的量叫变量，变量必须先定义后使用。变量的类型由定义语句中的数据类型标识符指定。系统根据变量类型分配相应的存储空间，存放变量的值。通过变量初始化可以给变量赋予初值。不能直接使用未经赋值的变量，因为它的值是一个不确定的数据。

(5) 在 C 语言中，有 5 种基本算术运算符，分别是+、-、*、/、%。其中*、/和%的优先级相同且高于+、-。当运算符的优先级相同时，这 5 个运算符的结合方向为从左至右

(先左后右，简称左结合)。

(6) 在进行混合运算时，如果一个运算符两侧的运算对象的数据类型不同，系统则按“先转换，后运算”的原则，首先将数据自动转换成同一类型，然后在同一类型数据间进行运算。

C 语言提供了强制类型转换运算符来实现强制类型转换。

它的一般格式如下：

```
(类型) 表达式
```

2.12.2　典型题解

【典型题 2-1】下列叙述中错误的是________。

A. 一个 C 语言程序只能实现一种算法

B. C 程序可以由多个程序文件组成

C. C 程序可以由一个或多个函数组成

D. 一个 C 函数可以单独作为一个 C 程序文件存在

解析：一个 C 语言程序可以实现多种算法。C 程序可包含一个或多个函数，并可由多个程序文件组成。

答案：A

【典型题 2-2】以下叙述中正确的是________。

A. C 语言程序将从源程序中第一个函数开始执行

B. 可以在程序中由用户指定任意一个函数作为主函数，程序将从此开始执行

C. C 语言规定必须用 main 作为主函数名，程序从此开始执行，在此结束

D. main 可作为用户标识符，用以命名任意一个函数作为主函数

解析：main 是主函数名，C 语言中规定必须用 main 作为主函数名，一个 C 程序可以包含任意多个不同名的函数，但必须有且只有一个主函数，C 程序总是从主函数开始执行。可知选项 A 和 B 错误。由用户根据需要定义的标识符称为用户标识符，如果用户标识符和预定义标识符相同，则预定义标识符将失去原来的含义，main 是预定义标识符，不该用作用户标识符，故选项 D 不正确。

答案：C

【典型题 2-3】以下程序运行后的输出结果是________。

```
#include <stdio.h>
main()
{
    int m=011, n=11;
    printf("%d  %d\n",++m,n++);
}
```

解析：赋值表达式 m=011 中的常数 011 为八进制数，++m 后以十进制数格式%d 输出为 10。

答案：10　11

【典型题 2-4】以下关于 long、int 和 short 类型数据占用内存大小的叙述中正确的是________。

A. 均占4个字节　　B. 根据数据的大小来决定所占内存的字节数
C. 由用户自己定义　　D. 由C语言编译系统决定

解析：不同的计算机系统对long、int、short这几种整型数据所占用的字节数和数值范围有不同的规定，即由C语言编译系统决定。

答案：D

【典型题2-5】若变量均已正确定义并赋值，以下合法的C语言赋值语句是________。

A. x=y==5;　　B. x=n%2.5;　　C. x+n=i;　　D. x=5=4+1;

解析：赋值符“=”的右边既可以是常量、变量，也可以是函数调用或表达式，但左边必须是变量，不能为常量和表达式，因此，选项C、D错误。选项B中，运算符“%”之后只能是整数，所以错误。

答案：A

【典型题2-6】按照C语言规定的用户标识符命名规则，不能出现在标识符中的是________。

A. 大写字母　　B. 连接符　　C. 数字字符　　D. 下划线

解析：在C语言中，用户标识符命名规则规定：变量名只能由字母、数字或下划线3种字符组成，且第一个字符必须为字母或下划线。在C语言中，大写字母和小写字母被认为是两个不同的字符。据此规定A、D、C选项是正确的。而B选项是连字符，不在C语言规定的命名变量标识符的范围内。

答案：B

【典型题2-7】以下选项中，合法的一组C语言数值常量是________。

A.	B.	C.	D.
028	12.	177	0x8A
.5e−3	0xa23	4e1.5	10,000
−0xf	4.5e0	0abc	3.e5

解析：选项A中首位是0，是八进制数表示方法，不可以出现8，故A错误。选项C中的4e1.5错误，因为E(e)前后必须有数字而且后面的数字必须是整数。选项D中10,000是错误的表示方法。只有选项B是全部合法的数值常量。

答案：B

【典型题2-8】可在C程序中用作用户标识符的一组标识符是________。

A.	B.	C.	D.
and	Date	Hi	case
_2007	y-m-d	Dr.Tom	Big 1

解析：C语言中规定标识符只能由字母(大小写均可，但要区分大小写)、数字和下划线3种字符组成，并且第一个字符必须为字母或者下划线。选项B、C、D中出现非法字符，D中空格不能出现在一个标识符的中间。

答案：A

【典型题2-9】设有定义：“int k=0;”，以下选项的4个表达式中与其他3个表达式的值不相同的是________。

A. k++　　B. k+=1　　C. ++k　　D. k+1

解析：因为“int k=0;”，所以B、C、D选项的表达式的值都等于1，而A选项的表达式的值等于0。这是因为“k++”这个表达式先进行取k值的运算，然后是k值自加1。

答案： A

【典型题 2-10】 在以下程序中，“%u”表示按无符号整数输出：

```
#include <stdio.h>
main()
{
   unsigned int x=0xFFFF;  /*  x 的初值为十六进制数 */
   printf("%u\n",x);
}
```

程序运行后的输出结果是________。

A. –1　　B. 65535　　C. 32767　　D. 0xFFFF

解析： “%u”格式符用来以十进制形式输出无符号整型变量，其取值范围是 0～65535。本题中无符号整型变量 x=0xFFFF(十六进制数)表示的是无符号整型变量的最大值 65535。

答案： B

2.13　上 机 实 验

1. 实验目的

进一步掌握运行一个 C 语言程序的方法和步骤。

掌握 C 语言的符号、标识符；理解常量与变量的区别，掌握变量的定义与赋值。

掌握 C 语言的数据类型，会定义整型、实型、字符型变量以及对它们的赋值方法。

掌握运算符与表达式的使用方法，特别是自增运算符(++)和自减运算符(--)的使用。

2. 实验内容

输入并运行下面的程序。

```
#include <stdio.h>
main( )
{
    char c1,c2;
    c1=65;
    c2=66;
    printf("%3c%3c", c1,c2);
}
```

(1) 分析其运行结果为_______。

(2) 将程序第四行改为“int c1,c2;”，再运行，分析其结果为_______。

(3) 在程序第七行加一条输出语句：“printf(“%3d%3d”, c1,c2);”，分析其结果为_______。

(4) 再将第四行改为“c1=‘a’; c2=98;”，分析其运行结果为_______。

本例体现出 C 语言的一种特性，字符型数据在特定情况下可作为整型数据处理，整型数据有时也可以作为字符型数据处理。

2.14 习　　题

1. 选择题

(1) 请选出可以作为 C 语言用户标识符的一组标识符________。

A. void　define　WORD　　B. a3_b3　_123　IF
C. for　-abc　case　　D. 2a　D0　sizeof

(2) 以下对 C 语言的描述正确的是________。

A. C 语言源程序中可以有重名的函数
B. C 语言源程序中要求每行只能书写一条语句
C. 注释可以出现在 C 语言源程序中的任意位置
D. 最小的 C 语言源程序中没有任何内容

(3) 以下选项中，________是 C 语言中合法的常量。

A. ±234.34　　B. 1/8　　C. '0'　　D. "a" 'b'

(4) Tubro C 中 int 变量所表示的数据范围是________。

A. -32 768～32 767　　B. 0～65 535
C. -32 768～32 768　　D. 0～65 536

(5) 若有程序段："int c1=1,c2=2,c3; c3=1.0/c2*c1;"，则执行后，c3 中的值是________。

A. 0　　B. 0.5　　C. 1　　D. 2

(6) 下列程序运行后的输出结果是________。

```
#include <stdio.h>
main( )
{
    double d=3.2;
    int x,y;
    x=1.2; y=(x+3.8)/5.0;
    printf("%d \n", d*y);
}
```

A. 3　　B. 3.2　　C. 0　　D. 3.07

(7) 设已定义整型变量 k 和 g，则以下程序段的输出结果为________。

```
k=017;  g=111;
printf("%d\n",++k);
printf("%x\n",g++);
```

A. 15
6f　　B. 16
70　　C. 15
71　　D. 16
6f

(8) 定义 a 为整型变量，且设其初值为 10，则表达式 a+=a-=a*=a 的值为________。

A. 10　　B. 0　　C. 100　　D. -10

(9) 若 a 为整型变量，则语句

```
a=-2L;printf("%d\n",a);
```

________。

A. 赋值不合法　B. 输出值为-2　C. 输出为不确定值　D. 输出值为 2

(10) 设有定义："float a=2，b=4，h=3;"，以下 C 语言表达式中与代数式 $\frac{1}{2}(a+b)h$ 计算结果不相符的是________。

A. (a+b)*h/2　B. (1/2)*(a+b)*h　C. (a+b)*h*1/2　D. h/2*(a+b)

2. **填空题**

(1) C 语言提供的基本数据类型包括：______、______、______、______和______。

(2) C 语言的标识符只能由 3 种字符组成，它们是：______、______和______。

(3) 若 x、y、z 均是整型变量，则执行表达式 x=(y=4)+(z=2)后，x 的值为______，y 的值为______。

(4) 假设所有的变量都为整型变量，则表达式(a=2,b=a++,b++,a+b)的值为_______。

(5) 设 x 为 int 型变量，请写出描述"x 是奇数"的表达式______。

第 3 章　顺序结构程序设计

本章要点

- ☑ C 语言的语句类型
- ☑ 输入/输出函数及其调用

3.1　C 语言的几种语句

和其他高级语言一样，C 语言也是由若干语句组成的，而且每个语句以分号作为结束符。C 语言的语句类型可以分为 5 类，分别是表达式语句、函数调用语句、控制语句、空语句和复合语句。

1. 表达式语句

表达式语句是 C 语言中最基本的语句，程序中对操作对象的运算处理大多通过表达式语句来实现。在表达式后面加一个分号，就构成了表达式语句。例如：

```
x=2-a*3+44.5;
a-b;
a=b,b=c;
```

表达式语句中最典型的是赋值语句，即在赋值表达式的末尾加一个分号“;”，就构成了赋值语句。C 程序中给变量赋值、保存各种运算中间结果通常使用赋值语句实现。例如：

```
x=4;y+=3;
a1='a';a1=a1-32;
i++;i--;
```

2. 函数调用语句

在 C 语言中，函数调用表达式后面加一个分号“;”，就构成了函数调用语句。例如：

```
printf("%f",s);
scanf("num=%d \n",&num);
fun(aa,6);
```

需要知道的是函数是一段程序，这段程序可能存在于函数库中，也可能是用户自己定义的，当调用函数时就转到该段程序中执行。但是函数调用以语句的形式出现，它与前后语句之间的关系是顺序执行的。

3. 控制语句

控制语句用于完成一定的控制功能，例如程序的选择控制、循环控制等。C 语言中一共有 9 种控制语句。详细内容如表 3.1 所示。

表 3.1 C 语言中的 9 种控制语句

语句种类	语句形式	功能说明
选择分支控制语句	if( )…else…	分支语句
	switch( ){ …}	多分支语句
循环控制语句	for( )	循环语句
	while( )	循环语句
	do…while( )	循环语句
结束控制语句	break	终止循环语句的执行
	continue	结束本次循环语句
转向控制语句	goto	转向语句
	return	返回语句

4. 空语句

C 语言中的所有语句都必须由一个分号“;”作为结束。如果只有一个分号，如：

```
main()
{  ;  }
```

则这个分号也是一条语句，称为“空语句”，程序执行时不产生任何动作。程序设计中有时需要额外加一个分号来表示存在一条空语句，但随意加分号也会导致逻辑上的错误，需要慎用。

5. 复合语句

在 C 语言中，一对花括号{}不仅可以作为函数体开头和结尾的标志，也可作为复合语句开头和结尾的标志。复合语句又称为“语句块”。

它的一般格式如下：

```
{ 语句 1; 语句 2; …; 语句 n;}
```

用一对花括号把若干语句括起来构成一个语句组，可视为一个复合语句，在语法上视为一条语句，在一对花括号内的语句数量不限。例如：

```
{
    a=2;
    b=3;
    b*=a;
    printf("b=%d\n",b);
}
```

在复合语句内，不仅可以有执行语句，还可以有定义部分，定义部分应出现在可执行语句的前面。

3.2 数据的输出

把数据从计算机内部送到计算机的外部设备上的操作称为“输出”；从计算机外部设备将数据送入计算机内部的操作称为“输入”。

C 语言本身不提供用于输入输出的语句。在 C 语言程序中可以通过调用标准库函数提供的输入输出函数来实现数据的输入输出。本节讨论数据输出函数及其调用，下一节将讨论数据输入函数及其调用。

3.2.1 字符输出函数(putchar 函数)

字符输出函数(putchar 函数)的作用是在标准输出设备上输出一个字符。

putchar 函数的一般调用格式如下：

```
putchar(c);
```

其中，putchar 是函数名，圆括号中的 c 是函数参数，可以是字符型或整型的常量、变量或表达式。

注意：使用 putchar 函数时，必须在程序的开头加上包含头文件 stdio.h 的命令行。

例 3.1 利用 putchar 函数输出字符。程序代码如下：

```
#include  <stdio.h>
main()
{
    char c1,c2;
    c1='a';c2='B';
    putchar(c1); putchar(c2); putchar('\n');
    putchar(c1-32); putchar(c2+32);putchar('\n');
}
```

程序运行结果如下：

```
aB
Ab
```

程序中定义了字符变量 c1 和 c2，并通过赋值语句分别给它们赋予字符常量'a'和'B'，然后先通过前三个 putchar 函数调用语句分别输出字母 a、B 及换行符，再通过后三个 putchar 函数调用语句分别输出字母 A、b 及换行符。提示：小写字母的 ASCII 码值比相应的大写字母大 32。

3.2.2 格式输出函数(printf 函数)

1. 函数调用的一般格式

格式输出函数(printf 函数)的作用是按格式控制所指定的格式，在标准输出设备上输出输出项列表中列出的各输出项。

printf 函数的一般调用格式如下：

```
printf(格式控制,输出项表)
```

如果在 printf 函数调用之后加上“;”，就构成了输出语句。

例如：

```
printf("a=%d,b=%d",a,b);
```

其中，printf 是函数名；在圆括号中用双引号括起来的字符串，“a=%d,b=%d”称为格式控制串；a、b 是输出项表中的输出项，它们都是 printf 函数的参数。

2. 格式控制

格式控制的作用有两个：

① 为各输出项提供格式转换说明；

② 提供需要原样输出的文字或字符。

格式控制的作用决定了它的组成，格式控制由格式说明、附加格式说明符和普通字符组成。

1) 格式说明

格式说明由“%”和紧跟其后的格式描述符组成，用来指定输出数据的输出格式。C 语言规定，每个输出的参数都必须用一个格式说明符指定其输出格式。例如上面 printf 函数中的两个%d，指定输出两个整型参数 a 和 b。

不同类型的数据需要不同的格式说明符来说明。例如，%d 用来指定输出整型数据，%f 或%e 用来指定输出实型数据。表 3.2 列出了 printf 函数中常用的格式说明符。根据输出数据的类型，输出格式说明符可以分为整型数据输出、实型数据输出、字符型数据输出。

表 3.2　printf 函数中常用的格式说明符

格式字符	说　明
c	以字符形式输出，只输出一个字符
d	以带符号的十进制形式输出整数(正数符号不输出)
o	以八进制无符号形式输出整数(不输出前导符 0)
x 或 X	以十六进制无符号形式输出整数(不输出前导符 0x 或 0X)
u	以无符号的十进制形式输出整数
f	以小数形式输出单、双精度数，隐含输出 6 位小数
e 或 E	以标准指数形式输出单、双精度数，数字部分小数位数为 6 位
s	以字符串形式输出
g	选用%f 或%e 格式中输出宽度较短的一种格式

(1) 整型数据输出。

输出整型数据的格式说明符有%d、%o、%x(或%X)、%u。整型数据在内存中一律按二进制补码的形式存放。用%d 输出时，将最高位视为符号位，按有符号数进行输出；用%o、%x(或%X)、%u 输出时，则将最高位视为数据位，按无符号数进行输出，其中，%o 输出对应的八进制数，%x(或%X)输出对应的十六进制数(如果是%x，输出含小写字母表示的十六进制数，如果是%X，则输出含大写字母表示的十六进制数)，而%u 则输

出对应的无符号十进制数。

例 3.2 整型数据的输出。程序代码如下：

```
#include  <stdio.h>
main()
{
    unsigned int a=65535;
    int b=-2;
    printf("a=%d,%o,%x,%u\n",a,a,a,a);
    printf("b=%d,%o,%x,%u\n",b,b,b,b);
}
```

程序运行结果如下：

```
a=65535,177777,ffff,65535
b=-2,37777777776,fffffffe,4294967294
```

(2) 实型数据输出。

输出实型数据的格式说明符有%f、%e(或%E)、%g。按%f 输出小数形式的实型数据时，整数部分全部输出，小数部分固定输出 6 位；按%e(或%E)输出指数形式的实型数据时，尾数部分保留一位非零整数，指数部分为两位整数，中间的指数标识为小写字母“e”(按%E 输出时，指数标识为大写字母“E”)；而按%g 形式输出时，系统自动选择输出形式，使输出数据的宽度最小。

例 3.3 实型数据的输出。程序代码如下：

```
#include  <stdio.h>
main()
{
    float x,y;
    x=222222.222; y=333333.333;
    printf("%f",x+y);
}
```

程序运行结果如下：

```
555555.562500
```

显然，只有前 7 位数字是有效数字。

注意： 按格式说明符输出实型数据时，数据的有效位数是按整数部分和小数部分的位数合并考虑的。单精度实型数据的有效位数为 7～8 位，双精度实型数据的有效位数为 15～16 位，超出部分就不准确了。

(3) 字符型数据输出。

输出字符型数据的格式说明符有%c 和%s。%c 指定输出一个字符，与 putchar 函数的功能相同；%s 指定输出一个字符串常量或一个字符数组中存放的字符串。

例 3.4 字符型数据的输出。程序代码如下：

```
#include  <stdio.h>
main()
{
    char c='a';
    int i=97;
```

```
    printf("%c,%d\n",c,c);
    printf("%c,%d\n",i,i);
    printf("%s\n","CHINA");
}
```

程序运行结果如下：

```
a,97
a,97
CHINA
```

注意：按照%s 输出字符串时，是从第一个字符开始输出，遇到字符串结束标志'\0'为止，而不是必须输出字符串中的所有字符。

2)　附加格式说明符

附加格式说明符出现在%和格式描述符号之间，主要用于指定输出数据的宽度和输出形式，表 3.3 列出了 printf 函数中常用的附加格式说明符。

表 3.3　printf 函数中常用的附加格式说明符

符　号	说　明
l	表示长整型数据，可加在格式符 d、o、x、u 的前面
m	指定输出数据的宽度
.n	对于实数，表示输出 n 位小数；对于字符串，表示截取的字符个数
+	使输出的数值数据无论正负都带符号输出
-	使数据在输出域内按左对齐方式输出

例 3.5　输出实数时指定小数位数。程序代码如下：

```
#include  <stdio.h>
main()
{
    double f=123.456;
    printf("%f**%10f**%10.2f**%.2f**%-10.2f",f,f,f,f,f);
}
```

程序运行结果如下：

```
123.456000**123.456000**    123.46**123.46**123.46     Press any key to continue
```

其中，*代表一个空格。

注意：m 用于指定数据的最小输出宽度(称为域宽)。对于实型数据，m 指定的域宽包括整数位、小数点、小数位和符号所占的总位数。如果输出数据实际位数小于域宽，不足部分用空格补齐；如果超出域宽，则按实际宽度输出。

采用“.n”形式说明时，如果小数实际位数超出 n 指定的位数，则截取 n 位小数，并自动对后面的数四舍五入。

不使用“+”修饰时，正数不输出符号。不使用“-”修饰时，均在输出域内按右对齐方式输出数据。

3) 普通字符

格式控制中前面没有“%”的字符都是普通字符，可以是可视字符，也可以是转义字符，在输出时会原样输出，例如前面的“a=,b=”。

> 注意：格式控制中的转义字符会在输出时起到相应的控制作用。例如，输出‘\n’，可以进行回车换行控制。

3.3 数据的输入

3.3.1 字符输入函数(getchar 函数)

字符输入函数(getchar())的作用是在标准输入设备上输入一个字符。

getchar 函数的一般调用格式如下：

```
getchar();
```

其中，getchar 函数是一个无参函数，但调用 getchar()函数时后面的括号不能省略。

在输入时，空格、回车键等都作为字符读入，而且，只有在用户按下回车键后，读入才开始执行，一个 getchar()函数只能接收一个字符。

> 注意：使用 getchar 函数时，必须在程序的开头包含头文件 stdio.h 的命令行。

3.3.2 格式输入函数(scanf 函数)

1. 函数调用的一般格式

格式输入函数(scanf())的功能是通过键盘输入数据，该输入数据按指定的输入格式被赋给相应的输入项。

scanf 函数的一般调用格式如下：

```
scanf(格式控制,输入项表)
```

其中，格式控制规定数据的输入格式，必须用双引号括起来，其内容仅仅是格式说明。输入项表则由一个或多个变量地址组成，当变量地址有多个时，各变量地址之间用逗号隔开。

> 注意：scanf 函数中各变量要加地址操作符，就是在变量名前加“&”。

2. 格式控制

scanf 函数的格式控制中仅包括格式说明部分，这一点与格式输入函数不同。格式说明符由“%”和类型说明符组成，用于指定输入数据的类型及宽度。在“%”和类型说明符之间同样有附加的格式说明符，对输入的长整型数据和双精度实型数据做进一步的说明。

scanf 函数中常用的格式说明符如表 3.4 所示。在一些系统中，这些格式字符只允许用小写字母。

表 3.4　scanf 函数中常用的格式说明符

输入类型	格式字符	说　明
整型数据	d	输入十进制整型数
	i	输入整型数据，整数是带前导 0 的八进制数，带前导 0x(或 0X)的十六进制数
	o	以八进制形式输入整型数据(可以带前导 0，也可以不带)
	x	以十六进制形式输入整型数据(可以带前导 0x 或 0X，也可以不带)
	u	无符号十进制整数
实型数据	f(lf)	以带小数点的形式或指数形式输入单精度(双精度)数
	e(le)	与 f(lf)的作用相同
字符型数据	c	输入一个字符
	s	输入字符串

与格式输出函数类似，根据输入数据的类型输入的格式字符也可以分为三类：整型数据输入、实型数据输入和字符型数据输入，具体如表 3.4 所示。

scanf 函数中常用的附加格式说明符如表 3.5 所示。

表 3.5　scanf 函数中常用的附加格式说明符

格式字符	说　明
l	用于指定输入的数据是长整型或双精度型
m	用于指定输入数据的域宽
*	忽略读入的数据(即不将读入的数据赋给对应变量)

注意：在格式控制中，格式说明符的类型与输入项的类型应该一一对应匹配。如果类型不匹配，系统并不给出出错信息，但不可能得到正确的数据。

在 scanf 函数中的格式字符前可以用一个整数指定输入数据所占的宽度，但不可以对实型数据指定小数位的宽度。

在格式控制中，格式说明符的个数应与输入项的个数相同。若格式说明符的个数少于输入项的个数时，scanf 函数结束输入，多余的数据项不会从终端接收新的数据；若格式说明符的个数多于输入项的个数时，scanf 函数同样结束输入。

3. 通过 scanf 函数从键盘输入数据

当调用 scanf 函数输入数据时，最后一定要按下 Enter 键，scanf 函数才能接收从键盘输入的数据。

1)　输入数值数据

当从键盘输入数值数据时，输入的数值数据之间用间隔符(空格符、制表符或回车符)隔开，间隔符数量不限。如果在格式说明中人为指定宽度时，也同样可用此方式输入。例如，假设为整型变量，若有以下输入语句：

```
scanf("%d%d%d",&a,&b,&c);
```

要求给 a 赋予 8、给 b 赋予 9、给 c 赋予 10，则数据输入形式应当是：

```
<间隔符>8<间隔符>9<间隔符>10<回车>
```

此处<间隔符>可以是空格符、制表符或回车符。

2) 指定输入数据所占宽度

可以在格式字符前加一个整数，用来指定输入数据所占的宽度。

3) 跳过输入数据的方法

可以在格式字符和“%”之间加一个“*”号，它的作用是跳过对应的输入数据。例如：

```
int  a1,a2,a3;
scanf("%d%*d%d%d",&a1,&a2,&a3);
```

当输入以下数据时：

```
8  9  10  11<回车>
```

将把 8 赋给 a1，跳过 9，把 10 赋给 a2，把 11 赋给 a3。

4) 输入的数据少于 scanf 函数要求输入的数据

当输入的数据少于输入项时，程序等待输入，直到满足要求为止。当输入的数据多于输入项时，多余的数据并不消失，而是留作下一个输入操作时的输入数据。

3.4 小型案例实训

1. 案例说明

编制程序计算方程 $ax^2+bx+c=0$ 的根(注：数学中求解方程时，变量用斜体)，a、b、c 由键盘输入，假设 $b^2-4ac>0$。

2. 编程思路

根据一元二次方程的求根公式：

$$x_{1,2}=\frac{-b\pm\sqrt{b^2-4ac}}{2a}=-\frac{b}{2a}\pm\frac{\sqrt{b^2-4ac}}{2a}$$

令

$$p=-\frac{b}{2a}\qquad q=\frac{\sqrt{b^2-4ac}}{2a}$$

则有

$$x_1=p+q\qquad x_2=p-q$$

可得到如下算法：

(1) 输入 a、b、c。

(2) 计算判别式 disc=b^2-4ac。

(3) 由于已假设判别式大于 0，所以可直接按求根公式计算两个实根 x_1 和 x_2(注：程序中变量用正体，并用 x1、x2 表示两个实根)。

(4) 输出 x_1 和 x_2。

3. 程序代码

```
#include <stdio.h>
#include <math.h>
void main()
{
    float a,b,c,disc,x,x1,x2,p,q;
printf("Please enter the coefficients a,b,c:");
scanf("%f,%f,%f",&a,&b,&c);
disc=b*b-4*a*c;
if(disc<0)printf("无解! \n");
    else
        {
            if (a==0)
                {
                    x=-c/b;
                    printf("x=%5.2f\n",x);
                }
            else
                {
                    p=-b/(2*a);
                    q=sqrt(disc)/(2*a);
                    x1=p+q;
                    x2=p-q;
                    printf("x1=%5.2f,x2=%5.2f\n",x1,x2);
                }
        }
}
```

4. 输出结果

输出结果如图 3.1 中(a)、(b)、(c)所示。

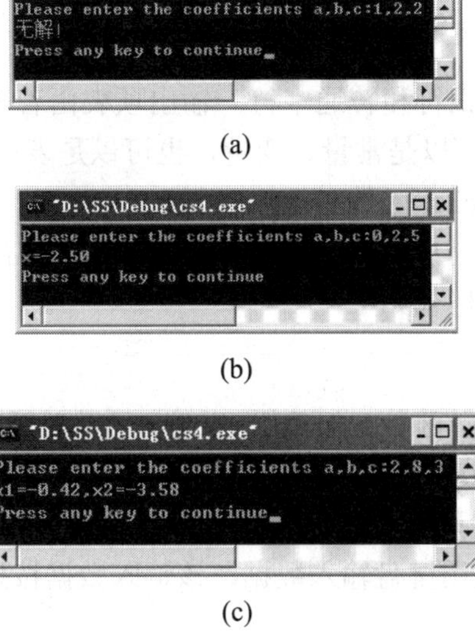

(a)

(b)

(c)

图 3.1　求二次方程的根

图 3.1(a)中，方程$ax^2+2x+2=0$的系数 a、b、c 分别是 1、2、2。因为判别式的值小于 0，所以方程无解。

图 3.1(b)中，方程$ax^2+2x+5=0$的系数 a、b、c 分别是 0、2、5，因为系数 a 为 0，所以方程只有单根。

图 3.1(c)中，方程$2x^2+8x+3=0$的系数 a、b、c 分别是 2、8、3，因为判别式的值大于 0，所以方程有两个不同的根。

3.5　学习加油站

3.5.1　重点整理

本章重点是 C 语言的语句类型，C 语言的输入/输出函数及其调用。本章需要掌握的知识点如下。

(1) C 语言的语句类型：表达式语句、函数调用语句、控制语句、空语句和复合语句。

(2) 数据输出函数：putchar 函数和 printf 函数。

① putchar 函数是单个字符输出函数。

putchar 函数的一般调用格式如下：

```
putchar(c);
```

其中，putchar 是函数名，圆括号中的 c 是函数参数，可以是字符型或整型的常量、变量或表达式。

② printf 函数是格式输出函数。作用是按格式控制所指定的格式，在标准输出设备上输出输出项列表中列出的输出项。

printf 函数的一般调用格式如下：

```
printf(格式控制,输出项表)
```

其中，格式控制包括格式标识符和普通字符。输出项表由若干个输出项构成，输出项之间用逗号隔开，每个输出项既可以是常量、变量，也可以是表达式。

(3) 数据输入函数：getchar 函数和 scanf 函数。

① getchar 函数的作用是从标准输入设备上输入一个字符。

getchar 函数的一般调用格式如下：

```
getchar();
```

其中，getchar 函数是一个无参函数，但调用 getchar 函数时后面的括号不能省略。

在输入时，空格、回车键等都作为字符读入，而且只有在用户按下回车键后，读入才开始执行，一个 getchar 函数只能接收一个字符。

② scanf 函数的功能是用键盘输入数据，该输入数据按指定的输入格式被赋给相应的输入项。

scanf 函数的一般调用格式如下：

```
scanf(格式控制,输入项表)
```

其中，格式控制规定数据的输入格式，必须用双引号括起来，其内容仅仅是格式说明。输入项表则由一个或多个变量地址组成，当变量地址有多个时，各变量地址之间用逗号隔开。

3.5.2　典型题解

【典型题 3-1】有以下程序：

```
#include <stdio.h>
main()
{
    int x, y, z;
    x=y=1;
    z=x++, y++, ++y ;
    printf("%d,%d,%d\n", x, y, z);
}
```

程序运行后的输出结果是________。

A. 2,3,3　　B. 2,3,2　　C. 2,3,1　　D. 2,2,1

解析：z=x++是先把 x 的值 1 赋给 z，所以 z=1，然后再把 x 加 1 赋给 x，x=2，++y 后 y 又加 1，所以 y=3。

答案：C

【典型题 3-2】设有定义：“int a; float b;”，执行“scanf("%2d%f", &a, &b);”语句时，若用键盘输入“876　543.0<回车>”，a 和 b 的值分别是________。

A. 876 和 543.000000　　B. 87 和 6.000000

C. 87 和 543.000000　　D. 76 和 543.000000

解析：“%2d”指定输入数据所占列宽度为 2，“&”是 C 语言中的求地址运算符。

答案：B

【典型题 3-3】有以下程序段：

```
int j;float y;
char  name[50];
scanf("%2d%f%s", &j, &y, name);
```

当执行上述程序段，用键盘输入“55566　777abc”后，y 的值为__________。

A. 55566.0　　B. 566.0　　C. 7777.0　　D. 566777.0

解析：scanf 函数是格式输入函数。“%2d”表示输入的数据所占列宽度为 2，所以当输入“55566　777abc”时，系统自动将 55 赋给变量 j。而后由于 566 后面遇到空格，就认为该数值数据列到此结束，而“%f”表示输入实数，所以 y 值为 556.0。“&”是 C 语言中的求地址运算符。

答案：B

【典型题 3-4】设有定义：“float x=123.4567;”，则执行以下语句后的输出结果是________。

```
printf("%f\n",(int)(x*100+0.5)/100.0);
```

解析：printf(格式控制,输出项表)中，“%f”默认以 6 位小数输出，(int)(x*100+0.5)将表达式(x*100+0.5)的值强制转换为整型。

答案：123.460000

【典型题 3-5】若变量 a、b 已定义为 int 类型并赋值 21 和 55，要求用 printf 函数以 a=21、b=55 的形式输出，请写出完整的输出语句________。

解析：printf 函数的一般格式为：printf(格式控制，输出表列)。

答案：printf("a=%d,b=%d",a,b);

【典型题 3-6】以下叙述中错误的是________。

A. C 语句必须以分号结束

B. 复合语句在语法上被看作一条语句

C. 空语句出现在任何位置都不会影响程序运行

D. 赋值表达式末尾加分号就构成赋值语句

解析：C 语言程序中所有语句都必须由一个分号“;”作为结束。如果只有一个分号，这个分号也是一条语句，称为空语句，程序执行时不产生任何动作。程序设计中有时需要加一个空语句来表示存在一条语句，但随意加分号也会导致逻辑上的错误，影响程序的运行。

答案：C

【典型题 3-7】若以下选项中的变量已正确定义，则正确的赋值语句是________。

A. x1=26.8%3;　　B. 1+2=x2;　　C. x3=0x12;　　D. x4=1+2=3;

解析：C 语言中规定赋值号的左边不能为常量或表达式，所以选项 B、D 是错误的。选项 A 中，在运算符“%”的运算对象中出现了实型数，因此也是错误的。只有选项 C 是合法的赋值语句，将十六进制数 12 赋值给变量 x3。

答案：C

【典型题 3-8】以下叙述正确的是________。

A. 调用 printf 函数时，必须有输出项

B. 调用 putchar 函数时，必须在开头包含头文件 stdio.h

C. 在 C 语言中，整数可以以十二进制数、八进制数或十六进制数的形式输出

D. 调用 getchar 函数读入字符时，可以用键盘输入字符所对应的 ASCII 码

解析：对于选项 A，调用 printf 函数时，不一定总有输出项，如在输出转义字符时就不含有输出项，所以选项 A 错误；对于选项 C，在 C 语言中，整数可以用十进制数、八进制数和十六进制数表示，不存在十二进制数的表示形式，所以选项 C 错误；对于选项 D，调用 getchar 函数读入字符时，从键盘输入的均被认为是字符形式存入到变量中，不能输入该字符对应的 ASCII 码，所以选项 D 错误。对于选项 B，putchar 函数和 getchar 函数是标准库函数，所以在程序开头必须包含头文件 stdio.h，所以选项 B 正确。

答案：B

【典型题 3-9】设变量均已正确定义，若要通过“scanf("%d%c%d%c",&a1,&c1,&a2,&c2);”语句为变量 a1 和 a2 赋值 10 和 20，为变量 c1 和 c2 赋字符 X 和 Y。以下所示的输入形式正确的是(注：“□”代表空格字符)__________。

A. 10□X□20□Y〈回车〉　　B. 10□X20□Y〈回车〉

C. 10□X〈回车〉
20□Y〈回车〉　　D. 10X〈回车〉
20Y〈回车〉

解析：本题中，scanf 函数的格式控制没有空格，所以，对于选项 A、B、C，输入的第一个空格会作为字符赋给变量 c1，而不会被解释成分隔符。

答案：D

【**典型题 3-10**】执行以下程序时输入 1234567<CR>，则程序运行后的输出结果是__________。

```
#include <stdio.h>
main()
{
    int a=1,b;
    scanf("%2d%2d",&a,&b);
    printf("%d   %d\n", a,b);
}
```

解析：scanf 函数是格式输入函数。“%2d”表示输入的数据所占列宽度为 2。输入 1234567 时，系统自动将 12 赋给 a，将 34 赋给 b。printf 是格式输出函数，按指定格式进行输出，故输出为 12　34。

答案：12　34

3.6　上 机 实 验

1. 实验目的

熟悉 C 语言的表达式语句、空语句和复合语句。

熟悉函数调用语句，尤其是各输入输出函数调用语句。

2. 实验内容

(1) 用键盘输入大写字母，用小写字母输出。

(2) 已知圆柱体的底面半径为 r，高为 h，求圆柱体体积 v。

(3) 输入两个整数：950 和 50，求出它们的商和余数并输出。

3.7　习　　题

1. 选择题

(1) 若变量 a、i 已正确定义，且 i 已正确赋值，合法的语句是________。

A. a= =1;　　B. ++i;　　C. a=a++=5;　　D. a=int(i);

(2) 以下合法的 C 语言赋值语句是________。

A. a=b=58　　B. k=int(a+b);　　C. a=58,b=58　　D. i=i-1;

(3) 有以下程序：

```
#include <stdio.h>
main()
{
    int  m=0256,n=256 ;
    printf("%o  %o\n", m, n) ;
}
```

程序运行后的输出结果是________。

A. 0256 0400 B. 0256 256 C. 256 400 D. 400 400

(4) 下列程序的运行结果是________。

```
#include <stdio.h>
main( )
{
    int a=2,c=5;
    printf("a=%d,b=%d\n",a,c);
}
```

A. a=%2,b=%5 B. a=2,b=5 C. a=d,b=d D. a=%d,b=%d

(5) 以下程序的输出结果是________。

```
#include <stdio.h>
main( )
{
    int k=17;
    printf("%d,%o,%x \n",k,k,k);
}
```

A. 17,021,0x11 B. 17,17,17 C. 17,0x11,021 D. 17,21,11

(6) 以下叙述正确的是________。

A. 输入项可以是一个实型常量，例如："scanf(" %f ",3.5);"

B. 只有格式控制，没有输入项，能正确将输入数据放到内存，例如："scanf("a=%d, b=%d ");"

C. 当输入一个实型数据时，格式控制部分可以规定小数点后的位数，例如："scanf("%4.2f", &f);"

D. 当输入数据时，必须指明变量地址，例如："scanf("%f ", &f);"

(7) 有以下程序：

```
main()
{
    int m,n,p;
    scanf("m=%dn=%dp=%d",&m,&n,&p);
    printf("%d%d%d\n",m,n,p);
}
```

若想用键盘输入数据，使变量 m 中的值为 123，n 中的值为 456，p 中的值为 789，则正确的输入是________。

A. m=123n=456p=789 B. m=123 n=456 p=789

C. m=123,n=456,p=789 D. 123 456 789

(8) 以下说法正确的是________。

A. #define 是 C 语句，printf 不是 B. printf 是 C 语句，#define 不是

C. #define 和 printf 都不是 C 语句 D. #define 和 printf 都是 C 语句

(9) 下列关于复合语句及空语句的说法正确的是________。

A. 复合语句中最后一个语句的最后一个分号可以省略

B. 复合语句不可以嵌套

C. 空语句在执行时没有动作，因此没有用途

D. 空语句可以做"延时"使用

(10) 若变量已正确说明为 float 类型，要通过语句“scanf("%f %f %f ",&a,&b,&C);”给 a 赋值 10.0，b 赋值 22.0，c 赋值 33.0，不正确的输入形式是________。

A. 10<回车>
22<回车>
33<回车>

B. 10.0,22.0,33.0<回车>
33<回车>

C. 10.0<回车>
22.0　33.0<回车>

D. 10 22<回车>
33<回车>

2. 填空题

(1) 以下程序运行后的输出结果是_______。

```
#include <stdio.h>
main()
{
    int a,b,c;
    a=25;
    b=025;
    c=0x25;
    printf("%d  %d  %d\n" , a , b , c );
}
```

(2) 有以下程序：

```
#include <stdio.h>
main()
{
    char  a , b , c , d ;
    scanf("%c,%c,%d,%d", &a , &b , &c , &d ) ;
    printf("%c,%c,%c,%c\n", a , b , c , d ) ;
}
```

若运行时用键盘输入 6,5,65,66<回车>，则输出结果是_______。

(3) 以下程序运行后的输出结果是_______。

```
#include <stdio.h>
main()
{
    float a=13.8;    int b =5;    b=( (int)a) %3;
    printf("b=%d\n",b);
}
```

(4) 若想通过以下输入语句使 a=5.0，b=4，c=3，则输入数据的形式应该是_______。

```
int b,c; float a;
scanf("%f,%d,c=%d",&a,&b,&c);
```

(5) 以下程序运行后的输出结果是_______。

```
#include <stdio.h>
main()
{
    int a,b,c;   c=(a=3,b=a--);
   printf("c=%d,a=%d,b=%d\n",c,a,b);
}
```

第 4 章　选择结构程序设计

本章要点

- ☑ 关系运算符和关系表达式
- ☑ 逻辑运算符和逻辑表达式
- ☑ 条件运算符和条件表达式
- ☑ if 语句
- ☑ switch 语句

本章难点

- ☑ if 语句的嵌套
- ☑ switch 语句的使用

C 语言提供了可以进行逻辑判断的选择语句，由选择语句构成的选择结构，将根据逻辑判断的结果决定程序的不同流程。

选择结构又称分支结构，是结构化程序设计的三种基本结构之一。本章将详细介绍如何在 C 语言程序中实现选择结构。

4.1　关系运算符和关系表达式

所谓“关系运算”实际上就是“比较运算”，即将两个数据进行比较，判定两个数据是否符合指定的条件。例如，“a > b”中的“>”表示一个关系运算大于。如果 a 的值是 5，b 的值是 3，则关系运算“>”的结果为“真”，即条件成立；如果 a 的值是 2，b 的值是 3，则关系运算“>”的结果为“假”，即条件不成立，关系运算的结果称为逻辑值。

4.1.1　关系运算符及其优先级

C 语言提供了 6 种关系运算符，如表 4.1 所示。

说明：

(1) 这 6 种关系运算符具有优先级顺序。

(2) 关系运算符是双目运算符，具有从左至右的结合性。

(3) 与其他种类运算符的优先级关系：算术运算符优先级别最高，关系运算符次之，赋值运算符最低，详见附录 A。

> 注意：在 C 语言中，“等于”关系运算符是双等号“==”，而不是单等号“=”(赋值运算符)。
> 由两个字符组成的运算符之间不可以加空格，如：>= 不能写成 > =。

表 4.1　关系运算符及其优先级

优先级		运算符	名　称
高	同级	>	大于
↓		>=	大于或等于
		<	小于
		<=	小于或等于
	同级	==	等于
低		!=	不等于

4.1.2　关系表达式

1. 关系表达式的概念

关系表达式是指用关系运算符将两个表达式连接起来进行关系运算的表达式。

其一般形式如下：

```
表达式 1　关系运算符　表达式 2
```

关系运算符两边的运算对象可以是 C 语言中任意合法的表达式。例如，下面的关系表达式都是合法的：

```
a>b,a+b>c-d,(a=3)<=(b=5),'a'>='b',(a>b)==(b>c)
```

2. 关系表达式的值——逻辑值(非“真”即“假”)

由于 C 语言没有逻辑型数据，所以用整数“1”表示“逻辑真”，用整数“0”表示“逻辑假”。例如，假设 num1=3，num2=4，num3=5，则

(1) num1>num2 的值为 0。

(2) (num1>num2)!=num3 的值为 1。

(3) num1<num2<num3 的值为 1。

(4) (num1<num2)+num3 的值为 6，因为 num1<num2 的值为 1，1+5=6。

注意： C 语言用整数“1”表示“逻辑真”，用整数“0”表示“逻辑假”。所以，关系表达式的值还可以参与其他种类的运算，例如算术运算、逻辑运算等。

3. 关系表达式的求值过程

关系表达式的求值过程如下。

(1) 计算运算符两边的表达式的值。

(2) 比较这两个值的大小。如果是数值型数据，就直接比较值的大小；如果是字符型数据，则比较字符的 ASCII 码值的大小。比较的结果是一个逻辑值“真”或“假”。

例如：

```
4<=6!=7          /*先判断(4<=6),结果为 1,再判断 1!=7,结果为 1*/
y=7>6>=3         /*先判断(7>6),结果为 1,再判断 1>=3,结果为 0*/
'a'>'b'          /*比较字母 a 和字母 b 的 ASCII 码值的大小,即 97>98,结果为 0*/
2+3!=7>4-1       /*等价于(2+3)!=(7>(4-1)),结果为 1*/
```

注意： 进行关系运算时一定要注意运算符之间的优先级。

4.2 逻辑运算符和逻辑表达式

关系表达式只能描述单一条件，例如“x>=0”。如果需要描述“x>=0”同时“x<10”，就要借助于逻辑表达式了。

4.2.1 逻辑运算符及其优先级

1. 逻辑运算符及其运算规则

C 语言提供了三种逻辑运算符：

```
&&       逻辑与(相当于"并且")
||       逻辑或(相当于"或者")
!        逻辑非(相当于"否定")
```

其中，&&和||运算符是双目运算符，如(x>=0) && (x<10)和(x<1) || (x>5)。! 运算符是单目运算符，应该出现在运算对象的左边，如！(a<b)。逻辑运算符具有从左至右的结合性。

C 语言中逻辑运算符的运算规则如下：

(1) && ：当且仅当两个运算量的值都为“真”时，运算结果为“真”，否则为“假”。

(2) || ：当且仅当两个运算量的值都为“假”时，运算结果为“假”，否则为“真”。

(3) ！：当运算量的值为“真”时，运算结果为“假”；当运算量的值为“假”时，运算结果为“真”。

逻辑运算符的运算规则如表 4.2 所示。

表 4.2 逻辑运算符的运算规则

a	b	!a	a&&b	a||b
真	真	假	真	真
真	假	假	假	真
假	真	真	假	真
假	假	真	假	假

例如，假定 x=5，则

```
(x>=0)&&(x<10)                 /*表达式的值为“真”*/
(x<-1)||(x>5)                  /*表达式的值为“假”*/
```

2. 逻辑运算符的运算优先级

(1) 三种逻辑运算符的优先级顺序是：! (逻辑非)级别最高，&&(逻辑与)次之，||(逻辑或)最低。

(2) 逻辑运算符与赋值运算、关系运算、算术运算之间从高到低的运算顺序是：!(逻辑非)、算术运算、关系运算、&&(逻辑与)、||(逻辑或)、赋值运算。

4.2.2　逻辑表达式

1. 逻辑表达式的概念

逻辑表达式是指用逻辑运算符将一个或多个表达式连接起来，进行逻辑运算的表达式。在 C 语言中，用逻辑表达式表示多个条件的组合。

例如，下面的表达式都是逻辑表达式：

```
(x>=0) && (x<10),(x<1) || (x>5),!(x= =0)
(year%4==0)&&(year%100!=0)||(year%400==0)
```

逻辑表达式的值也是一个逻辑值(非“真”即“假”)。

2. 逻辑量的真假判定—— 0 和非 0

C 语言用整数“1”表示“逻辑真”，用“0”表示“逻辑假”。但在判断一个数据的“真”或“假”时，却以 0 和非 0 为根据。如果为 0，则判定为“逻辑假”；如果为非 0，则判定为“逻辑真”。

例如，假设 num=12，则

```
! num                        /*表达式的值为 0*/
num>=1&&num<=31              /*表达式的值为 1*/
num||num>31                  /*表达式的值为 1*/
```

说明：

(1) 逻辑运算符两侧的操作数，除可以是 0 和非 0 的整数外，也可以是其他任何类型的数据，如实型数据、字符型数据等。

(2) 在计算逻辑表达式时，只有在必须执行下一个表达式时才能求解该表达式(即并不是所有的表达式都被求解)。也就是说：对于逻辑与运算，如果第一个操作数被判定为“假”，系统不再判定或求解第二个操作数；对于逻辑或运算，如果第一个操作数被判定为“真”，系统不再判定或求解第二个操作数。

例如，假设 n1、n2、n3、n4、x、y 的值分别为 1、2、3、4、1、1，则计算表达式“(x=n1>n2)&&(y=n3>n4)”后，x 的值变为 0，而 y 的值不变，仍等于 1。

注意： 如果表示“x 大于或等于 5，小于或等于 10”，在数学中可写成：5≤x≤10，而在 C 语言程序中，如果写成：5<=x<=10，则是错误的。因为无论 x 是什么值，按照 C 语言的运算规则，表达式 5<=x<=10 的值总是 1。只有采用 C 语言提供的逻辑表达式 5<=x&&x<=10 才能正确表示以上关系。

4.3 条件运算符和条件表达式

1. 条件运算符

条件运算符是 C 语言中唯一的三目运算符。由问号“?”和“:”两个字符组成，用于连接 3 个运算对象。

2. 条件表达式

用条件运算符“?”和“:”组成的表达式称为条件表达式。其中运算对象可以是任何合法的算术、关系、逻辑、赋值或条件等各种类型的表达式。

条件表达式的一般格式如下：

```
逻辑表达式1? 表达式2:表达式3
```

运算规则：当表达式 1 为真时，整个表达式的值为表达式 2 的值；表达式 1 为假时，整个表达式的值为表达式 3 的值。

例如：当 a=3、b=2 时，执行表达式 a>b?a:b 后，条件表达式的值为 3。

结合方向：从右至左。

例如：a>b?a:c>d?c:d 等价于 a>b?a:(c>d?c:d)。

注意： 条件表达式的功能相当于条件语句，但不能取代一般的 if 语句。

表达式 1、表达式 2、表达式 3 的类型可以不同，此时条件表达式的值取较高的类型。例如：

```
a>b?2:5.5
```

如果 a<b，则条件表达式的值为 5.5；若 a>b，条件表达式的值为 2.0，而不是 2。原因是 5.5 为浮点型，比整型要高，条件表达式的值应取较高的类型。

条件运算符的优先级高于赋值运算符，但低于关系运算符和算术运算符。其结合性为“从右至左”(即右结合性)。

例 4.1 用键盘输入一个字符，如果它是大写字母，则把它转换成小写字母输出，否则就直接输出。具体程序代码如下：

```
#include <stdio.h>
main()
{
    char ch;
    printf("Input a character: ");
    scanf("%c",&ch);
    ch=(ch>='A' && ch<='Z') ? (ch+32) : ch;
    printf("ch=%c\n",ch);
}
```

程序运行结果如下：

```
Input a character: D↙
ch=d
```

当执行以上程序时，关键是分析语句“ch=(ch>='A' && ch<='Z') ? (ch+32) : ch;”，首先判断表达式 ch>='A' && ch<='Z'的真假，因为用键盘输入的字母是 D，所以该表达式的值为真，那么整个语句的值应该是表达式 ch+32 的值，ch+32 的功能是将大写字母转换成小写字母，所以最后的输出结果是小写字母 d。

4.4　if 语句

if 语句是 C 语言选择控制语句之一，用来对给定条件进行判定，并根据判定的结果(真或假)决定执行给出的两种操作之一。

4.4.1　if 语句的三种形式

C 语言提供了三种形式的 if 语句：单分支 if 语句、双分支 if 语句、多分支 if 语句。

1. 单分支 if 语句

语句的格式：

```
if(条件表达式)
{
        语句
}
```

语句执行过程如图 4.1 所示。首先执行条件表达式，如果表达式结果为真，执行语句，否则，不执行语句，而执行语句的下一条语句。语句可以是一条语句，也可以是复合语句或空语句。

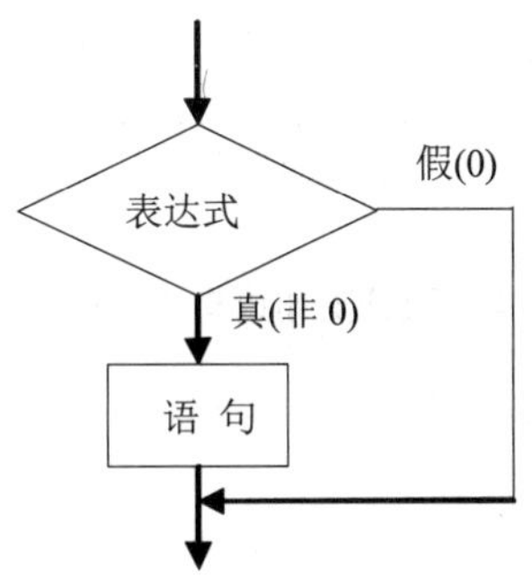

图 4.1　单分支 if 语句的执行过程

例 4.2　输入两个整数，分别放在变量 a、b 中，把输入的数据重新按由大到小的顺序存放在变量 a、b 中，最后输出 a、b 中的值。程序代码如下：

```
#include <stdio.h>
main()
{
    int a,b,t;
    printf("input two numbers:");
    scanf("%d,%d",&a,&b);
    if (a < b)
    { t=a;
```

```
        a=b;
        b=t;
    }
    printf("a=%d,b=%d\n",a,b);
}
```

程序运行结果如下：

```
input two numbers:6,14↙
a=14,b=6
```

程序的基本思路是：首先由用户输入两个数，分别存放于变量 a 和 b 中，如果 a 大于 b，则直接输出。如果 a 小于 b，则借助变量 t 实现两个数的交换，这时变量 a 中存放的是较大的数，最后输出 a、b 中的值。

2. 双分支 if 语句

语句的格式：

```
if(条件表达式)
        {语句 1}
else    {语句 2}
```

语句执行过程如图 4.2 所示。如果条件表达式为真，则执行语句 1，否则，执行语句 2。如果语句 1 或语句 2 是一条语句，则不需要用花括号将其括起来。

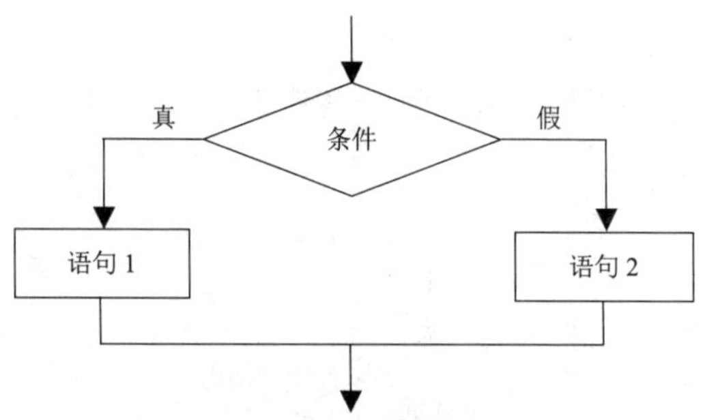

图 4.2　双分支 if 语句的执行过程

例如：

```
if(a!=0)printf("a!=0\n");
else  printf("a==0\n");
```

例 4.3　写一程序，用键盘输入一个年份 year(4 位十进制数)，判断其是否为闰年。闰年的条件是：能被 4 整除，但不能被 100 整除，或者能被 400 整除。程序代码如下：

```
#include <stdio.h>
main()
{
   int year;
   printf("Please input the year:");
   scanf("%d",&year);
   if ((year%4==0 && year%100!=0)||(year%400==0))
      printf("%d is a leap year.\n",year);
   else
      printf("%d is not a leap year.\n",year);
}
```

程序运行(两次)结果如下：

```
Please input the year:2004↙
2004 is a leap year.
Please input the year:2005↙
2005 is not a leap year.
```

3. 多分支 if 语句

语句的格式如下：

```
if   (条件表达式 1){语句 1}
else  if(条件表达式 2){语句 2}
else  if(条件表达式 3){语句 3}
…
else  if(条件表达式 n){语句 n}
else  {语句 n+1}
```

语句执行过程如图 4.3 所示。首先执行条件表达式 1，如果表达式 1 结果为真，执行语句 1，否则执行条件表达式 2，如果表达式 2 结果为真，执行语句 2，以此类推。如果条件表达式都不成立，则执行语句 n+1。

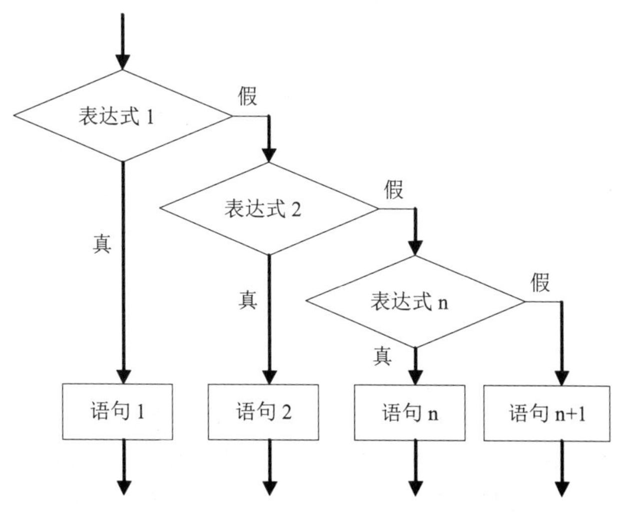

图 4.3　多分支 if 语句的执行过程

例 4.4　某商场开展店庆活动，根据顾客购买商品的总额，实现不同的折扣，活动规则如下：

(1)　总额超过 3000 元(包括 3000 元)，打 6 折；

(2)　总额超过 2000 元(包括 2000 元)，打 7 折；

(3)　总额超过 1000 元(包括 1000 元)，打 8 折；

(4)　总额小于 1000 元，打 9 折。

编写程序，用键盘输入商品的总额，输出顾客实际的付款金额。程序代码如下：

```
#include <stdio.h>
main()
{
   double total, actual;
```

```
    printf("请输入总金额: ");     /*提示信息*/
    scanf("%lf", &total);       /*输入购买商品的金额*/
    if(total>=3000)  actual=total*0.6;
    else if(total>=2000)   actual=total*0.7;
    else if(total>=1000)   actual=total*0.8;
    else actual=total*0.9;
    printf("实际付款: %f\n",actual);     /*输出实际付款金额*/
}
```

程序运行结果如下：

```
请输入总金额：2618.5↙
实际付款：1832.950000
```

4.4.2 if 语句的嵌套

所谓 if 语句的嵌套，是指在 if 语句中又包含一个或多个 if 语句的情况。一般形式如下：

```
if()
    if(){语句 1}
    else  {语句 2}
else
    if(){语句 3}
    else  {语句 4}
```

应当注意 if 与 else 的配对关系。从最内层开始，else 总是与它上面最近的(未曾配对的)if 配对。假如写成：

```
if()
    if(){语句 1}
else
    if(){语句 2}
    else    {语句 3}
```

程序编制者把 else 与第一个 if(外层 if)放在同一列，希望 else 与第一个 if 对应，但实际上 else 是与第二个 if 配对，因为它们距离最近。因此最好使内嵌 if 语句也包含 else 部分，这样 if 的数目和 else 的数目相同，从内层到外层一一对应，不致出错。

如果 if 与 else 的数目不一样，为实现程序设计者的思路，可以加花括号来确定配对关系。例如：

```
if()
    {if(  ){语句 1} }
else
    {语句 2}
```

这时花括号限定了内嵌 if 语句的范围，因此 else 与第一个 if 配对。

例 4.5 有一函数：

$$y=\begin{cases}-1 & (x<0)\\ 0 & (x=0)\\ 1 & (x>0)\end{cases}$$

编一个程序，输入一个 x 值后，输出 y 值。程序代码如下：

```
#include <stdio.h>
main( )
{
    int  x,y;
    scanf("%d",&x);
    if  (x<=0);                        /*在 if 语句中嵌套*/
       if  (x<0)  y=-1;
       else    y=0;
    else y=1;
    printf("x=%d,y=%d\n",x,y);
}
```

程序运行(3 次)结果如下：

```
3↙
x=3,y=1
0↙
x=0,y=0
-6↙
x=-6,y=-1
```

例 4.6　改写例 4.5，实现同样的功能。程序代码如下：

```
#include <stdio.h>
main()
{
    int  x,y;
    scanf("%d",&x);
    if(x<0)  y=-1;
   else if(x==0)  y=0;          /*在 else 语句中嵌套*/
        else y=1;
    printf("x=%d,y=%d\n",x,y);
}
```

例 4.7　用 if 嵌套语句求三个数中的最大值。程序代码如下：

```
#include <stdio.h>
main()
{
   int num1,num2,num3,max;
   printf("Please input three numbers:");
   scanf("%d,%d,%d",&num1,&num2,&num3);
    if(num1>num2)
       {if(num1>num3)
           max=num1;
       else
           max=num3;}
    else
       {if(num2>num3)
           max=num2;
       else
           max=num3;}
  printf("The three numbers are:%d,%d,%d\n",num1,num2,num3);
  printf("max=%d\n",max);
}
```

程序运行结果如下：

```
Please input three numbers:16,24,19↙
The three numbers are:16,24,19
max=24
```

程序的设计思路是：首先取输入的三个数中的前两个 num1 和 num2 进行比较，如果 num1 大于 num2，继续让 num1 和第三个数 num3 进行比较，如果 num1 仍大于 num3，则将 num1 存储起来；如果 num1 小于 num2，则用 num2 和 num3 进行比较，值大的放在 max 中。

使用 if 语句的注意事项如下。

(1) if 语句中的“表达式”必须用“()”括起来。“表达式”除常见的关系表达式或逻辑表达式外，也允许是其他类型的数据，如整型数据、实型数据、字符型数据等。

(2) else 子句(可选)是 if 语句的一部分，必须与 if 配对使用，不能单独使用。

(3) “语句组 1”和“语句组 2”可以只包含一个简单语句，也可以是复合语句。当 if 和 else 后面的语句组仅由一条语句构成时，也可不使用复合语句形式(即去掉花括号)。

(4) if 语句允许嵌套，但嵌套的层数不宜太多。在实际编程时，应适当控制嵌套层数(2～3 层)。if 语句嵌套时，else 子句与 if 的匹配原则：与在它上面、距它最近且尚未匹配的 if 配对。为明确匹配关系，避免匹配错误，强烈建议将内嵌的 if 语句，一律用花括号括起来。

4.5 switch 语句

4.5.1 switch 语句的基本格式

C 语言提供了 switch 语句用来直接处理多分支选择。虽然嵌套的 if 语句完全可以实现多分支选择的功能，但是嵌套的层数过多，程序变得冗长难读，可读性会很差。引入 switch 语句后，可使程序的结构清晰明了，减少一些嵌套错误。

switch 语句的基本格式如下：

```
switch(表达式)
{
    case 常量表达式 1:语句 1
          break;
    case 常量表达式 2:语句 2
          break;
    …
    default:语句
}
```

语句执行过程是：当表达式的值与某个 case 后面的常量表达式的值相等时，执行此 case 分支中的语句，如果此语句后有 break 语句，则跳出 switch 语句；如果没有 break 语句，则继续执行下一个 case 分支。若所有的 case 中的常量表达式的值都不能与表达式中的值相匹配，则执行 default 分支中的语句。

例 4.8 用键盘输入一个百分制成绩 score，按下列原则输出其等级：score≥90，等级为 A；80≤score<90，等级为 B；70≤score<80，等级为 C；60≤score<70，等级为 D；score<60，等级为 E。程序代码如下：

```
#include <stdio.h>
main()
{
    int  score, grade;
    printf("Input a score(0~100): ");
    scanf("%d", &score);
    grade = score/10;    /*将成绩整除 10,转化成 switch 语句中的 case 标号*/
    switch (grade)
    {
            case    10:
            case    9: printf("grade=A\n");
            case    8: printf("grade=B\n");
            case    7: printf("grade=C\n");
            case    6: printf("grade=D\n");
            case    5:
            case    4:
            case    3:
            case    2:
            case    1:
            case    0:printf("grade=E\n");
            default:printf("END\n");
    }
}
```

程序运行结果如下：

```
Input a score(0~100): 85↙
    grade=B
    grade=C
    grade=D
    grade=E
    END
```

当执行以上程序时，输入一个 85 分的学生成绩后，接着执行 switch 语句，首先计算 switch 后一对花括号中的表达式：85/10，它的值为 8；然后寻找与 8 吻合的 case 8 分支，开始执行其后的各语句。这显然不符合题意，为了改变这种多余输出的情况，switch 语句经常需要与 break 语句配合使用。

注意： 关键字 switch 后面的表达式的值是整型数据或字符型数据。

关键字 case 后面的常量表达式的值也只能是整型数据或字符型数据，并且各 case 分支的常量表达式的值应各不相同。case 后面的常量表达式仅起语句标号作用，并不进行条件判断。系统一旦找到入口标号，就从此标号开始执行，不再进行标号判断，所以必须加上 break 语句，以便结束 switch 语句。

case 语句标号后的语句 1、语句 2 等，可以是一条语句，也可以是复合语句，还可以省略不写。

case 和常量表达式之间要有空格，例如"case 1:"不能写成"case1:"。

default 语句是可选的。当所有 case 的常量表达式不能与表达式的值匹配时，执行 default 分支的语句。在每个 switch 结构中 default 语句只能有一个。

各 case 及 default 子句的先后次序不影响程序执行结果。

4.5.2 break 语句

break 语句也称间断语句。可以在 switch 语句中的 case 语句之后加上 break 语句，每当执行到 break 语句时，立即跳出 switch 语句体。switch 语句通常总是和 break 语句联合使用，使得 switch 语句真正起到分支的作用。

现用 break 语句修改例 4.8 的程序。代码如下：

```
#include <stdio.h>
main()
{
    int  score, grade;
    printf("Input a score(0~100): ");
    scanf("%d", &score);
    grade = score/10;        /*将成绩整除 10,转化成 switch 语句中的 case 标号*/
    switch (grade)
    {
            case   10:
            case   9: printf("grade=A\n"); break;
            case   8: printf("grade=B\n"); break;
            case   7: printf("grade=C\n"); break;
            case   6: printf("grade=D\n"); break;
            case   5:
            case   4:
            case   3:
            case   2:
            case   1:
            case   0: printf("grade=E\n"); break;
            default: printf("END\n");
    }
}
```

程序执行结果如下：

(1) 当输入 100 分的学生成绩时，首先计算 switch 后面的表达式：100/10，它的值为 10。因此选择 case 10 分支，因为没有遇到 break 语句，所以继续执行 case 9 分支，当输出 grade=A 后，遇到 break 语句，退出 switch 语句体。由此可见，成绩 90～100 分，执行的是同一分支。

(2) 当输入成绩为 35 时，switch 后一对花括号中的表达式的值是 3，将选择 case 0 分支，在输出 grade=E 后，退出 switch 语句体。

(3) 当输入成绩为 85 时，switch 后一对花括号中的表达式的值是 8，将选择 case 8 分支，在输出 grade=B 后，退出 switch 语句体。

4.6 程序举例

例 4.9 分析以下程序的运行结果：

```
#include  <stdio.h>
main()
{
    int x, y,z,w;
```

```
    z=(x=1)?(y=1,y+=x+5):(x=7,y=3);
    w=y*'a'/4;
   printf("%d%d%d%d\n", x,y,z,w);
}
```

程序运行结果如下：

```
177169
```

解析：对于语句“z=(x=1)?(y=1,y+=x+5)：(x=7,y=3);”，先将 1 赋给 x 并返回真，从而执行语句“(y=1,y+=x+5)”，其结合方向是从左至右，y=1，y=y+x+5=7，并返回 7，从而 z=7。最后执行语句“w=y*‘a’/4;”，w=7*97/4=169，所以输出为 177169。

例 4.10 求一元二次方程 $ax^2+bx+c=0$ 的解($a\neq 0$)。程序代码如下：

```
#include  <stdio.h>
#include  "math.h"
main()
{
    float a,b,c,disc,x1,x2,p,q;
    scanf("%f,%f,%f", &a, &b, &c);
    disc=b*b-4*a*c;
    if(fabs(disc)<=1e-6)                          /*fabs()：求绝对值库函数*/
        printf("x1=x2=%7.2f\n", -b/(2*a)); /*输出两个相等的实根*/
     else
     {
          if(disc>1e-6)
          {
                 x1=(-b+sqrt(disc))/(2*a);    /*求出两个不相等的实根*/
                 x2=(-b-sqrt(disc))/(2*a);
                 printf("x1=%7.2f,x2=%7.2f\n", x1, x2);
          }
          else
          {
                 p=-b/(2*a);                   /*求出两个共轭复根*/
                 q=sqrt(fabs(disc))/(2*a);
                 printf("x1=%7.2f + %7.2f i\n", p, q);/*输出两个共轭复根*/
                 printf("x2=%7.2f - %7.2f i\n", p, q);
          }
     }
}
```

解析：由于实数在计算机中存储时，经常会有一些微小误差，所以本案例判断 disc 是否为 0 的方法是：判断 disc 的绝对值是否小于一个很小的数(例如 10^{-6})。

程序运行(3 次)结果如下：

```
1,2,1↙
x1=x2=  -1.00
2,6,1↙
x1=  -0.18,x2=  -2.82
1,2,2↙
x1=  -1.00+   1.00i
x2=  -1.00-   1.00i
```

例 4.11　已知某公司员工的保底月薪为 500 元，某月所接工程的利润 profit(整数)与利润提成的关系如下(计量单位：元)：

```
     profit≤1000          没有提成;
1000<profit≤2000          提成 10%;
2000<profit≤5000          提成 15%;
5000<profit≤10000         提成 20%;
10000<profit              提成 25%。
```

算法设计要点：为使用 switch 语句，必须将利润 profit 与提成的关系转换成某些整数与提成的关系。分析本题可知，提成的变化点都是 1000 的整数倍(1000，2000，5000，…)，如果将利润 profit 整除 1000，则：

```
     profit≤1000          对应 0,1
1000<profit≤2000          对应 1,2
2000<profit≤5000          对应 2,3,4,5
5000<profit≤10000         对应 5,6,7,8,9,10
10000<profit              对应 10,11,12,…
```

为解决相邻两个区间的重叠问题，最简单的方法就是：利润 profit 先减 1(最小增量)，然后再整除 1000 即可：

```
     profit≤1000          对应 0
1000<profit≤2000          对应 1
2000<profit≤5000          对应 2,3,4
5000<profit≤10000         对应 5,6,7,8,9
10000<profit              对应 10,11,12,…
```

程序代码如下：

```
#include  <stdio.h>
main()
{
   long  profit;
   int  grade;
   float  salary=500;
   printf("Input  profit: ");
   scanf("%ld", &profit);
   grade=(profit - 1) / 1000;       /*将利润减 1 后再整除 1000,转化成 switch
                                    语句中的 case 标号*/
   switch(grade)
   {
        case  0: break;                           /*profit≤1000 */
        case  1: salary += profit*0.1; break;  /*1000<profit≤2000 */
        case  2:
        case  3:
        case  4: salary += profit*0.15;break;  /*2000<profit≤5000 */
        case  5:
        case  6:
        case  7:
        case  8:
        case  9: salary += profit*0.2;break;   /*5000<profit≤10000*/
        default: salary += profit*0.25;        /*10000<profit */
   }
   printf("salary=%.2f\n", salary);
}
```

程序运行结果如下：

```
Input  profit:7500↙
salary=2000.00
```

4.7　小型案例实训

1. 案例说明

编制模拟 ATM 取款机输入界面的程序。

2. 编程思路

由于 ATM 取款机的输入界面是由若干选择项组成的，所以在编制程序时应该用 switch 语句，并且需要用 while 循环语句和 do-while 循环语句帮助实现。当程序执行 switch 语句时，首先计算 switch 语句后面括号里表达式的值，将其和 case 标记比较，如果有和表达式值相同的标记，则执行这个标记后面的语句，执行完该语句后，如果没有遇到 break 语句，那么程序就会继续执行后面的语句，直到遇到 break 语句或 switch 语句结束。由于各 case 语句之间是互斥的，一般不希望程序这样一直进行下去，所以往往在 case 语句后面加上 break 语句控制程序跳出该分支。如果没有找到与 case 标记相同的表达式的值，则执行 default 标记后面的语句。如果控制体中没有 default 语句，程序就会跳出 switch 语句控制体继续执行其后面的语句。在本例中，由于在 do-while 条件判断中已经包含了输入数值范围的控制，所以就不需要 default 语句了。

3. 程序代码

```
#include <stdio.h>
#include <string.h>
#include <conio.h>
#include <stdlib.h>

void main()
{
     char SelectKey,CreditMoney,DebitMoney;
     while(1)
     {
         do{
             system("cls");
             puts("Please select key:");
             puts("1. Query");
             puts("2. Credit");
             puts("3. Debit");
             puts("4. Return");
             SelectKey=getch();
         }while(SelectKey!='1'&&SelectKey!='2'&&SelectKey!='3'
        &&SelectKey!='4');
         switch(SelectKey)
         {
             case '1':
                 system("cls");
```

```
            puts("Your balance is $1000");
            getch();
            break;
        case '2':
            do{
                system("cls");
                puts("Please select Credit money:");
                puts("1. $50");
                puts("2. $100");
                puts("3. Return");
                CreditMoney=getch();
            }while(CreditMoney!='1'&&CreditMoney!='2'
            &&CreditMoney!='3');
            switch(CreditMoney)
            {
                case '1':
                system("cls");
                puts("Your Credit money is $50,Thank you!");
                getch();
                break;
        case '2':
            system("cls");
            puts("Your Credit money is $100,Thank you!");
            getch();
            break;
        case '3':
            break;
    }
    break;
    case '3':
        do{
            system("cls");
            puts("Please select Debit money:");
            puts("1. $50");
            puts("2. $100");
            puts("3. $500");
            puts("4. $1000");
            puts("5. Return");
            DebitMoney=getch();
            }while(DebitMoney!='1'&&DebitMoney!='2'&&
    DebitMoney!='3'&&DebitMoney!='4'&&DebitMoney!='5');
        switch(DebitMoney)
        {
            case '1':
                system("cls");
                puts("Your Debit money is $50,Thank you!");
                getch();
                break;
            case '2':
                system("cls");
                puts("Your Debit money is $100,Thank you!");
                getch();
                break;
            case '3':
                system("cls");
                puts("Your Debit money is $500,Thank you!");
                getch();
                break;
```

```
                case '4':
                    system("cls");
                    puts("Your Debit money is $1000,Thank you!");
                    getch();
                    break;
                case '5':
                    break;
            }
            break;
        case '4':
            return;
        }
    }
}
```

4. 输出结果

ATM 取款机的输入界面如图 4.4 所示。

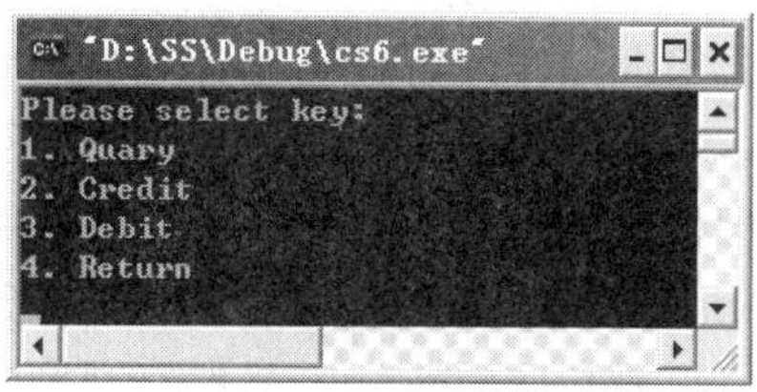

图 4.4　ATM 取款机的输入界面

4.8　学习加油站

4.8.1　重点整理

(1)　C 语言提供的关系运算符有 6 种：<(小于)，<=(小于或等于)，>(大于)，>=大于或等于)，= =(等于)，!=(不等于)。用关系运算符将两个表达式连接起来，进行关系运算的表达式称为关系表达式。

(2)　C 语言提供的逻辑运算符有 3 种：!(逻辑非)，&&(逻辑与)，||(逻辑或)。用逻辑运算符将一个或多个表达式连接起来，进行逻辑运算的表达式称为逻辑表达式。

(3)　if 语句的三种基本形式如下：

①　单分支 if 语句。

格式如下：

```
if(条件表达式)
{
    语句
}
```

②　双分支 if 语句。

格式如下：

```
if(条件表达式)
        {语句 1}
```

```
else    {语句 2}
```

③ 多分支 if 语句。

格式如下：

```
if   (条件表达式 1){语句 1}
else  if(条件表达式 2){语句 2}
else  if(条件表达式 3){语句 3}
⋮
else  if(条件表达式 n){语句 n}
else  {语句 n+1}
```

(4) 使用 if 语句的注意事项如下。

① if 语句中的“表达式”必须用“()”括起来。“表达式”，除常见的关系表达式或逻辑表达式外，也允许是其他类型的数据，如整型数据、实型数据、字符型数据等。

② else 子句(可选)是 if 语句的一部分，必须与 if 配对使用，不能单独使用。

③ “语句组 1”和“语句组 2”，可以只包含一个简单语句，也可以是复合语句。当 if 和 else 后面的语句组仅由一条语句构成时，也可不使用复合语句形式(即去掉花括号)。

④ if 语句允许嵌套，但嵌套的层数不宜太多。在实际编程时，应适当控制嵌套层数(2～3 层)。if 语句嵌套时，else 子句与 if 的匹配原则：与在它上面、距它最近且尚未匹配的 if 配对。为明确匹配关系，避免匹配错误，强烈建议将内嵌的 if 语句一律用花括号括起来。

(5) switch 语句用来实现多分支结构的程序设计。

switch 语句的基本格式如下：

```
switch (表达式)
{
    case 常量表达式 1:语句 1
             break;
    case 常量表达式 2:语句 2
             break;
    ⋮
    default: 语句
}
```

case 后面的常量表达式仅起语句标号作用，并不进行条件判断。系统一旦找到入口标号，就从此标号开始执行，不再进行标号判断，所以必须加上 break 语句，以便结束 switch 语句。

4.8.2 典型题解

【典型题 4-1】在嵌套使用 if 语句时，C 语言规定 else 总是________。

A. 和之前与其具有相同缩进位置的 if 配对

B. 和之前与其最近的 if 配对

C. 和之前与其最近的且不带 else 的 if 配对

D. 和之前的第一个 if 配对

解析： C 语言的语法规定：else 子句总是与前面最近的不带 else 的 if 相结合。

答案： C

【典型题 4-2】 以下程序运行后的输出结果是________。

```
#include <stdio.h>
main()
{
    int x, a=1, b=2, c=3, d=4;
    x=(a<b)?a :b;     x=(x<c)?x :c;     x=(d>x)?x :d;
    printf("%d\n",x);
}
```

解析： 条件运算表达式：表达式 1? 表达式 2: 表达式 3，若表达式 1 的值为非 0 时，表达式 2 的值就是整个条件表达式的值，反之为表达式 3 的值。

答案： 1

【典型题 4-3】 若有定义："float x=1.5; int a=1,b=3,c=2;"，则正确的 switch 语句是________。

A. switch(x)
{case 1.0: printf("*\n");
case 2.0: printf("**\n"); }

B. switch((int)x);
{case 1: printf("*\n");
case 2: printf("**\n");}

C. switch(a+b)
{ case 1: printf("*\n");
case 2+1: printf("**\n");}

D. switch(a+b)
{case 1: printf(*\n");
case c: printf("**\n");}

解析： 在 switch...case 结构中，case 后面必须是整数或者字符常量，因此选项 A、D 都为错。而选项 B 中 switch 后面不能有分号。注意，"2+1"是一个常量。

答案： C

【典型题 4-4】 下列计算公式：

$$y=\begin{cases}\sqrt{x} & (x\geqslant 0)\\ \sqrt{-x} & (x<0)\end{cases}$$

若程序前面已在命令行中包括 math.h 文件，不能够正确计算上述公式的语句是________。

A. if(x>=0) y=sqrt(x) ;
else y=sqrt(−x);

B. y=sqrt(x);
if(x<0) y=sqrt(−x);

C. if(x>=0) y=sqrt(x);

D. y=sqrt(x>=0?x:−x);

解析： sqrt 函数的功能是计算 x 的平方根，x 应大于或等于零。在选项 B 的程序段中，没有规定 x 是否大于 0 而直接执行 y=sqrt(x)，错误。

答案： B

【典型题 4-5】 有以下程序：

```
#include <stdio.h>
main()
{
    int a=0,b=0,c=0,d=0;
    if(a=1)  b=1;c=2;
    else  d=3;
    printf("%d,%d,%d,%d\n",a,b,c,d);
}
```

程序输出________。

A. 0,1,2,0　　B. 0,0,0,3　　C. 1,1,2,0　　D. 编译有错

解析：C 语言规定最左边变量所得到的新值就是赋值表达式的值，故 if(a=1)条件表达式为真，b=1；else 总是与上面最近的没有被使用的 if 配对，导致不合法的 if…else 结构，if 语句后面的两条语句应用“{}”括起来。

答案：D

【典型题 4-6】以下程序用于判断 a、b、c 能否构成三角形，若能则输出 YES，若不能则输出 NO。当 a、b、c 为三角形的三条边长时，确定 a、b、c 能构成三角形需要同时满足 3 个条件：a+b>c，a+c>b，b+c>a。请填空。

```
#include <stdio.h>
main()
{
    float a,b,c;
    scanf("%f%f%f",&a,&b,&c);
    if(_______)printf("YES\n");          /*a,b,c 能构成三角形*/
    else printf("NO\n");                      /*a,b,c 不能构成三角形*/
}
```

解析：本题主要考查运算符逻辑与“&&”的用法。

答案：(a+b>c)&&(a+c>b)&&(b+c>a)

【典型题 4-7】设有定义：“int　a=2,b=3,c=4;”，则以下选项中值为 0 的表达式是________。

A. (!a= =1)&&(!b= =0)　　B. (a>b)&&!c||1

C. a&&b　　D. a||(b+b)&&(c-a)

解析：本题考查逻辑运算。根据运算符的优先级顺序，选项 A 的值为(!2= =1)&&(!3= =0)=0&&(!3= = 0)=0，选项 B 的值为(2>3)&&!4||1=0&&!4||1=0&&0||1=0||1=1，选项 C 的值为 2&&3=1，选项 D 的值为 2||(6)&&(2)=2||1=1，所以只有选项 A 的值为 0。

注意：在进行逻辑与运算时，若“&&”左边的运算结果已经为 0，则“&&”右边的表达式将不再进行计算，结果总为 0；在进行逻辑或运算时，若“||”的左边运算结果已经为 1，则“||”右边的表达式也将不再进行计算，结果总为 1。

答案：A

【典型题 4-8】设有条件表达式：“(EXP)?i++:j--”，则以下表达式中与(EXP)完全等价的是________。

A. (EXP==0)　　B. (EXP!=0)　　C. (EXP==1)　　D. (EXP!=1)

解析：本题条件表达式表示，如果 EXP 为真，则条件表达式取 i++，否则取 j--。EXP 为真即 EXP!=0，选项 B 正确。选项 A 表示 EXP==0 条件为真。

答案：B

【典型题 4-9】已定义“char ch="$";”“int i=1,j;”，执行 j=!ch&&i++以后，i 的值为________。

解析：在执行逻辑表达式“j=!ch&&i++”时，首先判断 j=!ch 的值，因为“ch='S'”不为 0，所以“j=!ch=0”，编译系统便不再计算表达式“i++”的值，i 的值不变，仍为 1。

答案：1

【典型题 4-10】以下程序的功能是：输出 a、b、c 这 3 个变量中的最小值。请填空。

```
#include <stdio.h>
main()
```

```
{
    int a,b,c,t1,t2;
    scanf("%d%d%d",&a,&b,&c);
    t1=a<b?________;
    t2=c<t1?________;
    printf("%d\n", t2);
}
```

解析：此题考查的是条件表达式的内容。因题意要输出 3 个变量中的最小值，故第一个空的答案为 a:b，即 a<b 时，t1 为 a，否则为 b，取两个数中的最小值，同样第二个空为 c:t1，选出最小的值。

答案：a:b　c:t1

4.9 上 机 实 验

1. 实验目的

熟悉选择结构程序中语句的执行过程。

熟练掌握 if 语句和 switch 语句的应用。

掌握 break 语句的使用。

2. 实验内容

(1) 输入三个大写字母，按照字母的顺序输出。例如输入 QCG，则输出 CGQ。

(2) 输入一个数字，输出对应的星期的英文单词。

(3) 输入两个整数，输出较大的数，分别用条件表达式和 if-else 这两种方法实现。

(4) 输入一个整数，判断并输出这个数是奇数还是偶数。

4.10 习　　题

1. 选择题

(1) 能正确表示 a 和 b 同时为正或同时为负的逻辑表达式是________。

A. (a>=0 || b>=0)&&(a<0 || b <0)　　B. (a>=0&&b>=0)&&(a<0&&b <0)

C. (a+b>0)&&(a+b<=0)　　D. a*b>0

(2) 设有定义："int a=1,b=2,c=3,d=4,m=2,n=2;"，则执行表达式(m=a>b)&&(n=c>d)后，n 的值为________。

A. 1　　B. 2　　C. 3　　D. 0

(3) 有以下程序：

```
#include <stdio.h>
main( )
{
    int  a=3 , b=4 , c=5 , d=2 ;
    if (a>b)
        if(b>c)
            printf("%d", d++ + 1 ) ;
        else
```

```
        printf("%d", ++d + 1 ) ;
    printf("%d\n", d ) ;
}
```

程序运行后的输出结果是________。

A. 2　　B. 3　　C. 43　　D. 44

(4) 语句“printf("%d",(a=2)&&(b=–2));”的输出结果是________。

A. 无输出　　B. 结果不确定　　C. –1　　D. 1

(5) 有以下程序:

```
#include <stdio.h>
main()
{
    int i=1,j=2,k=3;
    if(i++==1&&(++j==3||k++==3))
        printf("%d  %d  %d\n",i,j,k);
}
```

以下程序运行后的输出结果是________。

A. 1　2　3　　B. 2　3　4　　C. 2　2　3　　D. 2　3　3

(6) 在 C 语言的 if 语句中，用做判断的表达式为________。

A. 关系表达式　　B. 逻辑表达式　　C. 算术表达式　　D. 任意表达式

(7) 有以下程序:

```
#include <stdio.h>
int f1(int x,int y){return x>y?x:y;}
int f2(int x,int y){return x>y?y:x;}
main()
{
    int a=4,b=3,c=5,d=2,e,f,g;
    e=f2(f1(a,b),f1(c,d)); f=f1(f2(a,b),f2(c,d));
    g=a+b+c+d-e-f;
    printf("%d,%d,%d\n",e,f,g);
}
```

程序运行后的输出结果是________。

A. 4,3,7　　B. 3,4,7　　C. 5,2,7　　D. 2,5,7

(8) 以下不正确的 if 语句形式是________。

A. if(x>y&&x!=y);

B. if(x==y) x+=y;

C. if(x!=y) scanf("%d",&x) else scanf("%d",&y);

D. if(x<y) {x++;y++;}

(9) 有如下程序:

```
#include <stdio.h>
main()
{
    int x=1,a=0,b=0;
        switch(x)
    {   case 0: b++;
        case 1: a++;
        case 2: a++;b++;
```

```
    }
    printf("a=%d,b=%d\n",a,b);
}
```

程序运行后的输出结果是________。

A. a=2,b=1　　B. a=1,b=1　　C. a=1,b=0　　D. a=2,b=2

(10) 已知“int　x=10,y=20,z=30;”，以下语句执行后的值是________。

```
if (x>y) z=x;x=y;y=z;
```

A. x=10,y=20,z=30　　B. x=20,y=30,z=30

C. x=20,y=30,z=10　　D. x=20,y=30,z=30

2. 填空题

(1) 设 a、b、c 均为整型变量，请描述出“a 或 b 中有一个小于 c”的表达式______。

(2) 已知 x=7.5，y=2，z=3.6，则表达式 x>y&&z>x<y&&!z>y 的值是______。

(3) 已知 x=1，y=4，z=3，则表达式!(x<y)||!z&&1 的值是______。

(4) 以下程序运行后的输出结果是______。

```
#include <stdio.h>
main()
{
    int a=3,b=4,c=5,t=99;
    if(b<a&&a<c)t=a;a=c;c=t;
    if(a<c&&b<c)t=b;b=a;a=t;
    printf("%d%d%d\n",a,b,c);
}
```

(5) 下面的 if 语句与“y=(x>=10)?3*x-11:(x<1)?x:2*x-1;”的功能相同，请补充完整。

```
if (______)
   if(______)y=2*x-1;
   else y=x;
else  y=3*x-11;
```

第 5 章　循环结构程序设计

本章要点

- ☑ while 语句
- ☑ do-while 语句
- ☑ for 语句
- ☑ break 语句和 continue 语句在循环体中的作用
- ☑ 语句标号和 goto 语句
- ☑ 循环结构的嵌套

本章难点

- ☑ 循环结构的嵌套
- ☑ 使用循环语句进行程序设计

所谓循环结构是按照一定的条件，控制重复执行某个程序段的一种结构，是结构化程序设计最基本的三种结构图之一。在 C 语言中可用以下语句实现循环。

- while 语句；
- do-while 语句；
- for 语句；
- 语句标号和 goto 语句。

本章将介绍各个循环控制语句，并通过举例说明循环程序设计的基本思路和方法。

5.1　while 语句

5.1.1　while 循环语句的一般格式

由 while 语句构成的循环也称当循环。

它的一般格式如下：

```
while(表达式)循环体
```

例如：

```
while(x<=0)x++;
```

说明：

(1) while 是 C 语言的关键字。

(2) while 后面的一对圆括号中的表达式用来控制循环体是否执行，一般为关系表达式或逻辑表达式，也可以是 C 语言其他类型的合法表达式。

(3) 后面的循环体是循环重复执行的部分，可以是基本语句、控制语句，也可以是用花括号括起来的复合语句。

5.1.2　while 循环语句的执行过程

while 循环语句的执行过程如图 5.1 所示。

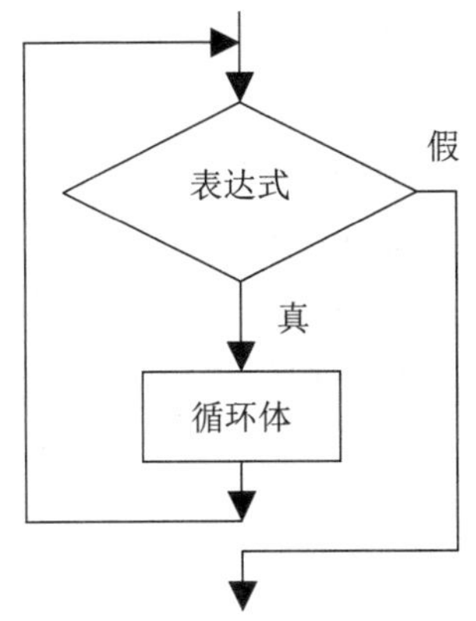

图 5.1　while 循环语句的执行过程

(1)　计算 while 后一对圆括号中表达式的值。当值为非 0 时，执行步骤(2)；当值为 0 时，执行步骤(4)。

(2)　执行循环体中的语句。

(3)　转去执行步骤(1)。

(4)　退出 while 循环。

注意： while 后一对圆括号中表达式的值决定了循环体是否执行，因此，进入 while 循环后，一定要有能使表达式的值变为 0 的操作，否则，循环将会无限制地进行下去。

例 5.1　有如下程序段：

```
int x=4;
while(x>=0)x--;
```

while 循环的作用是：当 x 的值大于或等于 0 时，执行 x--语句，直到 x 的值小于 0 时结束循环，最后 x 的值为-1。

例 5.2　设整型变量 a 的当前值为 0，有如下循环语句：

```
while(a++<=2)
    printf("%d\n",a);
```

while 的循环体是 printf("%d\n",a)语句，每执行一次循环体，输出一次 a 的值；循环判断条件(a++<=2)表示取 a 的值与 2 比较，之后 a 自增；只要 a 自增前的值小于或等于 2，就执行循环体，直到 a 等于 3 时，表达式 a++<=2 的值是 0，之后 a 自增为 4 退出循环。执行该语句的输出结果是分行输出 1、2、3。

如果将上面程序段变成如下的形式：

```
while(a++<=2);
    printf("%d\n",a);
```

此时循环体就不再是 printf("%d\n",a)语句，而是一条空语句。此程序段的输出与不加分号时程序段的输出不同，此程序段是在退出循环后，输出 a 的当前值 4。

例 5.3 编写程序，求 1+2+3+…+100 的值。

思路：这是一个求 100 个数累加和的问题。所加的加数从 1～100，可以看到加数是有规律变化的：后一个数比前一个数增 1，第一个加数为 1，最后一个加数为 100。因此可以在循环中使用一个整型变量 i，每循环一次使 i 的值增 1，一直循环到 i 的值超过 100。但是要注意 i 的初值应是 1。

第二个要考虑的问题是如何求累加和。首先设一个变量 sum 存放这 100 个数的累加和，并设 sum 的初值为 0。第一次求 sum=sum+i 时，就是将 0+1 的和存放在 sum 中。然后把 sum 中的值加上 2 再存放在 sum 中，以此类推，直到循环终止得到 100 个数的和。

以下是求累加和的典型算法。程序代码如下：

```
#include <stdio.h>
main()
{
    int  i,sum;
    i=1;
    sum=0;                      /*sum 的初值为 0*/
    while(i<=100)
    {
        sum=sum+i;              /*循环体中累加一次,i 增 1*/
        i++;
    }
    printf("sum=%d\n",sum);
}
```

程序运行结果如下：

```
sum=5050
```

5.2 do-while 语句

5.2.1 do-while 循环语句的一般格式

do-while 循环语句又称直到型循环语句，它的一般格式如下：

```
do  循环体
while(表达式);
```

例如：

```
do  x=2
while(x>5);
```

说明：

(1) do 是 C 语言的关键字，必须和 while 联合使用。

(2) do-while 循环由 do 开始，以 while 结束。必须注意的是：在 while(表达式)后面的“;”不能丢，它表示 do-while 语句的结束。

(3) while 后面圆括号中的表达式用于进行条件判断，决定循环体是否执行。

(4) do 后面的循环体可以是一条可执行语句，也可以是由多个语句构成的复合语句，对于复合语句一定要用花括号将其括起来。

5.2.2 do-while 循环语句的执行过程

do-while 循环语句的执行过程如图 5.2 所示。

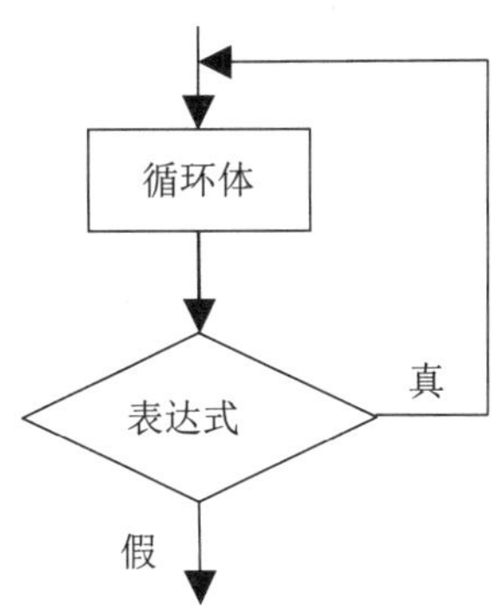

图 5.2　do-while 循环语句的执行过程

(1) 执行循环体语句。

(2) 求表达式的值。当值非 0 时，转去执行步骤(1)；当值为 0 时，执行步骤(3)。

(3) 退出 do-while 循环。

注意： 和 while 语句一样，在 do-while 循环语句中，一定要有能使表达式的值变为 0 的操作，否则，循环将会无限制地进行下去。

while 循环和 do-while 循环的重要区别是：while 循环的控制出现在循环体之前，只有当表达式的值为“真”时，才可能执行循环体，因此，如果表达式的值一开始就为“假”，则循环体一次也不执行；在 do-while 循环中，是先执行循环体，然后才判断表达式的值，所以，一开始表达式的值无论为“真”还是“假”，循环体至少执行一次。

例 5.4　用 do-while 循环语句改写例 5.3。

设计思路与用 while 循环语句实现的思路是一样的，同样需要一个整型变量 i，每循环一次使 i 的值增 1，一直循环到 i 的值超过 100，初值为 1；需要一个变量 sum 存放这 100 个数的累加和，初值为 0。

程序代码如下：

```
#include <stdio.h>
main()
{
    int  i,sum;
    i=1;
    sum=0;                      /* sum 的初值为 0*/
    do{
        sum=sum+i;              /*循环体中累加一次,i 增 1*/
        i++;
        } while(i<=100);
```

```
    printf("sum=%d\n",sum);
}
```

程序运行结果如下：

```
sum=5050
```

从上面的程序段可以看出，用 do-while 循环实现该运算与 while 循环实现的相比，唯一的区别就是执行循环体和判断表达式的值的顺序不同，但是两种循环得到的结果是一样的。

例 5.5 用键盘输入一个整数，然后把这个整数的各位逆序输出。例如，输入 456，输出 654。

思路：所谓逆序输出，就是先输出整数的个位，再输出十位，以此类推。可以通过除 10 取余的方法获得任意整数的个位数字，例如：当 n=456 时，456%10=6。然后用 n/10 可以将 n 缩小到 1/10 倍，例如 456/10=45，可以看到原来的三位数变成了两位数。以此类推，就可以将整数的各位数字按逆序依次输出。程序代码如下：

```
#include <stdio.h>
main()
{
    int n,d;
    printf("Enter an integer:");
    scanf("%d",&n);
    do{
        d=n%10;
        printf("%d",d);
        n/=10;
        }while(n!=0);
    printf("\n");
}
```

程序运行结果如下：

```
Enter an integer:456↙
654
```

5.3 for 语句

for 循环语句是循环控制结构中使用最广泛的一种循环控制语句，特别适合循环条件的变化是有规律，而且循环变量的循环次数是已知的情况。

5.3.1 for 循环语句的一般格式

for 循环语句的一般格式如下：

```
for(表达式 1;表达式 2;表达式 3)循环体
```

例如：

```
for(i=0;i<N;i++)sum=sum+d;
```

高等学校应用型特色规划教材

说明：

(1) for 是 C 语言的关键字，其后的圆括号中通常含有 3 个表达式，彼此用“;”隔开，可以是任意合法的表达式。

(2) 循环体可以是一条基本的语句，也可以是控制语句或多条语句构成的复合语句，这时要用花括号将该复合语句括起来。

5.3.2 for 循环语句的执行过程

for 循环语句的执行过程如图 5.3 所示。

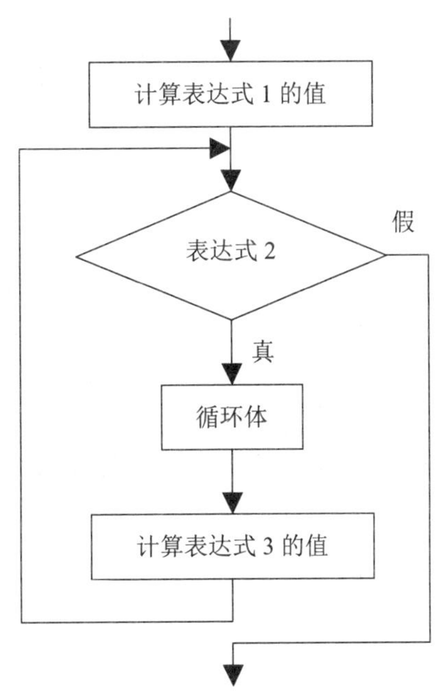

图 5.3　for 循环语句的执行过程

(1) 计算“表达式 1”的值。

(2) 计算“表达式 2”的值，若其为真，转步骤(3)，否则转步骤(5)。

(3) 执行一次循环体。

(4) 计算“表达式 3”的值，转步骤(2)。

(5) 结束循环，执行 for 循环语句之后的语句。

注意： 表达式 1 可以省略，这种情况下应在该语句之前给循环变量赋予初值。其后的“;”不能省略。

表达式 2 可以省略，即不继续判定条件，循环陷入死循环。需要在循环体中用 break 等语句退出循环。其后的“;”不能省略。

表达式 3 可以省略，这种情况下要在程序中让循环变量变化，以保证循环能正常进行。

例 5.6　求 n!，即计算 p=1×2×3×…×n 的值。

思路：求阶乘与求累加的运算处理过程类似，程序中设变量 i，从 1 变化到 n，每次增 1。设变量 p 存放连乘的积，可以用表达式 p=p×i 实现连乘。

在连乘算法中，存放连乘积的变量也必须赋予初值，显然初值不能为 0，而应该是 1。当 i=1 时，进行 1×1 的运算，给 p 赋 1；当 i=2 时，进行 1×2 的运算，重新给 p 赋 2。以此类推，当 i=n 时，进行 p×n 的运算，p 中最终存入的值是 1×2×3×⋯×n。程序代码如下：

```
#include <stdio.h>
main()
{
    int  i,p,n;
    p=1;
    printf("Enter  n:  ");
    scanf("%d",&n);
    for(i=1;i<=n;i++)
        p=p*i;
    printf("p=%d\n",p);
}
```

程序运行结果如下：

```
Enter  n:  4↙
p=24
```

例 5.7　编制一个程序，输出 30 以内的奇数。

思路：题目要求输出的奇数的规律是：设要输出的数为 i，i 从 1 开始每次递增 2，一直到 29。因此，若以 i 为循环变量，则其初值为 1，终值为 29，步长值为 2，且每次循环要进行的操作是输出 i 的值。程序代码如下：

```
#include <stdio.h>
main()
{
    int  i;
    for(i=1;i<30;i+=2)
        printf("%d  ",i);
    printf("\n");
}
```

程序运行结果如下：

```
1  3  5  7  9  11  13  15  17  19  21  23  25  27  29
```

注意： 程序中的第二个 printf 函数不是循环体的一部分，退出循环时，它才被调用。这样安排的目的是在输出一个数后不换行，继续输出下一个数，直到循环结束时才换行。

5.4　break 和 continue 语句在循环体中的作用

5.4.1　break 语句在循环体中的作用

第 4 章已经讨论过用 break 语句可以跳出 switch 语句体，使程序继续执行 switch 语句体下面的程序。在循环结构中，也可以用 break 语句跳出本层循环体，从而提前结束本层循环。

下面通过例子说明 break 语句在循环体中的应用。

例 5.8　分析如下程序段：

```
#include <stdio.h>
main()
{
    int  i,a;
    a=0;
    for(i=1;i<=10;i++)
    {
        a=a+i;
        if(a>4)break;
        printf("a=%d\n",a);
    }
}
```

程序运行结果如下：

```
a=1
a=3
```

在执行上面的程序段时，如果没有 break 语句，程序将进行 10 次循环。但在本例中，当 i=3 时，a 的值为 6，if 语句中的表达式 a>4 的值为 1，于是执行 break 语句，跳出 for 循环，从而提前终止循环。

5.4.2　continue 语句在循环体中的作用

continue 语句的一般格式如下：

```
continue;
```

其作用是结束本次循环(即跳过本次循环体中余下尚未执行的语句)，接着再一次进行循环条件的判定。

在 while 循环语句和 do-while 循环语句中，continue 语句使得流程直接跳到循环控制条件的判定部分，然后决定循环是否继续进行。在 for 循环中，continue 语句使得流程跳过循环体中余下的语句，而对 for 循环中的“表达式 3”进行求值，然后进行“表达式 2”的条件判定，最后根据“表达式 2”的值来决定循环是否继续执行。

下面通过例子说明 continue 语句在循环体中的应用。

例 5.9　分析如下程序：

```
#include <stdio.h>
main()
{
    int  i=0;
    while(i<20)
    {
        i++;
        if(i%5==0)continue;
        printf("%d",i);
    }
```

```
    printf("\n");
}
```

程序运行结果如下：

```
1  2  3  4  6  7  8  9  11  12  13  14  16  17  18  19
```

可以看出，程序输出的是 20 以内的所有整数，唯独没有输出 5 的倍数。这是由于凡是遇到 5 的倍数时，在 continue 语句的作用下，程序流程跳过第一个 printf()语句，直接进入下一次循环条件的判定。

注意：break 语句和 continue 语句对循环控制的影响是不同的：break 语句是结束整个循环过程，不再判断执行循环的条件是否成立；而 continue 语句只结束本次循环，并不终止整个循环的执行。

5.5 语句标号和 goto 语句

5.5.1 语句标号

在 C 语言中，标号可以是任意合法的标识符，当在标识符后面加一个冒号时，如“class1:”“step1:”，该标识符就成了一个语句标号。

注意：在 C 语言中，语句标号必须是标识符，因此不能简单地使用“3:”和“5:”等形式。标号可以和变量同名。

在 C 语言中，语句标号可以出现在任何语句之前。例如：

```
step:  printf("n=%d,s=%d\n",n,s);
```

5.5.2 goto 语句

goto 语句称为无条件转向语句。

它的一般格式如下：

```
goto   语句标号;
```

goto 语句的作用是使程序无条件地转移到语句标号所标识的语句处，并从该语句继续执行。例如：

```
loop:   sum+=i;                /*其中"loop:"是语句标号*/
i++;
if(i<=23) goto loop;           /*其中"goto loop;"是 goto 语句*/
```

下面举例说明由 goto 语句构成的循环。

例 5.10 求 1～100 的整数之和。程序代码如下：

```
#include <stdio.h>
main()
{
    int i=1,sum=0;
    loop: sum+=i;
```

高等学校应用型特色规划教材

```
    i++;
    if(i<=100)goto loop;
    printf("%d\n",sum);
}
```

程序运行结果如下：

```
5050
```

执行上面的程序时，当变量 i 的值小于或等于 100 时，就执行 goto 语句，实现累加；当变量 i 大于 100 时，if 语句不满足执行条件，所以执行下面的 printf()语句，输出累加和。

注意： 由于大量使用 goto 语句的无条件转移会打乱各种有效的控制语句，造成程序结构不清晰，按结构化程序设计的原则，应该限制使用 goto 语句，否则，会影响程序的可读性，所以建议初学者慎用。

5.6　循环结构的嵌套

所谓循环嵌套，是指在一个循环体内还可以包含另一个完整的循环语句。前面介绍的三类循环都可以互相嵌套，循环嵌套可以是多层，但每一层循环在逻辑上必须完整。下面通过例子说明各种循环嵌套的结构。

例 5.11　编制程序，输出以下图形。

```
****
 ****
  ****
```

程序代码如下：

```
#include <stdio.h>
main()
{
    int  k,i,j;
    for(i=0;i<=2;i++)
    {
        for(k=1;k<=i;k++)printf(" ");
        for(j=0;j<=3;j++)printf("*");
        printf("\n");
    }
}
```

以上程序中由 k 控制的 for 循环体只有一个语句，用来输出空格。由 i 控制的循环中内嵌了两个平行的 for 循环体。由 j 控制的 for 循环体也只有一个语句，用来输出一个“*”号。

当 i 等于 0 时，执行由 k 控制的 for 循环体，因为 k 的值为 1，表达式 k<=i 的值为 0，循环体一次也不执行，接着执行由 j 控制的 for 循环体，连续输出 4 个“*”号；当 i 等于 1 时，由 k 控制的 for 循环体执行一次，输出一个空格，这就实现了 4 个“*”号右移一个字符；以此类推，可输出上面的图形。

例 5.12　求一个由 20 项组成的等差数列，其偶数项之和为 330，奇数项之和为 300，而且每项都是正整数。

思路：本题的关键是找到等差数列的首项和公差。设首项是 a，公差为 d，a 不会小于 1，并且不会大于 21，而 d 不会大于 4。采用试探的方法：让 a 从 1 开始，当 a 确定以后，利用循环语句让 d 从 1 变到 4。验证 a 和 d 所对应的等差数列是否满足题目要求。如果满足，就输出该数列，并结束程序，否则，让 a 增 1，再重复上面的步骤。程序代码如下：

```
#include <stdio.h>
main()
{
    int a,d,i,j,sum;
    for(a=1;a<=21;++a)
    {
            for(d=1;d<=4;++d)
            {
                sum=a;
                for(i=2;i<=18;i+=2)
                    sum+=a+i*d;
                if(sum==300)
                {
                        sum=0;
                        for(j=1;j<=19;j+=2)
                            sum+=a+j*d;
                        if(sum==330)
                            goto end;
                }
            }
    }
    end:for(i=0;i<=19;++i)
        if(i%10==0)
            printf("\n%4d",a+i*d);
        else printf("%4d",a+i*d);
}
```

程序运行结果如下：

```
3   6    9  12  15  18  21  24  27  30
33  36  39  42  45  48  51  54  57  60
```

5.7 小型案例实训

1. 案例说明

编写一个只要输入四位数的年份和该年的元旦是星期几，就可输出全年日历的程序。

2. 编程思路

(1) 一年有 12 个月，所以输出日历的算法是：

```
int month =1;
while(month<=12)
{
    计算第 month 月的天数 MAX_DAY
    输出天数是 MAX_DAY 的第 month 月的日历
    month++;
}
```

(2) 根据大月、小月、闰年、平年，计算 year 第 month 月的天数 MAX_DAY，算法如下：

```
switch(month)
{
    case 1:  case 3:  case 5:  case 7:  case 8:  case 10:  case 12:
            MAX_DAY=31;
           break;
    case 2:
            if(((year%4)==0)&&((year%100)!=0)||((year%4000==0)))
                    MAX_DAY=29;
            else
                    MAX_DAY=28;
           break;
    case 4:  case 6:  case 9:  case 11:
            MAX_DAY=30;
            break;
}
```

(3) 输出天数是 MAX_DAY 的第 month 月的日历。

① 输出月份表头。

② 输出星期表头。

③ 将该月份的第一天准确定位于所在的星期位置。

④ 输出日历。

对应的算法是：

```
printf("\n==========%2d月份=========\n",month);
printf(" SUN MON TUE WED THU FRI SAT\n");
for(i=0;i<week;i++)printf("%4c",' ');
for(day=1;day<=MAX_DAY;day++)
    {
        printf("%4d",day);
        week++;week%=7;
        if(week==0)printf("\n");
    }
```

3. 程序代码

```
#include <stdio.h>
void main()
{
    int week=0,day,month=1,MAX_DAY,year,i;
    printf("请输入四位数的年份(XXXX): ");
    scanf("%d",&year);
    printf("\n请输入该年元旦是星期几(0=星期天, 1=星期一, ……, 6=星期六): ");
    scanf("%d",&week);
    printf("\n**********%4d年日历**********",year);
    while(month<=12)
    {
        switch(month)
        {
            case 1: case 3: case 5: case 7: case 8: case 10: case 12:
            MAX_DAY=31;
            break;
```

```
        case 2:
            if(((year%4)==0)&&((year%100)!=0)||((year%4000==0)))
                MAX_DAY=29;
            else
                MAX_DAY=28;
                break;
        case 4:   case 6:   case 9:   case 11:
            MAX_DAY=30;
            break;
        }
        printf("\n==========%2d 月份=========\n",month);
        printf(" SUN MON TUE WED THU FRI SAT\n");
        for(i=0;i<week;i++)printf("%4c",' ');
        for(day=1;day<=MAX_DAY;day++)
        {
            printf("%4d",day);
            week++;week%=7;
            if(week==0)printf("\n");
        }

        month++;
    }
}
```

4. 输出结果

程序输出结果是 2006 年部分日历，如图 5.4 所示。

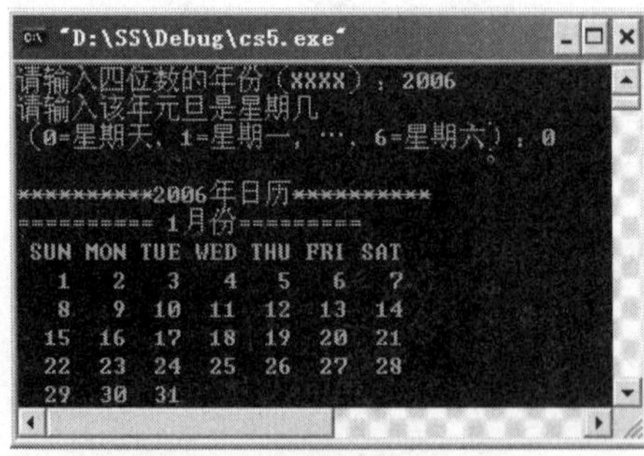

图 5.4　2006 年部分日历

5.8　学习加油站

5.8.1　重点整理

循环结构程序设计是重点。C 语言中用 while 语句、do-while 语句和 for 语句均能实现循环控制。结合使用 break 语句、continue 语句和 goto 语句，还可以改变程序的执行流程，提前退出循环或提前结束循环。

(1)　while 循环语句也称当循环，它的一般格式如下：

```
while(表达式)循环体
```

其特点是：先判断表达式的值，当值为非 0 时执行其后的循环体。

(2) do-while 循环语句又称直到型循环语句，它的一般格式如下：

```
do  循环体
    while(表达式);
```

其特点是：先执行循环体，然后再判断表达式的值。

(3) for 循环语句的一般格式如下：

```
for(表达式 1;表达式 2;表达式 3)循环体
```

其特点是：根据循环变量的取值和条件进行重复运算。

(4) break 语句和 continue 语句对循环控制的影响是不同的：break 语句是结束整个循环过程，不再判断执行循环的条件是否成立；而 continue 语句只结束本次循环，并不终止整个循环的执行。

(5) 在 C 语言中，标号可以是任意合法的标识符，当在标识符后面加一个冒号时，如“class1:”“step1:”，该标识符就成了一个语句标号。在 C 语言中，语句标号必须是标识符，因此不能简单地使用“3:”“5:”等形式。标号可以和变量同名。

(6) goto 语句称为无条件转向语句，它的一般格式如下：

```
goto   语句标号;
```

goto 语句的作用是使程序无条件地转移到语句标号所标识的语句处，并从该语句继续执行。

(7) 循环嵌套是指在一个循环体内还可以包含另一个完整的循环语句。前面介绍的三类循环都可以互相嵌套，循环嵌套可以是多层，但每一层循环在逻辑上必须完整。

5.8.2 典型题解

【典型题 5-1】以下程序的输出结果是________。

```
 #include <stdio.h>
main()
{
   int n=12345, d;
   while(n!=0)
   {   d=n%10;
       printf("%d",d);
       n/=10;
   }
}
```

解析：本题考查 while 循环语句。当 while 条件 n!=0 成立时，执行循环语句，d 变为 n 除以 10 取余数，输出 d，同时将 n 除以 10。第一次循环，n 为 12345，d 变为 5，输出 5，n 变成 1234。第二次循环，输入 1234，d 变为 4，n 变为 123。以此类推，输出 54321。

答案：54321

【典型题 5-2】以下叙述正确的是__________。

A. break 语句只能用于 switch 语句体中

B. continue 语句的作用是使程序的执行流程跳出包含它的所有循环

C. break 语句只能用在循环体内和 switch 语句体内

D. 在循环体内使用 break 语句和 continue 语句的作用相同

解析：break 语句的功能是跳出正在执行的条件语句或循环语句。它可以出现在 switch 语句中，也可以出现在循环语句中。continue 语句只是结束本次循环，即跳过本次循环体中余下尚未执行的语句，接着再一次进行循环的条件判断。

答案：C

【典型题 5-3】有以下程序：

```
#include <stdio.h>
main()
{
    int k=5;
    while(--k)
        printf("%d", k-=3);
    printf("\n");
}
```

程序运行后的输出结果是________。

A. 1　　B. 2　　C. 4　　D. 死循环

解析：while(--k)执行后 k=4，k-=3 等价于 k=k-3。

答案：A

【典型题 5-4】有以下程序：

```
#include <stdio.h>
main()
{   int i,j;
    for(i=1;i<4;i++)
    {   for(j=i;j<4;j++)
            printf("%d*%d=%d ",i,j,i*j);
        printf("\n");
    }
}
```

程序运行后的输出结果是______。

A. 1*1=1 1*2=2 1*3=3
2*1=2 2*2=4
3*1=3

B. 1*1=1 1*2=2 1*3=3
2*2=4 2*3=6
3*3=9

C. 1*1=1
1*2=2 2*2=4
1*3=3 2*3=6 3*3=9

D. 1*1=1
2*1=2 2*2=4
3*1=3 3*2=6 3*3=9

解析：本题主要考查 for 循环语句的嵌套。外层循环语句的自变量 i 从 1 开始，每次循环后增 1，直到 i 等于 3 结束。内层循环语句的自变量 j 从 i 开始，每次循环后增 1，直到 j 等于 3 结束。在每次外循环开始后，内层循环先打印“i*j=两个乘数的积”，然后换行，下次循环从下一行开始打印。

答案：B

【典型题 5-5】有以下程序，若运行时用键盘输入：18,11<回车>，则程序运行后的输出结果是________。

```
#include <stdio.h>
main()
{
    int  a, b;
    printf("Enter a,b:");
       scanf("%d,%d",&a,&b);
    while(a!=b)
    {   while(a>b) a-=b;
       while(b>a) b-=a;
    }
    printf("%3d%3d\n",a,b);
}
```

解析：用键盘输入后，变量 a=18，b=11，在循环语句“while(表达式) 循环体”中，表达式控制循环体是否执行，a-=b 等价于 a-= a-b，故输出结果为 11。

答案：11

【典型题 5-6】以下程序的功能是：将输入的正整数按逆序输出，例如：若输入 135 则输出 531，请填空。

```
#include   <stdio.h>
main()
{
    int n , s;
    printf("Enter a number:");  scanf("%d",&n);
    printf("Output:");
    do
    {   s=n%10;
       printf("%d",s);  ______;}
       while(n!=0);
       printf("\n");
}
```

解析：正整数按逆序输出，即从低位到高位顺序取出该正整数各位数的值输出。s=n%10 为除 10 取余，第一次循环取出该正整数的小数位，为顺序移位。

答案：n/=10

【典型题 5-7】以下程序运行后的输出结果是________。

```
#include <stdio.h>
main()
{
    int i;
    for(i='a'; i<'f'; i++,i++)
       printf("%c",i-'a'+'A');
    printf("\n");
}
```

解析：“%c”表示输出一个字符。由 for 循环语句可知，i 为 a、c、e 时，执行循环体输出一个字符。

答案：ACE

【典型题 5-8】有以下程序段，且变量已正确定义和赋值：

```
for(s=1.0, k=1; k<=n; k++)
    s=s+1.0/(k*(k+1));
printf("s=%f\n\n",s);
```

请填空，使下面程序段的功能与之完全相同：

```
s=1.0; k=1;
while(________)
{
   s=s+1.0/(k*(k+1));
   ________ ;
}
printf("s=%f\n\n",s);
```

解析：while 循环语句与 for 循环语句一样先看条件，再决定是否执行循环体。

答案：k<=n　　k++

【典型题 5-9】以下程序运行后的输出结果是________。

```
#include <stdio.h>
main()
{   int i,n[4]={1};
    for(i=1; i<=3; i++)
    {   n[i]=n[i-1]*2+1;
        printf("%d",n[i]);
    }
}
```

解析：数组 n 的第一个元素，即 n[0]为 1，其他均为 0。执行 for 循环语句，即可得到输出结果为 3715。

答案：3715

【典型题 5-10】以下程序用于统计从终端输入的字符中大写字母的个数，num[0]中统计字母 A 的个数，num[1]中统计字母 B 的个数，其他以此类推。用“#”号结束输入，请填空。

```
#include <stdio.h>
#include <ctype.h>
main()
{
    int num[26]={0}, i;
    char c;
    while(________!='#')
        if(isupper(c))
            num[c-'A']+=_________;
    for(i=0; i<26; i++)
        printf("%c: %d\n",i+'A', num[i]);
}
```

解析：字符用“#”号结束输入，while 循环语句用来判断字符是否结束，用 getchar()获得终端输入的下一个字符。isupper(c)表示大写字母，则个数加 1。

答案：(c=getchar())　1

5.9 上 机 实 验

1. 实验目的

练习并掌握利用 while 语句、for 语句、do-while 语句实现循环结构的方法。

掌握循环结构和选择结构的嵌套设计方法。

掌握多重循环的设计方法，掌握控制语句 break、continue 的使用方法。

调试和修改循环结构的程序。

2. 实验内容

(1) 求(1+3+5+7+…+99)的和。

```
#include <stdio.h>
void main()
{
int i,s;
  i=1;
    s=0;
  while(i<=99)
{
s=s+i;i=i+2;
}
 printf("s=%d\n",s);
}
```

① 上机调试运行，运行结果为_____。

② 若将第 6 行语句 s=0;去掉，运行结果为_____。结果有无变化？为什么？

③ 请分别用 do-while 语句和 for 语句修改上面的程序，并调试运行程序。

(2) 输出所有的“水仙花”数。“水仙花”数是指一个三位数，其各位数字的立方和是这个数本身，例如 153 是一个水仙花数，因为 $1^3+5^3+3^3=153$。

(3) 有两个小于 30 的正整数 a 和 b，其中 a 的立方与 b 的立方之差等于 10712，a 的平方与 b 的平方之和等于 941。求满足以上条件的 a 和 b 的值。

5.10 习　　题

1. 选择题

(1) 在 C 语言中，while 和 do-while 循环语句的主要区别是________。

A. do-while 的循环体至少无条件执行一次

B. do-while 语句允许从外部转到循环体内

C. while 的循环控制条件比 do-while 的循环控制条件严格

D. do-while 的循环体不能是复合语句

(2) 以下程序运行后的输出结果是________。

```
#include<stdio.h>
main()
{
   int x=3;
   while(!(--x))
   printf("%d\n",x-=2);
}
```

A. 不执行循环体　　　　B. 1

C. 0　　　　D. 是死循环

(3) 运行以下程序后，如果用键盘输入 65 14<回车>，则程序运行后的输出结果

为________。

```
#include<stdio.h>
main ( )
{
    int m,n;
    printf("Enter m,n:");
    scanf("%d%d",&m,&n);
    while(m!=n)
    {
        while(m>n)m-=n;
        while(n>m)n-=m;
    }
    printf("m=%d\n",m);
}
```

A. m=3　　B. m=2　　C. m=1　　D. m=0

(4) 以下程序运行后的输出结果是________。

```
#include <stdio.h>
main()
{
    int i=0,a=0;
    while(i<20)
    {
        for(; ;)
        {
            if((i%10)==0)
               break;
            else  i--;
        }
        i+=11; a+=i;
    }
    printf("%d\n",a);
}
```

A. 21　　B. 32　　C. 33　　D. 11

(5) 以下程序运行后的输出结果是________。

```
#include <stdio.h>
main()
{
    int x=2;
    do
    {   printf("%3d",!x-2);
    }while(--x);
}
```

A. 0　-1　　B. 0　0　　C. −2　−2　　D. 死循环

(6) 以下程序运行后的输出结果是________。

```
#include <stdio.h>
main()
{
    char c1,c2;
    for(c1='0',c2='9';c1<c2;c1++,c2--)
       printf("%c%c",c1,c2);
    printf("\n");
}
```

A. 0918245765　　B. 0893478654　　C. 0786584763　　D. 0918273645

(7) 下面程序的功能是：计算 1～10 之间奇数之和及偶数之和，空白处应填______。

```
#include <stdio.h>
main()
{
   int a, b, c, i;
   a=c=0;
   for(i=0;i<=10;i+=2)
   {  a+=i;______; }
   printf("偶数之和=%d\n",a);
   printf("奇数之和=%d\n",c-11);
}
```

A. c+=I　　B. c+=i+1　　C. b+=I　　D. b+=i+1

(8) 有以下程序段：

```
int x=0,s=0;
while(!x!=0)
{
   s+=++x; ++x;
}
printf("%d, %d",s,x);
```

则________。

A. 运行程序段后输出为 0　　B. 运行程序段后输出为 1,2

C. 程序段中的控制表达式是非法的　　D. 循环体语句执行一次

(9) 设 x 和 y 均为整型变量，则执行下面的循环后，y 的值为________。

```
for(y=1,x=1;y<=50;y++)
{
   if(x>=10)  break;
   if(x%2==1) {  x+=5; continue;}
   x-=3;
}
```

A. 2　　B. 4　　C. 6　　D. 8

(10) 以下程序运行后的输出结果是________。

```
#include <stdio.h>
main( )
{  int y=18,i=0,j,a[8];
   do
   {  a[i]=y%2;  i++;  y=y/2;
   } while(y>=1);
   for(j=i-1;j>=0;j--)
   printf("%d",a[j]);
   printf("\n");
}
```

A. 10000　　B. 10010　　C. 00110　　D. 10100

2. 填空题

(1) 以下程序运行后的输出结果是______。

```
int x=234;
do
{   printf("%3d\n",x--);
}while(!x);
```

(2) 以下程序是利用公式 $\pi=4\times\left(\frac{1}{1}-\frac{1}{3}+\frac{1}{5}-\frac{1}{7}+\cdots\right)$ 来计算 π 的值，其中，变量 k 表示当前符号项，t 表示当前项，n 表示当前项的序号，要求精度控制在 0.00001 以内。试分析程序并填空。

```
#include <stdio.h>
main()
{
    float pi,t,n,k;
    pi=0.0; n=k=t=1.0;
    while(_______)
    {   pi+=t;  k=-k;  t=______; n++; }
        pi=_______;
        printf("pi=%f\n",pi);
}
```

(3) 以下程序运行后的输出结果是______。

```
#include <stdio.h>
main()
{
    int i, j, m=0, n=0;
    for(i=0; i<2; i++)
    {   for(j=0; j<2; j++)
            if(j>=i) m=1; n++;
        printf("%d \n",n);
    }
}
```

(4) 以下程序运行后的输出结果是______。

```
#include <stdio.h>
main()
{   int  x,y;
    for(x=1,y=1; x<100;x++)
    {   if (y>=20)  break;
        if(y%3==1) {   y=y+3;   continue;}
        y=y-5;
    }
    printf("x=%d, y=%d",x,y);
}
```

(5) 以下程序运行后的输出结果是______。

```
#include <stdio.h>
main( )
{   int x=23;
    do { printf("%d",x--);} while(!x);
}
```

第 6 章　函　　数

本章要点

- ☑ 函数的定义和调用
- ☑ 函数参数的传递方式
- ☑ 变量的作用域和存储类型

本章难点

- ☑ 函数的调用
- ☑ 变量作用域和生存期

6.1　函数概述

在程序设计过程中，为了处理上的方便，通常将一个较大的任务(大程序)分成若干个较小的部分，每一部分都具有一定的处理功能，可分别由不同的人员来编写和调试程序，这种方法便于组织人员共同完成比较复杂的任务。在 C 语言中，功能比较独立的模块，就可以通过函数来实现。C 语言中的函数相当于其他语言中的子程序。

C 语言程序是由函数组成的，函数是 C 语言中的重要概念，也是程序设计的重要手段。使用函数可以提高程序设计的效率，省去相同程序段的重复书写、输入和编辑。函数是 C 语言的基本构件，利用这些基本构件，可以组成结构良好的大型程序。因为一个较大的程序要完成多项任务，如果只是由一个函数 main()来实现，那么 main()的代码就会很长，数据量就会很多。在用 C 语言设计程序时，通常是将一个大的程序按功能分成若干个较小模块，每个模块编写成结构清晰、接口简单、容易理解的程序段——函数。这种方法叫模块化程序设计方法，用这种方法可以建立公用模块，消除重复工作，提高程序开发效率。C 语言程序的执行过程，体现着函数调用的关系。

C 语言中的函数分为两类，一类是系统提供的标准函数，又称为库函数。标准函数由系统定义，在程序中可以直接调用。另一类是用户自己定义的函数。

6.1.1　库函数的使用

为了方便程序员使用 C 语言，C 语言的开发者们事先已经编好了许多函数。这些函数被编译为.obj 和.lib 文件，而其函数头被分门别类地放在不同的头文件中(*.h)。程序员在使用它们时，只要在要编写程序开头，用包含命令#include 把相应的头文件嵌入程序即可使用。至于哪个函数头位于哪个文件，需要程序员编程时逐渐熟悉。

执行 include 命令调用库函数，其后要包括头文件名，一般形式如下：

```
#include "文件名"或<文件名>
```

include 命令必须以#开头，文件名需要用一对双引号或一对尖括号< >括起来。

库函数调用的一般形式如下：

```
库函数名(参数表)
```

库函数的调用可以直接出现在表达式中，也可以作为独立的功能完成某种操作。常用库函数的功能及原型见表 6.1。

表 6.1 常用库函数

函 数	功 能	函数原型
clrscr	清屏	void clrscr(void);
cos	求余弦函数	double cos(double x);
exp	求指数函数	double exp(double x);
labs	取长整型绝对值	long labs(long n);
log	求对数函数	log double(x);
pow	指数函数(x 的 y 次方)	double pow(double x,double y);
sin	求正弦值	double sin(double x);
sqrt	计算平方根	double sqrt(double x);
tan	求正切值	double tan(double x);
fabs	求绝对值	double fabs(double x);
tolower	把字符转换为小写字母	int tolower(int c);
toupper	把字符转换为大写字母	int toupper(int c);
rand	随机发生器	void rand(void);
gettime	取得当前系统时间	void gettime(struct time timep);
getchar	从键盘读入一个字符，而且在屏幕上显示	int getchar(void);
putch	在屏幕上的文本窗口输出字符	int putch(int);

例如，在编写程序时，若程序的多次输入造成了屏幕上的文字混乱，便会想到程序里最好有清屏功能，每次运行程序时自动清屏。这个函数的名字为 clrscr()，它的头文件是 conio.h。于是在程序开头写上：

```
#include<conio.h>
```

或者

```
#include"conio.h"
```

然后在程序中就可以使用清屏函数了。

例 6.1 用随机函数产生两个数，按照从大到小的次序输出。已知随机函数 rand()的头文件是 stdlib.h，清屏函数 clrscr()的头文件是 conio.h。程序代码如下：

```
#include<stdio.h>
#include<conio.h>
#include<stdlib.h>
main()
{
```

```
    int x,y,temp;
    printf("x=100,y=200");
    getchar();
    system("cls");  /*清屏*/
    printf("\n");
    x=rand();  /*获取两个随机数*/
    y=rand();
    printf("x=%d,y=%d\n",x,y);
    if(x<y)
        {temp=x;x=y;y=temp;}
    printf("x=%d,y=%d\n",x,y);
}
```

6.1.2　函数的定义

函数的定义就是写出函数的全部内容，即实现函数功能的程序块。

它的一般格式如下：

```
函数类型　函数名称(数据类型　形式参数 1，数据类型　形式参数 2，……)
{
    说明语句序列;
    可执行语句序列;
}
```

其中，前两行构成函数的头，后面的用一对花括号括起来的部分构成函数体。

(1) 函数名是唯一标识一个函数的名字，它的命名规则同变量完全一样。在一个程序中，不同函数其名字也不能相同。为了增加函数的可读性，一般取有助于记忆的名字来做函数的名字。

(2) 函数类型，从语法规则上讲，函数的类型可以是除函数和数组以外的任何类型，可以是 int 型、char 型等。但对于一个具体的函数而言，它的类型是唯一的，并且通常与函数返回值的类型一致。如果缺少类型说明，那么编译程序将认为该函数的类型是 int 型。

(3) 形式参数用于调用函数和被调用函数之间的数据传递，因此，它也需要进行类型说明，形参可以是空的，也可以是由多个形参组成的，当形参列表中有多个形参时，每个形参之间用逗号隔开，不管形参表中是否有参数，都要用一对圆括号括起来。

(4) 函数体是由一对花括号括起来的，其中可以包含说明语句和可执行语句，函数功能是由函数体内部的各个语句来实现的。

例 6.2　编程求 s=s1+s2+…+s20 的值，其中，sn=1+1/2+1/3+1/4+1/5+…+1/n(n=1,2,3,…,20)。程序代码如下：

```
#include<stdio.h>
double sum(int n)
{
    int i;
    double s=0.0;
    if(n<=0)
    {
        printf("the data is invalid\n");
        return 0;}
```

```
    for(i=1;i<=n;i++)
       s+=1.0/(double)i;
    return s;
}
main()
{
    int i;
    double y=0.0;
    for(i=0;i<20;i++)
       y+=sum(i);
    printf("sum=%f\n",y);
}
```

程序运行结果如下：

```
the data is invalid
sum=51.954793
```

说明：

(1) 在例 6.2 中包含两个函数：main()和 sum()。一个完整的 C 语言程序可由一个或多个函数组成，但必须有一个且只有一个名为 main()的函数，即主函数。无论 main 函数在什么位置，可运行的 C 语言程序总是从 main()开始执行的。

(2) 函数 sum()是用来求和的，所求的和是通过调用时所传送的参数来确定的。除 main 函数外，其他任何一个函数如果不调用的话，即便定义了也不能执行。main 函数可以看成是由系统调用的。

(3) 程序中的函数包括两种：一种是由系统提供的标准库函数，如 scanf 函数和 printf 函数等；另一种是由用户自己定义的函数，如例 6.2 中的 sum 函数。

(4) C 语言中的函数没有从属关系，不能嵌套定义，各函数之间是独立的。

(5) 函数在使用过程中，包括以下 3 个步骤。

① 函数定义：指出函数通过 return 返回值的类型，除了取常用的各种数据类型(int、float、char 等)外，还有一种特殊类型即 void。void 型的函数无返回值，默认的数据类型值为 int。

② 函数声明：被调用的函数需要先声明后调用，但若定义位于调用前面，可省略声明。例如 sum 函数就不必声明了。

③ 函数调用：当需要使用某个功能模块时就可以很方便地调用所需函数，如上例要求和时，只需调用求和函数 y+=sum(i)即可。

在 C 语言中还有“空函数”，它的格式如下：

```
类型 名称()
{   }
```

例如：

```
void fun()
{   }
```

由于函数中没有任何语句，所以调用这种函数时什么也不做，使用它的目的仅仅是为了占位。也就是说，它在程序中占据一席之地，调用者按照正常方式对它进行调用，但是不起任何实际作用，等到以后需要扩充函数功能或相应函数调用完后再补上具体内容。利用空函数在程序中占位，对于较大程序的编制、调试及扩充往往是有用的。

6.2　函数的参数和返回值

6.2.1　函数的参数

从函数的形式上看，函数分为以下两类。

(1) 无参函数：在调用无参函数时，主调函数不将数据传递给被调函数，无参函数可以带回或不带回函数值。

(2) 有参函数：在调用函数时，在主调函数和被调函数之间有数据传递。也就是说，主调函数可以将数据传递给被调函数使用，被调函数中的数据也可以带回供主调函数使用。

当被调函数是有参函数时，主调函数和被调函数之间有数据传递关系。需要注意以下几点。

① 定义函数时的参数称为形式参数，简称形参。形参在函数未被调用时没有确定的值，只是形式上的参数；调用函数时的参数称为实参，实参可以是变量、常量或表达式，有确定的值，是实实在在的参数。函数定义时形参不占内存，只有发生调用时，参数才被分配内存单元，接受实参传来的值。

② 定义函数时必须定义形参的类型。函数的形参和实参个数要求相等，对应类型一致，且顺序相同。形参和实参可以同名，形参是局部于该函数的变量，即使形参和实参同名，也是两个不同的变量，占用不同的内存单元。

③ 形式参数用于调用函数和被调函数之间的数据传递，在函数体内对其操作。因此，它也需要类型说明，这由形式参数说明部分完成。

例如：

```
double func(double x,double y);
```

不能说明为：

```
double func(x, y)
```

例 6.3　编写程序求输入的三个数中的最大者。程序代码如下：

```
#include<stdio.h>
void max(int x,int y,int z);
main()
{
    int i,j,k;
    printf("i,j,k=");
    scanf("%4d%4d%4d",&i,&j,&k);
    max(i,j,k);                  /*在调用时,i,j,k是实参*/
    return 0;
}
void max(int x,int y,int z)      /*定义函数时,i,j,k是形参*/
{
    int m;
    m=x>y?x:y;
    m=m>z?m:z;
```

```
    printf("the max value of the 3 data is %d\n",m);
}
```

程序运行结果如下：

```
i,j,k=5 6 9
the max value of the 3 data is 9
```

6.2.2 函数的返回值

从函数的值来看，函数分为以下两类。

(1) 无返回值的函数：即 void 函数。无函数值的函数，一般用来执行指定的一组操作，类似于其他高级语言中的过程。

(2) 有返回值的函数：调用函数后，可以通过函数名带回函数值供主调函数使用。

函数是完成特殊功能的程序段，主调函数通过函数调用完成一定的功能，有时调用是为了得到一个计算结果，这就是函数的返回值，返回值可以由常量、变量、表达式或函数调用构成。

函数的返回值由 return 语句返回。

它的一般格式如下：

```
return 表达式;
```

注意： 任何一个函数只要执行到 return 语句，函数就结束运行，返回到调用处。

函数的返回值由 return 语句返回，但函数返回值的类型由函数头决定。

函数可以不返回数据，只是简单地返回，此时函数返回值类型可以定义为 void。

如果 return 语句后的表达式为逗号表达式，那么它的返回值为逗号表达式的最后一个表达式的值。换句话说就是，一个函数只有一个返回值。

例 6.4 分析下面程序运行后的运行结果。

```
#include<stdio.h>
void func(int n)   /*函数无返回值*/
{
    int i;
    for(i=n-1;i>=1;i--)
        n=n+i;
    printf("n=%d\n",n);
}
void main()
{
    int n;
    printf("input n:");
    scanf("%d",&n);
    func(n);
    printf("n=%d\n",n);
}
```

程序运行结果如下：

```
input n:100
n=5050
n=100
```

例 6.5　分析下面程序运行后的运行结果。

```
#include<stdio.h>
int func(int a,int b)
{
    int c;
    c=a+b;
    return c;  /*函数有返回值*/
}
void main()
{
    int x=6,y=7,z=8,r;
    r=func((x--,y++,x+y),z--);
    printf("%d\n",r);
}
```

说明：函数执行 func((x--,y++,x+y),z--)语句时，函数中的实参从右至左求值。先计算 z--返回 8，此时 z=7，再计算(x--,y++,x+y)。逗号表达式从左至右执行，先计算 x--，x=5，再计算 y++，y=8，最后计算并返回 x+y=13，此时该调用函数语句变为 r=func(13,8)。

程序运行结果如下：

```
21
```

6.2.3　函数的声明

通常在调用函数之前，应该让编译器知道函数的类型、函数参数的个数、参数的类型及参数顺序等信息，以便让编译器利用这些信息去检查函数调用的合法性，保证参数的正确传递。函数声明的格式有以下两种：

① 函数类型 函数名(参数类型 1　参数名 1，参数类型 2　参数名 2，……);

② 函数类型 函数名(参数类型 1，参数类型 2，……);

注意： 最后的一个分号“;”不可少，这是在编译程序时用来区分函数声明和函数定义的标志，即有分号表示函数声明，无分号表示函数定义。

然而，在实际中可以省略对被调函数的声明。有以下几种情况：

① 被调用函数的定义在主调函数之前，因为编译系统已经知道了函数的类型，可根据函数首部对函数的调用进行检查；

② 被调函数的类型是整型，因为整型是系统默认的类型；

③ 在所有函数定义之前，在函数外部已做了对函数的声明，则主调函数内可以不必再次声明。

因此，在一个函数中调用另外一个函数需要具备如下条件：

(1) 首先被调函数必须存在，不管是库函数或自定义函数；

(2) 如果是库函数，一般应在文件开头用#include 命令将调用的函数所需要的信息包含到文件中来。

(3) 如果是自定义函数，应有函数声明。

例 6.6 计算 x 的 y 次方。程序代码如下：

```
#include<stdio.h>
main()
{
    int pow(int,int);  //对函数进行声明,也可以写成“int pow(int a,int b);”
    int x,y;
    printf("请输入 x,y: ");
    scanf("%d%d",&x,&y);
    printf("x 的 y 次方: %d\n",pow(x,y));
}
int pow(int a,int b)     /*函数的定义*/
{
    int s=1;
    int i;
    for(i=0;i<b;i++)
    s*=a;
    return s;
}
```

程序运行结果如下：

```
请输入 x,y: 3 4
x 的 y 次方: 81
```

6.3 函数的参数传递方式

在调用函数时，C 语言编译系统根据形参的类型为每个形参分配存储单元，并将实参的值复制到对应的形参单元中，换句话说，当变量作为函数参数时，形参和实参分别占用不同的存储单元，实参和形参的这种处理方式称为“值传递”方式，即只能将实参的值传递给形参，而不能将形参的值传递给实参，形参值的改变不影响其对应的实参。

例 6.7 编制程序，将一整数加 15 后显示出来。程序代码如下：

```
#include<stdio.h>
int add(int n)
{
   n+=15;
   return(n);
}
main()
{
    int num;
    int result;
    num=15;
    result=add(num);
    printf("result=%d\n",result);
    printf("num=%d\n",num);
}
```

程序运行结果如下：

```
result=30
num=15
```

这一运行结果表明，尽管形参 n 的值在调用函数中改变了，但由于实参 num 和形参 n

分别占用不同的单元，所以形参 n 的改变，并不影响与其对应的实参 num 的值。在调用函数之前，num 的值为 15；调用函数之后，num 的值仍然为 15。

6.4　函数的调用

6.4.1　函数的一般调用

在 C 语言中用函数来实现模块的功能，所以允许在函数之间进行调用，前面的例子都属于函数的简单的、一般调用。利用 C 语言的这种特性，可以将一个大的系统分成几个部分来开发，这些部分之间可以进行并发调用，最后通过函数调用的方法组装成一个完整的系统。

下面来看一个函数调用的例子。

例 6.8　用函数方法求解两个正整数的最大公约数。程序代码如下：

```
#include<stdio.h>
int getmax(int a,int b)
{
    int r;
    if(a==0||b==0)
        return -1;
    if(a<0)
        a=-a;
    if(b<0)
        b=-b;
    do
    { r=a%b;a=b;b=r; }
    while(r!=0);
    return a;
}
main()
{
    int a,b,cmn;
    printf(" input two interger: ");
    scanf("%d%d",&a,&b);
    cmn=getmax(a,b);
    if(cmn==-1)
          printf("error!zero exist! ");
    else
          printf("the max common divisor of %d,%d  is %d\n",a,b,cmn);
}
```

程序运行结果如下：

```
input two interger:2 3
the max common divisor of 2,3 is 1
```

6.4.2　函数的嵌套调用

C 语言中的所有函数都是并列的、独立的。一个函数不从属于任何其他函数，即函数不能进行嵌套定义。但是在函数调用时，允许嵌套调用。所谓嵌套调用，是指一个函数可以被其他函数调用，同时，它也可以调用其他函数。函数的嵌套调用为自顶向下，逐步求精，为模块化的结构化程序设计技术提供了最基本的支持。

例 6.9 求一个长方体的体积。在程序中，主函数中调用了一个函数，用来求长方体的体积。要想求出一个长方体的体积，必须先求出该长方体的底面积，所以在被调函数中，又调用求底面积的函数。这样在被调函数中，又调用了一个函数，这 3 个函数共同完成一个功能。程序代码如下：

```
#include<stdio.h>
float s(float a,float b)
{
    float area;
    area=a*b;
    return area;
}
float v(float a,float b,float c)
{
    float volume;
    volume=c*s(a,b);
    return volume;
}
main()
{
    float a,b,c,vol;
    a=1.0;
    b=2.0;
    c=3.0;
    vol=v(a,b,c);
    printf("%f",vol);
}
```

程序运行结果如下：

```
6.000000
```

6.4.3 函数的递归调用

函数的递归调用有两种形式：一种是直接递归调用，即一个函数可直接调用该函数本身。例如：

```
int mul(int n)
{
    int m;
    int f;
    …
    f=mul(m);
    …
}
```

另一种是间接递归调用，即一个函数可间接地调用该函数本身。例如：

```
func1(int n)
{
    int m;
    …
```

```
    func2(m);
    …
}
func2(int x)
{
    int y;
    …
    func1(y);
    …
}
```

将递归的一些概念总结如下：

(1) 函数的递归调用是指，一个函数在它的函数体内，直接或间接地调用该函数本身。能够递归调用的函数是一种递归函数。显然递归是嵌套的特例。

(2) 可采用递归算法解决的问题有这样的特点：原始的问题转化为解决方法相同的新问题，而新问题的规模要比原始的问题小，新问题又转化为规模更小的问题……直到最终归结到最基本的情况——递归的终结条件。

(3) 递归函数执行时反复调用其自身，每调用一次就进入新的一层。为了防止递归调用无休止地进行下去，必须在递归函数的函数体中给出递归终止条件，当条件满足时则结束递归调用，返回上一层，从而逐层返回，直到返回最上一层而结束整个递归调用。

(4) 从程序设计的角度考虑，递归算法涉及两个问题：一是递归公式；二是递归终止条件。

例 6.10 用递归的方法求 n!

求 n!可以用数学关系表示：

$$n! = \begin{cases} 1 & (n = 0,1) \\ n*(n-1)! & (n>1) \end{cases}$$

程序代码如下：

```
#include <stdio.h>
int f(int n)
{  if ( n==0||n==1)
          return 1;
   else
          return n*f(n-1);
}
main ( )
{  int m, y;
   printf ("Enter m: ");
   scanf("%d",&m);
   if (m<0)
       printf ("the data is error ! \n");
   else
   {  y =f(m);
     printf ("%d!=%d\n", m, y );
   }
}
```

程序运行结果如下：

```
Enter m:5
5!=120
```

程序的执行过程(当输入数据 5 时)

第 1 次调用 f 函数，返回：y =5*f(4);

第 2 次调用 f 函数，返回：y =5*4*f(3);

第 3 次调用 f 函数，返回：y =5*4*3*f(2);

第 4 次调用 f 函数，返回：y =5*4*3*2*f(1);

第 5 次调用 f 函数，返回：y =5*4*3*2*1。

例 6.11 某工厂生产轿车，1 月份生产 10 000 辆，2 月份产量是 1 月份产量减去 5000 辆，再翻一番；3 月份产量是 2 月份产量减去 5 000 辆，再翻一番；如此下去。编写一个程序求出该年一共生产多少辆轿车。

先来推出递推公式，设 a1,a2,…,a12 为各月份的生产轿车数，则有：

```
a1=10000
a2=2(a1-5000)=2a1 - 10000
a3=2(a2-5000)=2a2 - 10000
an=2a(n-1)-10000
```

采用递归函数的程序代码如下：

```
#include<stdio.h>
int func(int m)
{
    if(m==1)
        return 10000;
    else
        return 2*func(m-1)-10000;
}
main()
{
    int m,s=0;
    for(m=1;m<=12;m++)
        s=s+func(m);
        printf("the total number is:%d\n",s);
}
```

也可以采用直接非递归方法求解。

程序代码如下：

```
main()
{
    int m,s=0,i,a;
    int s=10000;a=10000;
    for(i=2;i<=12;i++)
   {
        a=2*a-10000;
        s=s+a;
     }
    printf("the total number is:%d\n",s);
}
```

两种方法的程序运行结果如下：

```
the total number is:120000
```

例 6.12 设计一个程序，采用递归方法输出下面的结果。

1
1 2 1
1 2 3 2 1
1 2 3 4 3 2 1
1 2 3 4 5 4 3 2 1

对于输入的 n，共输出 n 行，输出第 i 行递归模型如下：

$$f(m,i)=\begin{cases}\text{输出 } m & \text{若 } m=i \\ \text{执行 } f(m+1,i), & \text{其他情况}\end{cases}$$

程序代码如下：

```
#include<stdio.h>
void func(int m,int n)
{
    if(m>=n){
              printf("%d",m);
              return;
             }
    else{
           printf("%d",m);
           func(m+1,n);
           printf("%d",m);
        }
}
main()
{
    int n,i,j;
    printf("input n:");
    scanf("%d",&n);
    if(n>1&&n<=5)
    {
      for(i=1;i<=n;i++)
      {
        for(j=1;j<20-i;j++)
           printf(" ");
        func(1,i);
        printf("\n");
      }
   }
    else
        printf("input the number is too big or too small");
        printf("\n");
}
```

6.5　变量的作用域和存储类型

6.5.1　变量的作用域

在 C 语言中，变量的定义是指给变量分配确定的存储单元。变量说明只是说明变量的性质，而不分配存储空间。变量必须先定义后使用。

变量的作用域是指变量的有效范围。从作用域的角度看，C 语言中的变量分为局部变

量和全局变量。

1. 局部变量

在函数内部或复合语句内定义的变量称为局部变量，亦称为内部变量。函数的形参也属于局部变量。局部变量的作用域是定义该变量的函数或复合语句，在其他范围内无效。一般来说，局部变量只有定义，没有说明，因为局部变量不能跨越几个编译单位使用。

2. 全局变量

在函数外部定义的变量称为全局变量，亦称为外部变量。全局变量的作用域是从定义变量的位置开始，到整个文件结束停止。

若全局变量和某个函数中的局部变量同名，则在该函数中这个全局变量被屏蔽。在该函数内，访问的是局部变量，与同名的全局变量不发生任何关系。例如：

```
int i,j;
main()
{…}
int k;
func()
{…}
```

变量 i、j、k 都是全局变量，其中 i 和 j 变量的作用域是 main 函数和 func 函数，而 k 变量的作用域是 func 函数。

由于通过 return 语句只能返回一个函数值，而变量作函数参数采用值传递方式时，也只能传递单一数据，这样，要想在函数之间传递大量的数据，一般来讲就只能利用全局变量或后续章节会学到的数组参数。

6.5.2 变量的存储类型

C 语言程序占用的存储空间通常为三部分，分别为程序区、静态存储区和动态存储区。其中，程序区中存放的是可执行的程序的机器指令；静态存储区中存放的是需要占用固定存储单元的变量；动态存储区中存放的是不需要占用固定存储单元的变量。

在 C 语言中，变量的定义包含三方面的内容。

(1) 变量的数据类型，如 int、char、float 和 double 等。

(2) 变量的作用域，是指一个变量能够起作用的程序范围。在 C 语言中，变量的作用域由变量的定义位置来决定。

(3) 变量的存储类型，即变量在内存中的存储方法，不同的存储方法，将影响变量值的存在时间(即生存期)。

它的一般定义格式如下：

```
存储类型 数据类型 变量名;
```

C 语言支持 4 种变量存储类型，标识符为 auto、static、extern、register。下面分别讨论它们的性质。

1. auto 类型

auto 是表示自动类的关键字，在函数内部定义的变量，如果不指定其存储类型，那么就是自动类存储变量。在定义自动类存储变量时，应该在定义变量说明符的前面使用 auto 关键字。例如：

```
auto double a;
```

使用自动变量的注意事项如下：

(1) 自动变量的作用域局限于定义它的函数。在该函数内它的值是存在的，并且可以对它进行访问。自动变量类似于其他语言中的局部变量。

(2) 关键字 auto 通常缺省。就是说，只要一个变量在函数内部被定义，并且没有显示其存储类型时，就认为是自动的，大多数自动变量就是这么处理的。

(3) 在不同的函数中自动变量可以使用相同的名称，它们的类型可以相同也可以相异，彼此互不干扰，甚至可以分配在同一存储单元中。它们虽然同名，但并不是相同的变量，具有各自的活动范围和含义。所以，自动变量是随函数的引用而存在和消失的，从上次调用到下次调用之间的值不保留。

(4) 函数的形参具有自动变量的属性，即它们的作用范围和保存的值仅限于它所在的函数内。但使用时应注意，在对形参的说明中不允许出现关键字 auto。

(5) 在 C 语言中函数是分程序结构。一个分程序是一个复合语句，在左花括号后面可以定义变量，这些变量都是局部变量。例如：

```
if(…)
{
    int i;  /*变量 i 是一个自动变量,它的作用范围是这个 if 测试之后的语句部分*/
    for(i=0;i<10;i++)
}
```

例 6.13　分析下面程序。

```
#include<stdio.h>
main()
{
    int i,num;  /*系统默认为自动变量*/
    num=2;
    for(i=0;i<3;i++)
    {
        printf("the num equal %d\n",num);
        num++;
    }
    for(i=0;i<3;i++)
    {
        auto int num=1;        /*声明为自动变量类型*/
        printf("the internal block num equal %d\n",num);
        num++;
    }
}                              /*程序运行结束后，所有自动变量被清除*/
```

程序运行结果如下：

```
the num equal 2
the num equal 3
```

```
the num equal 4
the internal block num equal 1
the internal block num equal 1
the internal block num equal 1
```

2. static 类型

如果希望在函数调用结束后仍然保留函数中定义的局部变量的值，则可以将该局部变量定义为静态变量(或称为局部静态变量)。在定义局部静态变量时，应在定义变量的类型说明符前加 static 关键字。

它的一般格式如下：

```
static 数据类型  变量名
```

例如：

```
static float m; /*定义m为静态浮点型变量*/
```

静态变量分为内部静态变量和外部静态变量。

在函数内部定义的静态变量是内部静态变量。例如：

```
add()
{
    static int a;  /*a和 c都是内部静态变量,类型分别为整型和字符型*/
    static char c;
    float f=1.0;  /*按存储类型缺省的原则,f是自动类型的浮点变量*/
    …
}
```

外部静态变量是在函数之外定义的变量。例如：

```
static int m;
static double d;
sum1()
{…}
sum2()
{…}
```

其中，变量 m 和 d 都被定义为外部静态变量。

外部静态变量应注意以下几点。

(1) 外部变量的作用域仅限于定义它的那个文件，即使在其他文件中也对相同名称的变量做了静态变量的说明，虽然名称相同，但作用域不同，所分配的存储单元也不同。

(2) 函数一般是外部的，但也可以说为外部静态的，只要在函数名及类型前加上关键字 static 即可，这样在其他文件中出现相同名称的函数，也不会造成冲突。

(3) 外部静态变量的值也具有永久性，不管程序由多少个文件组成，只要程序还在执行，该值就继续保留。

例 6.14 分析下面程序运行后的运行结果。

```
#include<stdio.h>
int func(int a)
{
    int b=0;
```

```
    static int c=3;
    a=c++,b++;
    return a;
}
main()
{
    int a=2,i,k;
    for(i=0;i<2;i++)
      k=func(a++);
    printf("%d\n",k);
}
```

程序运行结果如下：

```
4
```

函数 func 中的变量 c 是静态变量。第一次调用该函数时执行 static int c=3，以后调用时忽略该说明语句，但保留上次 c 的值。另外，函数 func 的形参是传值参数。

3. extern 类型

extern 类型称为外部变量。一个大型的 C 语言程序可由多个源文件组成，这些文件经过编译之后，通过连接程序最终成为一个可执行的文件。如果其中的一个文件要引用另外一个文件中定义的外部变量，就应在需要引用此变量的文件中，用 extern 关键字把此变量说明为外部的。这种说明一般应在文件的开头且位于所有函数的外面。

它的一般格式如下：

```
extern 数据类型  变量名;
```

例如：

```
extern char c;  /*表明字符变量 c 是在本文件外的其他文件中定义的外部变量*/
extern float a[10];
```

外部变量应注意以下事项。

(1) 任何在函数定义之外定义的变量都是外部变量，此时通常省略关键字 extern。

(2) 外部变量的作用域是整个程序，即全局有效，类似全局变量。当在函数外面定义某些变量之后，随后该程序的所有函数都可以对它们进行存取或修改。外部变量的值是永久保留的，且存放在静态存储区。也就是说，在这一次函数调用到下一次函数调用期间能保持它以前的值。

例 6.15　有 a.c 和 b.c 两个文件，在 a.c 中定义了全局变量 n 并给它分配了相应的存储空间，在 b.c 中只对该变量进行说明。

a.c 文件中的程序代码如下：

```
#include<stdio.h>
#include"b.c"
int n;              /*全局变量定义*/
main()
{
    n=1;
    fun();
```

```
    printf("main:n=%d\n",n);
}
```

b.c 文件中的程序代码如下：

```
extern int n;  /*全局变量说明*/
void fun()
{  printf("fun:n=%d\n",n);
   n++;
}
```

执行 a.c 的结果如下：

```
fun:n=1
main:n=2
```

4. register 类型

register 是寄存器变量，它只能出现在函数内部，当声明寄存器变量时用关键字 register。当一个变量被声明为 register 变量时，其值存放在寄存器中(寄存器可以认为是一种高速存储器)，这样对寄存器变量的存储速度会很快，因此寄存器变量通常用来存放循环变量，以提高程序执行速度。

声明寄存器变量的一般格式如下：

```
register 数据类型  变量名;
```

例如：

```
register int b;
```

可简写为

```
register b;
```

注意： 理论上讲，定义寄存器变量的个数是没有限制的，但实际上可用寄存器变量的个数受机器硬件特性的限制。能够声明为寄存器变量的数据类型只有 char、short int、unsigned int、int 和指针类型。

例 6.16　寄存器变量实例。程序代码如下：

```
#include<stdio.h>
long factor(int n)
{
    register int i;
    long r;
    for(i=1,r=1;i<=n;i++)
        r*=i;
    return r;
}
main()
{
    int k;
    for(k=1;k<=5;k++)
    printf("%d\n",factor(k));
}
```

程序运行结果如下：

```
1
2
6
24
120
```

register 变量的作用域局限在相应的函数内部，只在相应函数被调用时有效。

6.6　函数的作用范围

一个 C 语言程序可以由多个函数组成，这些函数既可以在一个文件中，也可以分散在多个不同的文件中，根据函数的使用范围，可以将其分为内部函数和外部函数。

6.6.1　内部函数

内部函数又称静态函数，类似于外部静态变量，它只能在定义它的文件中被调用，而不能被其他文件中的函数所调用。定义内部函数，需要在函数定义的前面使用关键字 static。

它的一般格式如下：

```
static 数据类型 函数名(形参列表)
{
    声明部分;
    执行部分;
}
```

例如：

```
static int func(a,b)
int a,b;
{…}
```

此时，函数 func 的作用范围仅局限于定义它的文件，在其他文件中不能调用此函数。

6.6.2　外部函数

除内部函数之外，其余的函数可以被其他文件中的函数所调用，同时在调用函数的文件中应加上 extern 关键字说明。其定义的一般格式如下：

```
extern 数据类型 函数名(形参列表)
{
    声明部分;
    执行部分;
}
```

例如文件 1 的内容如下：

```
main()
{
```

```
    extern void input();
    char array[180];
      …
    input(array);
      …
}
```

文件2的内容如下：

```
extern void input(b)
char b[180];
{…}
```

由于函数是外部性质的，因此在定义函数时，关键字 extern 可以省略。

例 6.17 求如图 6.1 所示图形的面积(使用外部函数与静态函数)。

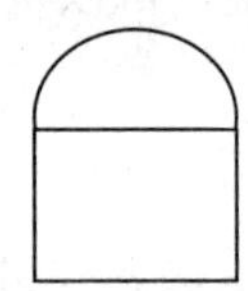

图 6.1 求解图形面积

程序代码如下：

```
#include<stdio.h>
#define PI 3.141592
static float circle(float);  /*声明为内部函数*/
extern float rectangle(float);  /*声明为外部函数*/
main()
{
    float a;
    extern float area;
    printf("input length of a side:\n");
    scanf("%f",&a);
    area=rectangle(a)+circle(a/2)/2.0;
    printf("the area of half circle is %f\n",circle(a/2)/2.0);
    printf("the area of half square is %f\n",rectangle(a));
    printf("the area of half shape is %f\n",area);
}
static float circle(float r)
{
    return PI*r*r;
}
float area;
float rectangle(float a)
{
    return a*a;
}
```

程序运行结果如下：

```
input length of a side:
1
the area of half circle is 0.392699
the area of half square is 1.000000
the area of half shape is 1.392699
```

各种存储类变量所具有的属性见表 6.2。其中“√”表示具有该属性，“×”表示不具有该属性。

表 6.2　存储变量的基本属性

存储类型	指定函数内		指定函数外		初 始 化		存储空间		能否用
	作用域	存在性	作用域	存在性	时间	次数	存储区	分配/释放	
自动变量	√	√	×	×	执行时	多次	动态区	动态	√
寄存器变量	√	√	×	×	执行时	多次	寄存器	动态	×
全局变量	√	√	√	√	编译时	一次	静态区	静态	√
内部静态变量	√	√	×	√	编译时	一次	静态区	静态	√
外部静态变量	√	√	√	√	编译时	一次	静态区	静态	√

6.7　小型案例实训

1. 案例说明

中国古代民间有一个游戏，两个人从 1 开始轮流报数，每人每次可报一个数或两个连续的数，谁先报到 30，谁为胜方。编写一个程序，由一个游戏者和计算机来做这个游戏，看二者谁能获胜。

2. 编程思路

(1) 首先决定谁先报数：取随机整数决定计算机和游戏者谁先报数。

(2) 如果未报到 30，计算机和游戏者就可以接着报数，先报到 30 者为胜方。计算机报数的原则是：若报到的数除以 3，余数为 1，则报 1 个数；若报到的数除以 3，余数为 2，则报 2 个数；否则，随机报数 1 或 2 个。

为游戏者报数模块和计算机报数模块编写两个函数：input 函数和 copu 函数，随机整数产生模块为 rnd 函数。

3. 程序代码

```
#include<stdlib.h>
#include<stdio.h>
main()
{
    int tol=0;
    printf("\n*****catch 30*******\n");
    printf("game begin: ");
    if(rnd(1)==1)                       /*取随机数决定计算机和游戏者谁先获胜*/
        tol=input(tol);                 /*若随机数为 1，游戏者先报数*/
    while(tol!=30)                      /*游戏结束条件*/
        if((tol=copu(tol))==30)         /*计算机先报到 30，则计算机获胜*/
            printf("you lose!\n");      /*游戏者先报到 30，则游戏者获胜*/
        else if((tol=input(tol))==30)
```

```
          printf("I lose!\n");
       printf("game over!!!!!!!!\n");
}
input(int t)                              /*游戏者报数模块*/
{
    int a;
    do{
         printf("please count: ");
         scanf("%d",&a);                  /*报一个数或两个数*/
         if(a>2||a<1||t+a>30)
             printf("error input,again! ");
         else
             printf("you count:%d\n",t+a);   /*输出你所报至的数值*/
    }while(a>2||a<1||t+a>30);
    return(t+a);                          /*返回已经报至的数值*/
}
copu(int s)                               /*控制计算机报数*/
{
    int c;
    printf("computer count: ");
    if((s+1)%3==0)                        /*若 s 除以 3，余数为 1，则取 1*/
       printf("%d\n",++s);
    else if((s+2)%3==0)                   /*若 s 除以 3，余数为 2，则取 2*/
    {
       s+=2;
       printf("%d\n",s);
    }
    else                                  /*随机报数一个或两个*/
    {
       c=rnd(1)+1;
       s+=c;
       printf("%d\n",s);
    }
    return(s);                            /*返回已经取值的数值*/
}
int rnd(int x)
{
    return (x*(rand()/32767.1)+1);
}
```

6.8 学习加油站

6.8.1 重点整理

本章重点是函数定义和调用、函数间传递数据的各种方法。在定义和调用函数时，要注意如何把要加工的数据代入被调函数。

(1) 调用库函数要用 include 命令，其后要包括头文件名，include 命令必须以#开头，文件名需要用一对双引号或一对尖括号(< >)括起来。

(2) 从函数的形式上看，函数分为两类。

① 无参函数：在调用无参函数时，主调函数不将数据传递给被调函数，无参函数可以带回或不带回函数值。

② 有参函数：在调用函数时，在主调函数和被调函数之间有数据传递。也就是说，主调函数可以将数据传递给被调函数使用，被调函数中的数据也可以带回供主调函数使用。

(3) 从函数的值来看，函数分为两类。

① 无返回值的函数：即 void 函数。

② 有返回值的函数：调用函数后，可以通过函数名带回函数值供主调函数使用。函数的返回值由 return 语句返回。

(4) 对函数的声明。通常在函数调用之前，应该让编译器知道函数的类型、函数参数的个数、参数的类型及参数顺序等信息，以便让编译器利用这些信息去检查函数调用的合法性，保证参数的正确传递。

(5) 函数参数的传递方式，有以下两种。

① 普通变量作为函数参数，采用的是值传递的方式。

② 数组作为函数参数，采用的是地址传递的方式。

(6) 函数的嵌套调用和递归调用。

① 函数的嵌套调用，所谓嵌套调用，是指一个函数可以被其他函数调用，同时，它也可以调用其他函数。函数的嵌套调用为自顶向下、逐步求精，为模块化的结构化程序设计技术提供了最基本的支持。

② 函数的递归调用，是指一个函数在它的函数体内，直接或间接地调用该函数本身。能够递归调用的函数是一种递归函数。显然递归是嵌套的特例。

(7) 变量的作用域和存储类型。

① 变量的作用域，是指一个变量能够起作用的程序范围，在 C 语言中，变量的作用域由变量的定义位置来决定。根据变量的作用域可以将变量分为局部变量和全局变量。

② 变量的存储类型，即变量在内存中的存储方法，不同的存储方法，将影响变量值的存在时间(即生存期)。C 语言支持 4 种变量存储类型，其标识符分别为 auto、static、extern、register。

- auto 是表示自动类的关键字，在函数内部定义的变量，如果不指定其存储类型，那么就是自动类存储变量。
- 如果希望在函数调用结束后仍然保留函数中定义的局部变量的值，则可以将该局部变量定义为静态变量(或称为局部静态变量)。在定义局部静态变量时，应在定义变量的类型说明符前加 static 关键字。
- 如果其中的一个文件要引用另外一个文件中定义的外部变量，就应在需要引用此变量的文件中，用 extern 关键字把此变量说明为外部的。
- register 是寄存器变量，它只能出现在函数内部，当声明寄存器变量时用关键字 register。寄存器变量通常用来存放循环变量，以提高程序执行速度。

(8) 函数的作用范围，根据函数的使用范围，可以将其分为内部函数和外部函数。

① 内部函数又称静态函数，类似于外部静态变量，它只能在定义它的文件中被调用，而不能被其他文件中的函数所调用。定义内部函数，需要在函数定义的前面使用关键字 static。

② 外部函数可以被其他文件中的函数所调用，同时在调用函数的文件中应加上 extern 关键字说明。

6.8.2 典型题解

【典型题6-1】以下程序中函数f的功能是在数组x的n个数(假定n个数互不相同)中找出最大数和最小数，并将其中最小的数与第一个数对换，将最大的数与最后一个数对换。请填空。

```
#include <stdio.h>
void f(int x[], int n)
{   int p0, p1, i,j,t,m;
    i=j=x[0];  p0=p1=0;
    for(m=0;m<n;m++)
    {   if(x[m]>i)
        {   i=x[m]; p0=m;
        }
        else if(x[m]<j)  {j=x[m]; p1=m;}
    }
    t=x[p0];   x[p0]=x[n-1];   x[n-1]=t;
    t=x[p1];   x[p1]=________;_______ =t;
}
main()
{   int a[10],u;
    for(u=0;u<10;u++)   scanf("%d",&a[u]);
    f(a,10);
    for(u=0;u<10;u++)   printf("%d",a[u]);
    printf("\n");
}
```

解析：将所有数中最小的数与第一个数交换，即放到数组最前面，所以有“x[p1]=x[0]; x[0] =t;”。

答案：x[0]；x[0]

【典型题6-2】有以下程序：

```
#include <stdio.h>
fun(int x, int y)  { return (x+y); }
main()
{   int a=1, b=2, c=3, sum;
    sum=fun((a++, b++, a+b), c++);
    printf("%d\n", sum);
}
```

执行后的输出结果是________。

A. 6　　B. 7　　C. 8　　D. 9

解析：函数fun的作用为求和，返回值为x+y，a++后a的值为2，b++后b的值为3，a+b的值为5，sum=5+c＝5+3=8。

答案：C

【典型题6-3】若各选项中所用变量已正确定义，函数fun中通过return语句返回一个函数值，以下选项中错误的程序是________。

A. main()
{…x=fun(2,10);…}
float fun(int a,int b){…}

B. float fun(int a,int b){…}
main()
{…x=fun(i,j);…}

C. float fun(int,int);
main()
{…x=fun(2,10);…}
float fun(int a,int b){…}

D. main()
{ float fun(int i,int j);
…x=fun(i,j);…}
float fun(int a,int b){…}

解析：在调用函数时，此函数必须被声明或定义过。选项 A 中的 fun 在调用时并未声明，因此是错误的。

答案：A

【典型题 6-4】在 C 语言中，函数返回值的类型最终取决于________。

A. 函数定义时的函数首部所说明的函数类型
B. return 语句中表达式值的类型
C. 调用函数时主调函数所传递的实参类型
D. 函数定义时形参的类型

解析：在 C 语言中，应当在定义函数时指定函数值的类型，凡不加类型说明的函数，一律自动按整型处理。在定义函数时对函数值说明的类型一般应该和 return 语句中的表达式类型一致。如果函数值的类型和 return 语句中的表达式类型不一致，则以函数类型为主，即函数类型决定返回值的类型。

答案：A

【典型题 6-5】若函数调用时的实参为变量时，以下关于函数形参和实参的叙述正确的是________。

A. 函数的实参和其对应的形参占用同一存储单元
B. 形参只是形式上的存在，不会占用具体存储单元
C. 同名的实参和形参占用同一存储单元
D. 函数的形参和实参分别占用不同的存储单元

解析：在定义函数时，函数名后面括号中的变量名称为形参，当程序段要调用一个函数时，函数名后面括号中的变量名称为实参。形参并不占用实际的存储单元，只有在被调用时才由系统给它分配存储单元，在调用结束后，形参所占用的存储单元被回收，故选 D。

答案：D

【典型题 6-6】有以下程序：

```
#include <stdio.h>
void f(int n,int *r)
{   int r1=0;
    if(n%3==0) r1=n/3;
    else if(n%5==0) r1=n/5;
        else f(--n,&r1);
    *r=r1;
}
main()
{   int m=7,r;
    f(m,&r); printf("%d\n",r);
}
```

程序运行后的输出结果是________。

A. 2　　B. 1　　C. 3　　D. 0

解析：本题考查的是函数的递归调用。在 f 函数中，当 m=7 时，程序执行“f(--n, &r1);”语句，递归调用 f(6,&r1)，程序执行“r1=n/3;”语句，即 r1=6/3=2，然后执行“*r=r1;”语句，所以输出结果为 2。

答案：A

【典型题 6-7】有以下程序：

```
#include <stdio.h>
typedef struct{int b,p;}A;
void f(A c)   /*注意：c 是结构变量名 */
{   int j;
    c.b+=1; c.p+=2;
}
main()
{   int i;
    A  a={1,2};
    f(a);
    printf("%d,%d\n",a.b,a.p);
}
```

程序运行后的输出结果是________。

A. 2,3　　B. 2,4　　C. 1,4　　D. 1,2

解析：本题考查的是函数调用时的数据传递问题。因为在调用函数 f()时只是进行值的传递，即单向传递，函数的调用及对形参的处理过程并不会引起实参数值的变化。

答案：D

【典型题 6-8】以下程序运行后的输出结果是________。

```
#include <stdio.h>
int fun(int*x,int n)
{   if(n==0)
        return x[0];
    else return x[0]+fun(x+1,n-1);
}
main()
{   int a[]={1,2,3,4,5,6,7};
    printf("%d\n",fun(a,3));
}
```

解析：本题考查的是函数的递归调用。在调用一个函数的过程中又直接或间接地调用该函数本身。第一次调用时，指针 x 指向的是 a[0]，n 的值为 3，每调用一次 n 自减 1，x 加 1，指向数组 a 中的下一个元素，当 n 为 0 时函数开始返回，最后的返回值等于 a[0]+a[1]+a[2]+a[3]=10。

答案：10

6.9 上机实验

1. 实验目的

掌握函数的定义和调用方法。

掌握函数实参与形参的对应关系，以及“值传递”的方式。

掌握函数的嵌套调用和递归调用。

2. 实验内容

(1) 写一个判断素数的函数，在主函数中输入一个整数，输出是否为素数的信息。

```
#include <stdio.h>
main( )
{
    int n;
    printf("please input a number:\n");
    scanf("%d",&n);
    if (prime(n)==1)
        printf("%d is a prime number.\n",n);
    else
        printf("%d is not a prime number.\n",n);
}
int prime(int n)          /*此函数用于判别数 n 是否为素数*/
{
    int i,flag=1;


    return(flag);
}
```

① 请根据题目要求，将函数 prime 补充完整。

② 程序中变量“flag”的功能是______。

(2) 读下面程序并上机运行。

```
#include <stdio.h>
main( )
{
    int i,j,k;
    for(i=1;i<=5;i++)
    {
        printf("\n");
        for(j=1;j<=5-i;j++)
        printf(" ");
        for(k=1;k<=2*i-1;k++)
        printf("*");
    }
}
```

程序运行后的输出结果为______。

(3) 读下面程序并上机运行。

```
#include <stdio.h>
main( )
{
    int i,j,x,y,n,g;
    i=4;j=5;g=x=6;y=9;n=7;
    f(n,6);
    printf("g=%d;i=%d;j=%d\n",g,i,j);
    printf("x=%d;y=%d\n",x,y);
    f(n,8);
```

```
}
f(int i,int j)
{
   int x,y,g;
   g=8;x=7;y=2;
   printf("g=%d;i=%d;j=%d\n",g,i,j);
   printf("x=%d;y=%d\n",x,y);
}
```

程序运行结果为_______。

(4) 用递归的方法，求1+2+3+…+n，n用键盘输入。

6.10 习　　题

1. 选择题

(1) sizeof(float)是________。

A. 一个双精度型表达式　　B. 一个整型表达式

C. 一种函数调用　　D. 一个不合法的表达式

(2) 以下不正确的说法是________。

A. 在不同函数中可以使用相同名字的变量

B. 形式参数是局部变量

C. 在函数内定义的变量只在本函数范围内有效

D. 在函数内的复合语句中定义的变量在本函数范围内有效

(3) 有如下程序：

```
#include <stdio.h>
int func(int a,int b)
{   return(a+b);
}
main()
{   int x=2,y=5,z=8,r ;
    r=func(func(x,y),z);
    printf("%d\n",r);
}
```

该程序运行后的输出结果是________。

A. 12　　B. 13　　C. 14　　D. 15

(4) 程序中对fun函数有如下说明：

```
void  (*fun)() ;
```

此说明的含义是________。

A. fun函数无返回值

B. fun函数的返回值可以是任意的数据类型

C. fun函数的返回值是无值型的指针类型

D. 指针fun指向一个函数，该函数无返回值

(5) 在C语言中规定，简单变量做实参时，它和对应形参之间的数据传递方式是______。

A. 由实参传给形参，再由形参传回给实参

B. 地址传递

C. 单向值传递

D. 由用户指定传递方式

(6) 以下正确的说法是________。

A. 定义函数时，形参的说明可以放在括号里，函数头后应加“；”

B. 没有 return 语句的函数将不返回值

C. 如果函数类型是 void，则函数中不能有 return 语句

D. 对定义在主调函数后面的非整型的函数应进行函数说明

(7) 若有函数调用语句：“fun(a+b,(x,y),fun(n+k,d,(a,b)));”，在此函数调用语句中实参的个数是________。

A. 3　　B. 4　　C. 5　　D. 6

(8) 设 c1、c2 均是字符型变量，则以下不正确的函数调用为________。

A. scanf("c1=%cc2=%c",&c1,&c2);　　B. c1=getchar( );

C. putchar(c2);　　D. putchar(c1,c2);

(9) 以下正确的函数定义形式是________。

A. double　fun(int x,int y);　　B. double　fun(int x;int y)

C. double　fun(int x,int y)　　D. double　fun(int x,y)

(10) C 语言规定，函数返回值的类型由________。

A. return 语句中的表达式类型所决定

B. 调用该函数时的主调函数类型所决定

C. 调用该函数时系统临时决定

D. 定义该函数时所指定的函数类型所决定

2. 填空题

(1) 以下程序通过函数 SunFun 求 $\sum_{x=0}^{10} F(x)$，其中 $F(x) = x^2 + 1$，请填空。

```
#include <stdio.h>
main()
{   printf("The  sum=%d\n" , SunFun(10) );
}
SunFun( int  n )
{   int  x , s=0 ;
    for (x=0; x<=n ; x++ ) s+=F(______);
    return  s;
}
F( int  x )
{   return  _______ ;
}
```

(2) 下面 pi()函数的功能是根据以下的公式返回满足精度 e 要求的π值。请填空。

```
π/2=1+1/3+2/(3*5)+(3*2)/(3*5*7)+(4*3*2)/(3*5*7*9)+…
#include <stdio.h>
double pi(double eps)
{   double s=0.0, t=1.0;
    int n;
```

```
    for(______; t>eps; n++)
    {   s+=t; t=n*t/(2*n+1);
    }
    return(2.0 * ______);
}
main()
{   float e,pai;
    scanf("%f",&e);  //输入精度要求
    pai=pi(e);
    printf("%f\n",pai);
}
```

(3) 以下程序运行后的输出结果是________。

```
#include <stdio.h>
void fun(int x,int y)
{   x=x+y;y=x-y;x=x-y;
    printf("%d,%d,",x,y);
}
main()
{   int x=2,y=3;
    fun(x,y);
    printf("%d,%d\n",x,y);
}
```

(4) 以下程序运行后的输出结果是________。

```
#include <stdio.h>
char fun(char  x, char  y)
{   if(x<y)  return  x;
    return y;
}
main  ( )
{   int  a='9', b='8', c='7';
    printf("%c\n",fun(fun(a,b),fun(b,c)));
}
```

(5) 以下程序运行后的输出结果是_______。

```
#include <stdio.h>
void swap(int x,int y)
{   int t;
    t=x;x=y;y=t;printf("%d   %d   ",x,y);
}
main()
{   int a=3,b=4;
    swap(a,b);
    printf("%d  %d\n",a,b);
}
```

第 7 章　数　　组

本章要点

- ☑ 一维数组
- ☑ 二维数组
- ☑ 字符数组
- ☑ 数组与函数

在前面的章节中我们讨论了 C 语言中所有的简单数据类型，如整型、单精度型、双精度型、字符型等，所用到的变量均为简单变量。但是在解决实际问题中，常常需要处理同一类型的大批数据，例如，对某班学生的成绩进行排序、求出某单位职工的平均工资、计算两个矩阵的乘积等，如果用简单变量来实现，就需要用许多变量保存数据，处理起来十分烦琐，从而给程序设计带来很大不便。

为了便于处理这类问题，C 语言提供了数组数据类型。每个数组包含一组具有同一类型的变量，这些变量在内存中占有连续的存储单元。在程序中这些变量具有相同的名字，但具有不同的下标，C 语言中可以用：a[0]、a[1]、a[2]…这样的形式来表示数组中连续的存储单元，C 语言中把它们称为“带下标的变量”或数组元素。

本章介绍常用的一维数组、二维数组、字符数组的定义和使用方法。

7.1　一维数组

任何数组在使用之前都必须进行定义，即指定数组的名字、大小和元素类型。只有定义了数组，系统才会给它在内存中分配一个所申请大小的存储空间。

7.1.1　一维数组的定义

数组是用一个名字表示的一组同类型的数据，这个名字就称为数组名。为了区分数组中不同的数据，把存放不同数据的变量用下标来区分，因此数组中的每个变量又称为“带下标的变量”或数组元素。当数组中的每个元素只带一个下标时，称这样的数组为一维数组。

它的一般格式如下：

```
类型标识符 数组名[常量表达式];
```

“类型标识符”是指数组中每个元素的数据类型；“数组名”用于指定数组的名字；“常量表达式”用于定义数组的大小，即数组中元素的个数，它必须是正整数。

例如：

```
int  a[6];
```

说明：

(1) 该语句定义了一个名为 a 的一维数组。

(2) 方括号中的 6 规定了数组 a 有 6 个元素，分别是 a[0]、a[1]、a[2]、a[3]、a[4]、a[5]。

(3) 类型标识符 int 规定了数组 a 中每个元素都是整型。

(4) 每个元素只有一个下标，C 语言规定每个数组第一个元素的下标总为 0。

(5) C 编译系统将为数组 a 在内存中开辟 6 个连续的存储单元，如图 7.1 所示。图中标明了每个存储单元的名字，可以用这些名字直接引用各存储单元。

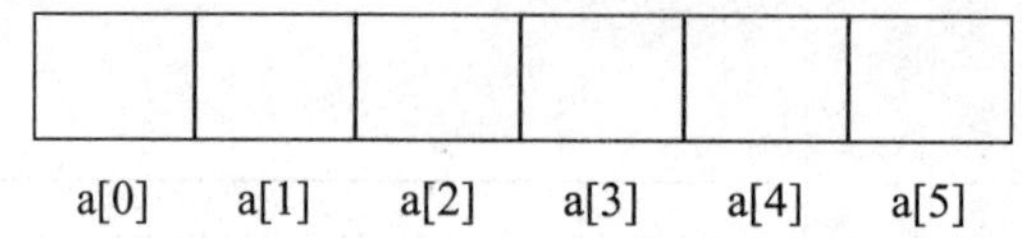

图 7.1 系统为数组 a 分配的存储单元

注意： C 语言规定，一个数组的名字表示该数组在内存中所分配的一块存储空间的首地址，因此，数组名是一个地址常量，定义后不允许对其修改。

7.1.2 一维数组元素的引用

对数组定义以后，就可以在程序中引用它了。在 C 语言中，对数组的使用是通过对单个元素的引用实现的。因为是一维数组，因此引用数组元素时只带一个下标。引用形式如下：

数组名[下标表达式]

其中，“下标表达式”可以是整型常量或整型表达式。例如：下面对数组元素的引用都是正确的：

```
a[i]=3;                    /*把 3 赋给数组 a 的第 i+1 个元素*/
a[i+k]=5;                  /*把 5 赋给数组 a 的第 i+k+1 个元素*/
printf("%d",a[3]);         /*输出数组 a 的第 4 个元素的值*/
scanf("%d",&a[3]);         /*将键盘输入的数据存储在 a[3]中*/
```

说明：

(1) C 语言中数组元素的下标总是从 0 开始，因此下标为 i 时表示的是数组的第 i+1 个元素。

(2) 在 a[i+k]中，i+k 只是一个下标表达式，不要误认为有 i 和 k 两个下标。

(3) 若数组元素个数设定为 n，则下标表达式的范围是从 0 到 n−1，共 n 个元素，超出这个范围就称下标越界。

(4) 数组元素的地址也是通过“&”运算符得到的。

(5) 在 C 语言中，一个数组不能整体引用。

7.1.3 一维数组的初始化

当系统为所定义的数组在内存中开辟一串连续的存储单元时，这些存储单元中并没有确定的值。C 语言可以在定义时给各元素指定初值，称为数组的初始化。

一维数组的初始化有以下几种方式。

(1) 对数组的全部元素初始化。例如：

```
int  a[8]={0,1,2,3,4,5,6,7};
```

将数组元素的初值依次放在一对花括号中，并用逗号分开，系统将按这些数值的排列顺序，从 a[0]元素开始依次给数组 a 中的元素赋初值。以上语句将给 a[0]赋初值 0，给 a[1]赋初值 1，……，给 a[7]赋初值 7。

对数组元素全部赋初值时，可以不指定数组的长度。如：

```
int  a[ ]={0,1,2,3,4,5,6,7};
```

等价于

```
int  a[8]={0,1,2,3,4,5,6,7};
```

(2) 对数组的部分元素赋初值。当初值个数少于所定义数组元素的个数时，系统将自动给后面的元素补 0。

例如：

```
int  a[8]={0,1,2,3}
```

这样只对前 4 个元素分别赋值 0、1、2、3，后 4 个元素自动设为 0。

当初值的个数多于数组元素的个数时，编译系统会给出出错信息。

7.1.4　一维数组的应用

例 7.1　输入 8 个学生的某一门课程成绩，求出这些学生该门课程的平均成绩、最高成绩和最低成绩。

思路：定义一个长度为 8 的整型数组 a，通过 scanf 语句输入成绩，然后将第一个元素设为最高成绩和最低成绩，通过循环累加求和得到 8 个学生的总成绩，同时通过比较得到最高成绩和最低成绩，将总成绩除以 8 就得到平均成绩，最后输出平均成绩、最高成绩和最低成绩。

程序代码如下：

```
#include <stdio.h>
main()
{
    int a[8],n,max,min;
    float avg=0;//平均成绩
    for(n=0;n<8;n++)
        scanf("%d",&a[n]);
    max=a[0];//最高成绩
    min=a[0];//最低成绩
    for(n=0;n<8;n++)
    {
       if(a[n]>max)
            max=a[n];
       if(a[n]<min)
            min=a[n];
```

```
        avg=avg+a[n];
    }
    avg=avg/10;
    printf("平均成绩:%.2f,最高成绩:%d,最低成绩:%d\n",avg,max,min);
}
```

程序运行结果如下：

```
65 76 88 73 90 53 68 79↙
平均成绩:59.20，最高成绩:90，最低成绩:53
```

例 7.2 编写程序，在给定的数组中查找用户输入的值，并输出查找结果。

思路：本题可以采用顺序查找的方法，即从给定数组的第一个元素开始，顺序扫描数组，依次将扫描元素和给定值进行比较，若当前扫描元素与给定值相等，则查找成功；若扫描结束后，仍未找到等于的元素，则查找失败。

程序代码如下：

```
#include  <stdio.h>
#define  N  6
main()
{
    int  a[]={7,5,4,2,1,8},i=0,d;
    printf("d:");
    scanf("%d",&d);
    while(i<N&&a[i]!=d)i++;
    if(i<N)
        printf("a[%d]=%d\n",i,d);
    else
        printf("%d 未找到\n",d);
}
```

程序运行结果如下：

```
d:2↙
a[3]=2
```

上述程序的执行过程是：先用 d 与 7 比较(i=0)，7≠ 2；接着与 5 比较(i=1)，5≠ 2；再与 4 比较(i=2)，4≠ 2；最后再与 2 比较(i=3)，2=2，查找成功。一共比较了 4 次。

例 7.3 用冒泡算法对 10 个数进行升序排序。

思路：重复遍历要排序的数组，一次比较两个元素，如果顺序错误就把它们交换过来，直到没有再需要交换的元素，也就是说该数组已经排序完成。

程序代码如下：

```
#include <stdio.h>
main()
{
    int a[10]={19,13,4,12,7,8,17,6,15,10};
    int i,j,temp;
    for(i=0;i<=8;i++)
    {
        for(j=0;j<=8;j++)
            if(a[j]>a[j+1])
            {temp=a[j];a[j]=a[j+1];a[j+1]=temp;}
    }
```

```
    for(i=0;i<=9;i++)
        printf("%d ",a[i]);
}
```

程序运行结果如下：

```
4 6 7 8 10 12 13 15 17 19
```

7.2 二 维 数 组

7.2.1 二维数组的定义

当数组中的每个元素带有两个下标时，称这样的数组为二维数组，其中存放的是有规律地按行、列排列的同一类型数据。所以二维数组中的两个下标，一个是行下标，另一个是列下标。

它的一般格式如下：

```
类型标识符    数组名[常量表达式 1][常量表达式 2];
```

其中，“类型标识符”是指数组中每个元素的数据类型，“常量表达式 1”表示二维数组的行数，“常量表达式 2”表示二维数组的列数。例如：

```
int   a[2][3];
```

定义了一个 2 行 3 列的数组，共 6 个元素，每个元素都是 int 型。

说明：

(1) 二维数组的行、列下标均从 0 开始。

(2) 定义了一个二维数组，系统就在内存中为其分配一系列连续的存储空间，元素的排列顺序是“按行存放”的，如图 7.2 所示。

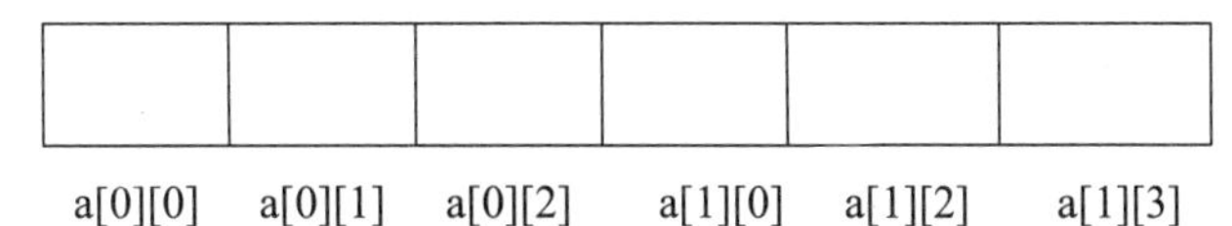

图 7.2 系统为数组 a 分配的内存单元

(3) 在 C 语言中，可以把一个二维数组看成一个一维数组，每个数组元素又是包含有若干个元素的一维数组。如上面的数组 a 可以看成是由 a[0]、a[1]两个元素组成的一维数组。其中每个元素又是由 3 个整型元素组成的一维数组。其中 a[0]是二维数组第一行的首地址，a[1]是二维数组第二行的首地址。

7.2.2 二维数组元素的引用

引用二维数组元素时必须带有两个下标。引用的一般形式如下：

```
数组名[行下标表达式][列下标表达式]
```

其中，行下标表达式和列下标表达式可以是整型常量或整型表达式。例如：

```
int  w[4][2];
```

则正确的引用形式有 w[0][1]、w[i][k]、w[i+k][j+k]。

注意：引用二维数组元素时，行下标和列下标不得超越数组定义的上、下界。例如，引用上面 w 数组的元素时，不可以出现 w[4][i]、w[i][2]等形式。

引用二维数组元素时，一定要把两个下标分别放在两个方括号内。例如，引用上面 w 数组的元素时，不可以写成：w[1,1]、w[i,k]、w[i+k,j+k]。

7.2.3　二维数组的初始化

1. 所赋初值的个数与数组元素的个数相同

可以在定义二维数组的同时给二维数组的各元素赋初值。例如：

```
int  a[2][3]={{1,2,3},{4,5,6}};
```

全部初值括在一对花括号中，每一行的初值又分别括在一对花括号中，之间用逗号隔开。则赋值以后数组中各元素的值如下：

```
a[0][0]=1,a[0][1]=2,a[0][2]=3
a[1][0]=4,a[1][1]=5,a[1][2]=6
```

2. 每行所赋初值的个数与数组元素的个数不同

当某行一对花括号内的初值个数少于该行中元素的个数时，系统将自动给该行后面的元素补 0。例如：

```
int  a[2][3]={{1,2},{4,5}};
```

则赋值以后数组中各元素的值如下：

```
a[0][0]=1,a[0][1]=2,a[0][2]=0
a[1][0]=4,a[1][1]=5,a[1][2]=0
```

3. 所赋初值行数少于数组行数

当代表每行赋初值的行花括号对少于数组的行数时，系统将自动给后面的各行元素补 0。例如：

```
int  a[2][3]={{1,2,}};
```

则赋值以后数组中各元素的值为：

```
a[0][0]=1,a[0][1]=2,a[0][2]=0
a[1][0]=0,a[1][1]=0,a[1][2]=0
```

4. 赋初值时省略行花括号对

如果赋初值时省略行花括号对，则系统将按照数组 a 中元素在内存中的排列顺序，将花括号中的数据一一对应地赋给各元素，若数据不足，系统将给后面的元素自动补 0。例如：

```
int  a[2][3]={1,2,4,5};
```

则赋值以后数组中各元素的值如下：

```
a[0][0]=1,a[0][1]=2,a[0][2]=4
a[1][0]=5,a[1][1]=0,a[1][2]=0
```

5. 数组初始化时可以省略第一维的长度，但不能省略第二维的长度

例如：

```
int  a[ ][3]={{1,2,3},{4,5,6}};
```

系统根据初值的个数和列长度可以计算出行长度为 2。

当用以下形式赋初值时：

```
int  a[ ][3]={1,2,3,4,5};
```

第一维的长度将按以下规则决定。

(1) 当初值的个数能被列下标除尽时，所得商就是第一维的大小。

(2) 当初值的个数不能被列下标除尽时，第一维的大小=所得商+1。

7.2.4　二维数组的应用

例 7.4　通过键盘给一个 3 行 4 列的二维数组输入及输出数据。

思路：二维数组元素有两个下标，若从键盘输入数据且按行输入，可以用双重 for 循环，外层循环用于控制行下标的变化，内层循环用于控制列下标的变化。

程序代码如下：

```
#include <stdio.h>
main()
{
    int a[3][4],i,j,k;
    for(i=0;i<3;i++)
      for(j=0;j<4;j++)
          scanf("%d",&a[i][j]);
    for(i=0;i<3;i++)
    {
            printf("\n");
            for(j=0;j<4;j++)
                printf("%d\t",a[i][j]);
     }
     printf("\n");
}
```

程序运行结果如下：

```
1 2 3 4 5 6 7 8 9 10 11 12↙
1  2  3  4
5  6  7  8
9  10  11  12
```

例 7.5　打印出 5 行的杨辉三角形。

思路：定义一个 5 行 5 列的整型二维数组 a，第 1 列元素设为 1，主对角线上的元素设为 1，不为 1 的元素的值是前一行中 2 个元素的和。

程序代码如下：

```
#include <stdio.h>
main()
{
    int a[5][5],i,j;
    for(i=0;i<5;i++)
    {
        for(j=0;j<=i;j++)
        {
            if(j==0 || i==j)
                a[i][j]=1;
            else
                a[i][j]=a[i-1][j-1]+a[i-1][j];
        }
    }
    for(i=0;i<5;i++)
    {
        for(j=0;j<=i;j++)
            printf("%3d",a[i][j]);
        printf("\n");
    }
}
```

程序运行结果如下：

```
  1
  1  1
  1  2  1
  1  3  3  1
  1  4  6  4  1
```

例 7.6 求一个 3 行 4 列的矩阵中元素的最小值。

思路：一个二维数组可以形象地用一个矩阵表示，反之，一个 3 行 4 列的矩阵也可以用一个二维数组存储。因此，可以定义一个二维数组存放 3 行 4 列的矩阵元素，并用初始化的方法给矩阵元素赋初值。从而将问题转化为求二维数组的最小值，用二重循环可以实现，外层循环控制数组的行下标，内层循环控制列下标。

程序代码如下：

```
#include <stdio.h>
main()
{
    int a[3][4]= {{38,14,17,19,},{27,32, 2,41,},{46,49,33,21}};
    int i,j,row,colum, min;
    min=a[0][0];
    for (i=0;i<3;i++)
       for (j=0;j<4;j++)
            if (a[i][j]<min)
            {
                    min=a[i][j];
                    row=i;
                    colum=j;
            }
    printf("最小值=%d,位于矩阵第%d 行,第%d 列\n ",min,row+1,colum+1);
}
```

程序运行结果如下：

```
最小值=2,位于矩阵第 2 行,第 3 列
```

7.3　字 符 数 组

前面主要讨论的是整型数组和实型数组，它们存放的是数值型数据。本节将讨论用于存放字符型数据的数组，即字符数组。字符数组的定义和字符数组的输入/输出与整型数组和实型数组类似。所不同的是，字符数组除了可以存放字符型数据外，还可以存放字符串。

7.3.1　字符数组的定义及初始化

1. 字符数组的定义

C 语言中没有直接提供字符串类型，字符串被定义为一个字符数组。例如：

```
char  str[10];
```

str 数组是一个一维字符数组，它可以存放 10 个字符或一个长度不大于 9 的字符串。

说明：

(1) 在 C 语言中，字符串是借助于字符型数组来存放的，并规定以字符‘\0’作为字符串结束标志。

(2) 虽然 C 语言中没有字符串数据类型，但允许使用字符串常量。在第 2 章已经做过详细介绍。

(3) 字符数组与字符串的区别：字符数组的每个元素中可存放一个字符，但它并不限定最后一个字符是什么。而在 C 语言中，因为有关字符串的大量操作都与串结束标志有关，因此，在字符串数组中的有效字符后面加上‘\0’这一特定情况下，可以把这种字符数组看作字符串变量。可以说，字符串是字符数组的一种具体应用。

2. 字符数组的初始化

1) 用字符常量赋初值

例如：

```
char  a[6]={'s', 't', 'r', 'i', 'n', 'g'};
```

则 a[0]= ‘s’，…，a[5]= ‘g’。数组 a 中存放的是 6 个字符型数据，不是字符串。

再如：

```
char  a[7]={ 's', 't', 'r', 'i', 'n', 'g', '\0'};
```

则 a[0]=‘s’，…，a[6]=‘\0’。数组 a 中存放的是字符串。

2) 用字符串常量赋初值

例如：

```
char  a[8]={"string"};或 char  a[8]= "string";
```

则 a[0]='s'，…，a[5]='g'，a[6]='\0'，a[7]='\0'。数组 a 中存放的是字符串。

3) 初始化时省略长度

例如：

```
char  a[ ]="string";
```

此时，数组 a 的长度为 7，a[6]='\0'。数组 a 中存放的是字符串。

再如：

```
char  a[ ]={'s', 't', 'r', 'i', 'n', 'g'};
```

此时，数组 a 的长度为 6，由于此数组中没有字符串结束标志，因此不能作为字符串使用。

如果定义的数组长度大于初值的个数，则其余元素存放'\0'字符，例如：

```
char  a[8]={'s','t','r', 'i', 'n', 'g'};
```

则 a[6]='\0'，a[7]='\0'，数组 a 中存放的是字符串。

7.3.2 字符数组的引用

对字符数组，可以引用数组元素，也可以引用整个数组。引用整个数组也就是引用字符串。

1. 对字符数组元素的引用

例 7.7 为字符数组 a1 赋'a'～'z'，为字符数组 a2 赋'A'～'Z'，然后输出 a1 和 a2 数组中的数据。

程序代码如下：

```
#include <stdio.h>
main()
{
   char  a1[26],a2[26];int i;
   for(i=0;i<26;i++)
       {
           a1[i]=i+'a';
           a2[i]=i+'A';
       }
   for(i=0;i<26;i++)
       printf("%c",a1[i]);
   printf("\n");
   for(i=0;i<26;i++)
       printf("%c",a2[i]);
   printf("\n");
}
```

程序运行结果如下：

```
abcdefghijklmnopqrstuvwxyz
ABCDEFGHIJKLMNOPQRSTUVWXYZ
```

2. 对字符数组的整体引用

1)　输出字符串
例如：

```
char  s[]="string";
printf("%s",s)
```

输出结果如下：

```
string
```

再如：

```
char  s[]="string1\0string2";
printf("%s",s)
```

程序运行结果如下：

```
string
```

说明：

(1)　用 printf 函数输出字符串的格式符是%s，参数是要输出字符串的首地址。

(2)　输出字符串时，从参数提供的首地址开始顺序输出各元素中的字符，直到遇到'\0'为止。

2)　输入字符串
例如：

```
char  a[10];
scanf("%s",a);
```

输入：

```
China↙
```

数组 a 中存放字符串"China"，其中 a[0]=C,…,a[5]='\0'。

注意： 用 scanf 输入字符串时，若两个格式符%s 和%s 之间没有指定分隔符，则输入的字符串用空格分开。因此，在输入一个字符串时，其中不能包含空格。例如：

```
char  a[10];
scanf("%s",a);
```

输入：

```
a string↙
```

a 数组中存放的是字符串 "a"，即 a[0]= 'a'，a[1]= '\0'，忽略后面的字符。要将包含空格符的字符串 "a string" 输入到 a 数组中，可以用字符串输入函数。

7.3.3　字符串处理函数

1. 字符串输入函数(gets 函数)

gets 函数的调用形式如下：

```
gets(str)
```

其中，str 是存放输入字符串的起始地址，可以是字符数组名、字符指针或字符数组元素的地址。gets 函数从终端键盘读入字符串(包括空格符)，直到读入一个换行符为止。换行符读入后，不作为字符串的内容，系统将自动加上‘\0’。例如：

```
char  str[80];
gets(str);
```

执行上述语句时，若用键盘输入：

```
computer program↙
```

那么，第一个字符 c 放在 str[0]中，其他依次存放(包括中间的空格)，系统自动在后面加上串结束符‘\0’。

2. 字符串输出函数(puts 函数)

puts 函数的调用形式如下：

```
puts(str)
```

其中，str 是存放输出字符串的起始地址，可以是存放字符串的字符数组名或字符串常量。调用 puts 函数后，将从这一地址开始，依次输出存储单元中的字符，遇到第一个‘\0’即结束输出，并自动输出一个换行符。例如：

```
char  str[ ]="Good\nbye";
puts (str);
```

对应的输出结果如下：

```
Good
bye
```

3. 字符串连接函数(strcat 函数)

strcat 函数的调用形式如下：

```
strcat(str1,str2);
```

该函数将 str2 所指字符串的内容连接到 str1 所指字符串的后面，并自动覆盖 str1 串末尾的‘\0’。函数返回 str1 的地址值。

注意：字符数组 str1 应有足够的空间容纳两个字符串合并后的内容。

例如：

```
char  str1[80]="I am a st",str2[ ]= "udent";
strcat(str1,str2);
```

则 str1 中的值为 I am a student。

4. 字符串复制函数(strcpy 函数)

strcpy 函数的调用形式如下：

```
strcpy(str1,str2);
```

该函数将 str2 所指字符串的内容复制到 str1 所指的存储空间中，函数返回 str1 的地址值，即目的地址值。

注意：字符数组 str1 应有足够的空间容纳 str2 字符串。

例如：

```
char  str1[80],str2[ ]="Beijing";
strcpy (str1,str2);
strcpy (str2,“China” );
```

则 str1、str2 中的值分别为 Beijing、China。

5. 求字符串长度函数(strlen 函数)

strlen 函数的调用形式如下：

```
strlen(str1);
```

该函数计算出以 str1 为起始地址的字符串的长度，并作为函数值返回。该长度不包括串尾的结束标志'\0'。

例如：

```
char str1[10 ]="Beijing";
printf("%d",strlen(str1));
```

对应的输出结果如下：

```
7
```

6. 字符串比较函数(strcmp 函数)

strcmp 函数的调用形式如下：

```
strcmp(str1,str2);
```

该函数用来比较 str1 和 str2 所指字符串的大小。若串 str1>串 str2，函数值大于 0；若串 str1=串 str2，函数值等于 0；若串 str1<串 str2，函数值小于 0。

字符串的比较方法是：依次对 str1 和 str2 中对应位置上的字符两两进行比较，当出现第一对不相同的字符时，即由这两个字符决定所在串的大小(比较字符大小的依据是其 ASCII 码值)。

例如：

```
printf("%d\n",strcmp("abc","ABC"));
printf("%d\n",strcmp("abc","abcd"));
printf("%d\n",strcmp("abc","abc"));
```

对应的输出结果如下：

```
1
-1
0
```

下面举例说明各字符串处理函数在编制程序中的具体应用。

例 7.8 编写一个程序，输入一个字符串并逆序输出。

思路：可以用 gets 函数输入一个字符串。逆序输出的实现：先计算出字符串的长度，然后通过 for 循环从串尾开始逐个输出字符串中的数据。

程序代码如下：

```
#include <stdio.h>
#include <string.h>
#define  N  100
main()
{
    char  str[N];
    int  i;
    printf("字符串: ");
    gets(str);                           /*输入一个字符串*/
    printf("逆序: ");
    for(i=strlen(str);i>=0;i--)          /*逆序输出字符串*/
        putchar(str[i]);
    printf("\n");
}
```

程序运行结果如下：

```
字符串: I am a student
逆序: tneduts a ma I
```

例 7.9 字符串拷贝函数使用实例。

程序代码如下：

```
#include <stdio.h>
#include <string.h>
main()
{
    char  str1[100],str2[30]={"student"};
    strcpy(str1,str2);
    strcpy(str2, "teacher");
    printf("%s\n%s", str1, str2);
    printf("\n");
}
```

程序运行结果如下：

```
student
teacher
```

例 7.10 编写程序，将一个子字符串插入到主字符串指定的位置。

思路：先分别获取主串(s1)和子串(s2)以及插入位置 n，将 s1[0]～s1[n-1]复制到 s3 中，接着将 s2 复制到 s3 中，再将 s1[n]至最后字符复制到 s3 中，最后输出 s3。

程序代码如下：

```
#include  <stdio.h>
#include  <string.h>
main()
{
     int n,i,j,k;
     char s1[20],s2[20],s3[40];
```

```
    printf("主字符串：");
    gets(s1);
    printf("子字符串：");
    gets(s2);
    printf("起始位置：");
    scanf("%d",&n);
    for(i=0;i<n;i++)
        s3[i]=s1[i];
    for(j=0;s2[j]!='\0';j++)
        s3[i+j]=s2[j];
    for(k=n;s1[k]!= '\0';k++)
        s3[j+k]=s1[k];
    s3[j+k]= '\0';
    printf("结果字符串:");
    printf("%s\n",s3);
}
```

程序运行结果如下：

```
主字符串：I  a student!↙
子字符串：am↙
起始位置：2↙
结果字符串：I am a student!
```

7.3.4　字符串数组

1. 字符串数组的定义

所谓字符串数组，就是数组中的每个元素又都是一个存放字符串的数组。由前面二维数组的讨论可知：一个二维数组可以看成是一个一维数组，这个一维数组中的每一个元素又都是一个一维数组。从这一概念出发，可以将一个二维字符串数组看作一个一维字符串数组。例如：

```
char  s[2][8];
```

该定义中，s 共有两个元素，每个元素可以存放 8 个字符(作为字符串使用时，最多可以存放 7 个有效字符，最后一个存储单元留给'\0')。因此，可以认为：二维字符数组的第一个下标决定了字符串的个数；第二个下标决定了字符串的长度。所以把它看成一个字符串数组。

2. 字符串数组赋值操作

可以使用以下几种方法对字符串数组进行赋值操作：

1)　初始化赋值

例如：

```
char  a[3][5]={"A","BB", "CCC"};
```

该定义也可以写为

```
char  a[ ][5]={"A","BB","CCC"};
```

各元素在数组中的存储情况如图 7.3 所示。

	a[0][0]				
a[0]	A	\0			
a[1]	B	B	\0		
a[2]	C	C	C	\0	

图 7.3　数组 a 中各元素在数组中的存储情况

由图可知，数组元素按行占连续固定的存储单元，其中有些存储单元是空闲的，各字符串并不是一串紧挨着一串存放，总是从每行的第 0 个元素开始存放一个新串。

2)　使用 scanf 函数赋值

例如：

```
scanf("%s",a[0]);
```

表示用键盘输入一个字符串赋给 a[0]。

3)　使用字符串处理函数赋值

例如：

```
strcpy(a[0], "China");
```

表示将“China”赋给 a[0]。

4)　使用一般赋值语句进行赋值

例如：

```
a[0][0]='C';a[0][1]= 'h';a[0][2]= 'i';a[0][3]= 'n';a[0][4]= 'a';
```

表示将“China”赋给 a[0]。

例 7.11　编写程序，输入若干姓名，然后在其中查找指定的姓名。

思路：将输入的若干姓名用一个字符串数组存储起来，然后使用标准函数 strcmp 进行查找匹配。

程序代码如下：

```
#include <stdio.h>
#include <string.h>
#define  N  5
main()
{
    int i;
    char  s[10],name[N][10];
    printf("输入%d 个人的姓名: ",N);
    for(i=0;i<N;i++)
        scanf("%s",name[i]);
    printf("查找人姓名: ");
    scanf("%s",s);
    for(i=0;i<N;i++)
        if(strcmp(name[i],s)==0)
            break;
        if(i<N)printf("查找到此人! \n");
    else printf("查无此人! \n");
}
```

程序运行结果如下：

```
输入 5 个人的姓名：Jack Lucy Lilly Browse Hong↙
查找人姓名：Lucy↙
查找到此人！
```

7.4　数组与函数

单个数组元素可以作为函数参数，这同非数组作为函数参数的情况完全一样，即遵守“值传递”方式。

1. 数组名作为函数参数的表示方法

数组名作为函数参数时，实参数组的长度必须是确定的，而形参数组的长度可以是不确定的(其[ ]不能省)，但在引用时，形参数组的长度不能超过实参数组的长度。

例如：

```
int fun(int b[ ])
    {…}
```

为了提高函数的通用性，C 语言允许在对形参数组说明时不指定数组的长度，而仅给出类型、数组名和一对方括号，以便允许同一函数可根据需要来处理不同长度的数组。为了使程序能够了解当前处理的数组的实际长度，往往需要用另一个参数来表示数组的长度。例如：

```
int test(array,n)
int array[ ],n;
  {…}
```

例 7.12　分析下面程序的运行结果。

```
#include <stdio.h>
#define N 10
int fun1(int b[])
{
    int s=0,i;
    for(i=0;i<N;i++)
        s=s+b[i];
    return(s);
}
int fun2(int p[N])
{
    int s=0,i;
    for(i=0;i<N;i++)
      s=s+p[i];
    return(s);
}
main()
{
    int a[N]={1,2,3,4,5,6,7,8,9,10};
    printf("call fun1:s=%d\n",fun1(a));
    printf("call fun2:s=%d\n",fun2(a));
}
```

程序运行结果如下：

```
call fun1:s=55
call fun2:s=55
```

本例说明了一维数组作为函数参数的两种基本方法。从中可以看出，使用这些方法的运行结果都是相同的。

当多维数组作为函数参数时，除第一维可以不指定长度外，其余各维都必须指定长度，如编写统计学生总成绩的函数：

```
void countsum(int score[50][8])
{
    int i;
    for(i=0;i<50;i++)
    {   score[i][8]=0;
        for(j=0;j<8;j++)
            score[i][8]+=score[i][j];
    }
}
```

也可以定义为：

```
void countsum(int score[][6])
        {…}
```

2. 数组名作为函数参数的传递方式

数组名作为函数参数时，不是采用“值传递”方式，而是采用“地址传递”方式。也就是说，在函数调用时，是把实参数组的起始地址传递给形参数组，这样，形参数组实际上占据同样的存储区域，对形参中某一元素的存取，也就是存取相应实参数组中的对应元素。换句话说，形参数组中某一元素的改变，将直接影响与其对应的实参数组中的元素。这一点与非数组作为函数参数的情况不同，应引起注意。

例 7.13　编写程序，将一维数组中每个元素的值乘 2 后显示出来。程序代码如下：

```
#include <stdio.h>
#include <conio.h>
void mul(int a[],int n)
{
    int i;
    for(i=0; i<n;i++)
        a[i]*=2;
}
main()
{
    int array[]={0,1,2,3,4,5,6,7,8,9};
    int i;
    mul(array,10);
    for(i=0;i<10;i++)
        printf("%d ",array[i]);
}
```

程序运行结果如下：

```
0 2 4 6 8 10 12 14 16 18
```

7.5　小型案例实训

1. 案例说明

某班 30 人参加语文、英语和数学期末考试。为评定奖学金，要求输出一个表格，内容包括学号、各科分数、平均分。

2. 编程思路

(1) 输入班级学生人数(最大为 30，最小为 1。可以根据实际情况修改该值)。

(2) 输入每个学生的学号及三门课的成绩，并存入相应的一维数组中。

(3) 计算每个学生的平均成绩及班级平均成绩。

(4) 输出表头。

(5) 输出每个学生的学号、各科分数、平均分及班级平均分。

3. 程序代码

```
#include <stdio.h>
#define MAX 30
void main()
{
    int i,StudentNum;
    int Chinese[MAX],English[MAX],Math[MAX];
    long StudentID[MAX];
    float average[MAX],ClassAverage;
    while(1)
    {
        printf("How many students are in your class? ");
        scanf("%d",&StudentNum);
        if( StudentNum <1 || StudentNum > MAX)
        {
            printf("StudentNum must be between 1 and %d.Press any
            key to continue",MAX);
            getchar();
        }
        else
        {
            break;
        }
    }
    printf("Please input a StudentID and three scores:\n");
    printf("StudentID  Chinese  English  Math\n");
    for(i=0; i<StudentNum; i++)
    {
        printf("No.%d>",i+1);
        scanf("%ld%d%d%d",&StudentID[i],&Chinese[i],&English[i],
        &Math[i]);
        average[i] = (Chinese[i]+English[i]+Math[i])/3;
    }
    for(ClassAverage=0,i=0; i<StudentNum; i++)
    {
        ClassAverage+=average[i];
```

```
    }
    ClassAverage/=StudentNum;
    puts("\nStudentNum Chinese  English  math  average");
    puts("----------------------------------------------------");
    for( i=0; i<StudentNum; i++ )
    {
        printf("%ld%8d%8d%8d%8.1f\n",StudentID[i],Chinese[i],English[i],
           Math[i],average[i]);
    }
    puts("----------------------------------------------------");
    printf("Average of the Class = %.2f\n",ClassAverage);
    printf("Press any key to return...");

    getchar();
}
```

4. 输出结果

成绩统计输出如图 7.4 所示。

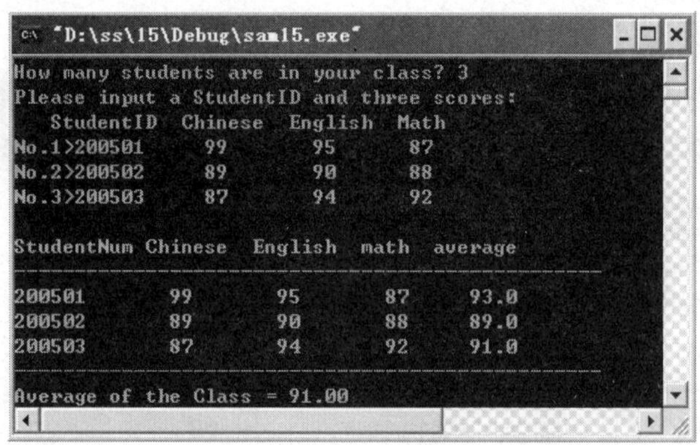

图 7.4　成绩统计输出

7.6　学习加油站

7.6.1　重点整理

数组的基本知识是重点，具体内容如下。

(1) 数组是可以通过下标访问的相同类型数据元素的集合，而下标则是用于标识数组元素位置的整数。

(2) 一维数组。

① 一维数组定义的一般格式如下：

```
类型标识符 数组名[常量表达式];
```

“类型标识符”是指数组中每个元素的数据类型；“数组名”用于指定数组的名字；“常量表达式”用于定义数组的大小，即数组中元素的个数，它必须是正整数。

② 一维数组的引用形式如下：

```
数组名[下标表达式]
```

其中，“下标表达式”可以是整型常量或整型表达式。

(3) 数组中的每个元素带有两个下标时，称这样的数组为二维数组。其中存放的是有规律地按行、列排列的同一类型数据。所以二维数组中的两个下标，一个是行下标，一个是列下标。

① 二维数组定义的一般格式如下：

```
类型标识符 数组名[常量表达式 1][常量表达式 2];
```

其中，“类型标识符”是指数组中每个元素的数据类型，“常量表达式 1”表示二维数组的行数，“常量表达式 2”表示二维数组的列数。

② 引用二维数组元素时必须带有两个下标。引用的一般形式如下：

```
数组名[行下标表达式][列下标表达式]
```

其中，行下标表达式和列下标表达式可以是整型常量或整型表达式。

(4) 字符数组是用来存放字符的数组，其定义和引用与前面讨论的一维数组类似。C 语言中没有直接提供字符串类型，字符串被定义为一个字符数组。

(5) 字符串处理函数有：

- 字符串输入函数(gets 函数)；
- 字符串输出函数(puts 函数)；
- 字符串连接函数(strcat 函数)；
- 字符串复制函数(strcpy 函数)；
- 求字符串长度函数(strlen 函数)；
- 字符串比较函数(strcmp 函数)。

(6) 字符串数组就是数组中的每个元素又都是一个存放字符串的数组。一个二维数组可以看成是一个一维数组，这个一维数组中的每一个元素又都是一个一维数组。从这一概念出发，可以将一个二维字符数组看作一个字符串数组。

7.6.2　典型题解

【典型题 7-1】若有定义语句：“int a[3][6];”，按在内存中的存放顺序，a 数组的第 10 个元素是________。

A. a[0][4]　　　　B. a[1][3]

C. a[0][3]　　　　D. a[1][4]

解析：二维数组存储结构是“按行存放，先行后列”，即在内存中先顺序存放第一行的元素，再存放第二行的元素。该数组为 3 行 6 列，第一个元素为 a[0][0]。

答案：B

【典型题 7-2】有以下程序：

```
#include <stdio.h>
void fun(char **p)
{   ++p;  printf("%s\n",*p);
}
main()
```

```
{   char *a[]={"Morning","Afternoon","Evening","Night"};
    fun(a);
}
```

程序运行后的输出结果是________。

A. Afternoon　　B. fternoon

C. Morning　　D. orning

解析：**p 为一个指向*p 指针的指针，此时*p 可以理解为一个数组，因此**p 在这里可以理解为数组的指针，在主程序中*a[]就是一个数组的指针，调用 fun(a)，先将指针后移一位，再输出此时指针所指的内容。

答案：A

【典型题 7-3】有以下程序：

```
main()
{   int i,s=0,t[]={1,2,3,4,5,6,7,8,9};
    for(i=0;i<9;i+=2)
        s+=*(t+i);
    printf("%d\n",s);
}
```

程序运行后的输出结果是________。

A. 45　　B. 20

C. 25　　D. 36

解析：通过 for 循环语句可得 s=*(t+0)+*(t+2)+*(t+4)+*(t+6)+*(t+8)=1+3+5+7+9=25。

答案：C

【典型题 7-4】以下程序运行后的输出结果是________。

```
main()
{   int a[3][3]={{1,2,9},{3,4,8},{5,6,7}},i,s=0;
    for(i=0;i<3;i++)
    s+=a[i][i]+a[i][3-i-1];
    printf("%d\n",s);
}
```

解析：通过 for 循环语句可得 s=a[0][0]+a[0][2]+a[1][1]+a[1][1]+a[2][2]+a[2][0]=1+9+4+4+7+5=30。

答案：30

【典型题 7-5】在 16 位的编译系统上，若有定义“int a[]={10,20,30}, *p=&a;”，当执行“p++;”后，下列说法错误的是________。

A. p 向高地址移动了一个字节　　B. p 向高地址移动了一个存储单元

C. p 向高地址移动了两个字节　　D. p 与 a+1 等价

解析：*p=&a 将数组 a[]的首地址赋给指针 p，通过对指针变量进行加上或减去一个整数可以移动指针，移动的单位为存储单元，int 型变量在存储器中占两个字节。

答案：A

【典型题 7-6】若有定义：“int w[3][5];”，则以下不能正确表示该数组元素的表达式是________。

A. *(*w+3)　　B. *(w+1)[4]

C. *(*(w+1))　　D. *(&w[0][0]+1)

解析： *(w+1)[4]越界了，(w+1)指向二维数组的第 2 行，因此(w+1)[4]指向二维数组的第 5 行，导致越界。

答案： B

【典型题 7-7】 若有以下函数首部：

```
int  fun(double  x[10],  int *n)
```

则以下针对此函数的函数声明语句正确的是________。

A. int fun(double x, int *n);　　B. int fun(double *, int);

C. int fun(double *x, int n);　　D. int fun(double *, int *);

解析： 本题中一维数组的变量名相当于一维指针，在函数声明时可以用 double*代替。

答案： D

【典型题 7-8】 若有定义语句："int a[2][3], *p[3];"，则以下语句中正确的是________。

A. p=a;　　B. p[0]=a;

C. p[0]=&a[1][2];　　D. p[1]=&a

解析： a[2][3]为二维数组，*p[3]为指针数组，"[]"运算符优先级高，因此 p 先与[3]结合，是数组，然后再与前面的"*"结合。

答案： C

【典型题 7-9】 有以下程序：

```
void change(int k[])  {k[0]=k[5]; }
main()
{   int  x[10]={1,2,3,4,5,6,7,8,9,10}; n=0;
    while(n<=4)
    {   change (&x[n]); n++;
    }
    for(n=0; n<5;n++)
        printf("%d", x[n]);
    printf("\n");
  }
```

程序运行后的输出结果是________。

A. 6 7 8 9 10　　B. 1 3 5 7 9

C. 1 2 3 4 5　　D. 6 2 3 4 5

解析： 本题主要考查数组元素的地址作为实参。

答案： A

【典型题 7-10】 若要求定义具有 10 个 int 型元素的一维数组 a，则以下定义语句中错误的是________。

A. #define　N　10
　int　a[N];

B. #define　n　5
　int　a[2*n];

C. int　a[5+5];

D. int　n=10,　a[n];

解析： 一维数组定义的格式为"类型标识符 数组名[常量表达式];"，选项 D 中为变量名。

答案： D

7.7 上机实验

1. 实验目的

掌握一维数组的定义、赋值和输入输出的方法。

掌握二维数组的定义、赋值和输入输出的方法。

掌握字符数组的使用方法。

掌握与数组有关的算法(例如排序算法)。

2. 实验内容

(1) 在已知的整型数组 a[10]={12,6,18,57,61,62,89,33,78,15}中，求满足以下条件的数的平方和(要求用循环实现)。

条件如下：①数组元素下标为奇数；②数组元素的值为偶数。

(2) 将一个数组中的值按逆序重新存放于原数组中，并输出。例如，原来顺序为3,6,5,4,9。要求改为 9,4,5,6,3。

(3) 编写程序检查一个 4*4 的二维数组是否是对称的，如果是对称的，则输出“YES”，否则输出“NO”。例如：二维数组 a[4][4]={1,2,3,4,2,2,5,6,3,5,3,7,4,6,7,4}是对称的。

7.8 习 题

1. 选择题

(1) 以下程序运行后的输出结果是________。

```
main()
{   int i, a[10];
    for(i=9;i>=0;i- -)
        a[i]=10-i;
    printf("%d%d%d",a[2],a[5],a[8]);
}
```

A. 2 5 8　　B. 7 4 1　　C. 8 5 2　　D. 3 6 9

(2) 假定 int 类型变量占用 2 个字节，若有定义：“int x[10]={0,2,4};”，则数组 x 在内存中所占字节数是________。

A. 3　　B. 6　　C. 10　　D. 20

(3) 以下定义语句中错误的是________。

A. int a[ ]={1,2};　　B. char *a[3];

C. char s[10]="test";　　D. int n=5, a[n];

(4) 以下程序运行后的输出结果是________。

```
main()
{   int i, k, a[10], p[3];
    k=5;
```

```
    for(i=0;i<10;i++) a[i]=i;
    for(i=0;i<3;i++) p[i]=a[i*(i+1)];
    for(i=0;i<3;i++) k+=p[i]*2;
    printf("%d\n", k);
}
```

A. 20　　B. 21　　C. 22　　D. 23

(5) 若有定义："int aa[8];"，则以下表达式中不能代表数组 aa[1]地址的是________。

A. &aa[0]+1　　B. &aa[1]　　C. &aa[0]++　　D. aa+1

(6) 下面程序运行后的输出结果是________。

```
main()
{   int a[ ]={1,2,3,4,5,6,7,8,9,0}, *p;
    p=a; printf("%d",*p+9);
}
```

A. 0　　B. 1　　C. 10　　D. 9

(7) 以下程序调用 findmax 函数返回数组中的最大值，代码如下：

```
findmax(int  *a,int  n)
{   int   *p,*s;
    for(p=a,s=a;  p-a<n;  p++)
       if (  ________  )  s=p;
    return(*s);
}
main()
{   int  x[5]={12,21,13,6,18};
    printf("%d\n",findmax(x,5));
}
```

在下划线处应填入的是________。

A. p>s　　B. *p>*s　　C. a[p]>a[s]　　D. p-a>p-s

(8) 当调用函数时，实参是一个数组名，则向函数传送的是________。

A. 数组的长度　　B. 数组的首地址

C. 数组每一个元素的地址　　D. 数组每个元素中的值

(9) 下面程序运行后的输出结果是________。

```
main()
{   char a[10]={9,8,7,6,5,4,3,2,1,0}, *p=a+5;
    printf("%d",*- -p);
}
```

A. 非法　　B. a[4]的地址　　C. 5　　D. 3

(10) 以下数组中定义不正确的是________。

A. int a[2][3];　　B. int b[][3]={0,1,2,3};

C. int c[100][100]={0};　　D. int d[3][ ]={{1,2},{1,2,3},{1,2,3,4}};

2. 填空题

(1) 若有定义语句："char s[100],d[100];int j=0,i=0;"且 s 中已赋字符串，请填空，以实现字符串复制，注意：不能使用逗号表达式。

```
while(s[i]) { d[j]=_______;j++;}
d[j]=0;
```

(2) 若已定义："int a[10],i;"，以下 fun 函数的功能是：在第一个循环中给前 10 个数组元素依次赋 1,2,3,4,5,6,7,8,9,10；在第二个循环中使 a 数组前 10 个元素中的值对称折叠，变成 1,2,3,4,5,5,4,3,2,1。请填空。

```
fun(int a[ ])
{   int i;
    for(i=0;i<=10;i++) _______=i;
    for(i=0;i<5;i++)   _______=a[i];
}
```

(3) 若变量 n 的值为 24，则 prnt 函数共输出________行，最后一行有_______个数。

```
void prnt( int n, int aa[ ])
{   int i;
    for(i=1;i<=n;i++)
    {   printf("%6d",aa[i]);
        if(!(i%5)) printf("\n");
    }
    printf("\n");
}
```

(4) 以下程序运行后的输出结果是：__________。

```
int f(int  a[],int   n)
{   if(n>1)  return  a[0]+f(&a[1],n-1);
    else   return  a[0];
}
main()
{   int  aa[3]={1,2,3},s;
    s=f(&aa[0],3);
    printf("%d\n",s);
}
```

(5) 以下程序运行后的输出结果是__________。

```
main()
{   int  a[4][4]={{1,2,-3,-4},{0,-12,-13,14},{-21,23,0,-24},{-31,32,
-33,0}};
    int  i,j,s=0;
    for(i=0;i<4;i++)
    {   for(j=0;j<4;j++)
        {   if(a[i][j]<0)continue;
            if(a[i][j]= =0)break;
            s+=a[i][j];
        }
    }
    printf("%d\n",s);
}
```

第 8 章　编译预处理

本章要点

- ☑ 无参宏
- ☑ 带参宏
- ☑ 文件包含命令
- ☑ 条件编译

本章难点

- ☑ 文件包含命令#include 的使用
- ☑ 带参宏与函数的区别
- ☑ 区分条件编译预处理指令的使用场合

C 语言具有编译预处理的功能，这是它与其他高级程序设计语言的不同之处。C 语言允许在程序中使用多种特殊命令。在 C 语言编译系统对程序进行通常编译之前，先对程序的这些特殊命令进行处理，然后再将处理的结果和程序一起进行通常的编译处理，以得到目标代码。

C 语言提供的预处理语句主要有以下三种。

- 宏定义；
- 文件包含；
- 条件编译。

8.1　宏　定　义

C 语言的宏定义分为两种形式：一种是不带参数的宏定义，即无参宏；另一种是带参数的宏定义，即带参宏。

8.1.1　无参宏

无参宏是用一个简单的名字代替一个长的字符串。

一般格式如下：

```
#define 符号常量名 字符串
```

其中，符号常量名为“宏名”，习惯上用大写字母表示，符号常量名与所对应的字符串之间用空格符隔开。在程序中，凡是遇到符号常量名的地方，经过编译预处理后，都被替换为它所对应的字符串。这一替换过程叫宏展开。宏名的有效范围为定义命令之后到本源文件结束，但可用#undef 命令来终止宏定义的作用域。

例如：经常用到的重力加速度G，可以定义如下：

```
#define G 9.8
```

这样在程序中出现的所有符号常量G，都将被预处理程序以常量9.8代替。对于像G这样的宏定义在进行处理时分为3个步骤。

(1) 在函数之外使用#define控制行定义宏名。

(2) 在程序中使用已定义的宏名。

(3) 在程序进行编译时，由预处理程序对宏名进行替换，恢复被宏名所替代的字符序列的原貌。

有关宏定义和使用要注意以下几点。

(1) 预处理程序对符号常量的处理只是进行简单的替换工作，不做语法检查，如果程序中使用的预处理语句有错误，只能在编译阶段检查出来。

(2) 如果不是特殊需要，预处理语句的结尾不应有分号，如果有分号，则连同分号一起替换。但可能导致错误，如：

```
#define G 9.8;
F=MG;
```

经宏展开后，该语句如下：

```
F=M*9.8;;
```

出现了两个分号，可能编译时出错。

(3) 程序中出现的由双引号括起来的字符串，即使和符号常量名相同，也不进行宏替换。例如：

```
#define PI 3.1415926
#define R 10
printf("\ncircle=2*PI*R=%f area=PI*R*R=%f",circle,area);
```

对应的输出结果如下：

```
circle=2*PI*R=62.831852 area=PI*R*R=314.15926
```

(4) 同一宏名不能重复定义，除非两个宏名命令行完全一致。

例 8.1 用键盘输入字符，并统计其中小写字母的个数，直到按回车键为止。程序代码如下：

```
#include <stdio.h>
#define Enter '\n'
main()
{
    int count=0;
    char c;
    while(1)
    {
        c=getchar();
        if(c==Enter)
            break;
        if(c>='a'&&c<='z')
            count++;
```

```
        }
        printf("count=%d",count);
    }
```

8.1.2 带参宏

除了简单的宏定义以外，C 语言预处理程序还允许定义带参数的宏。进行预处理时，不仅对定义的宏名进行宏替换，而且进行参数替换。

一般格式如下：

```
#define 宏名(参数表) 字符串
```

其中，字符串中应该包含在参数表中指定的参数。

例如，定义一个计算圆面积的宏：

```
#define PI 3.14
#define area(r) (PI*r*r)
```

其中，r 是形式参数，表示圆的半径。对参数宏的使用方法类似于函数调用，在程序中使用宏的时候要提供相应的实际参数。

例 8.2 给出一个语句，定义求正方形面积的宏。

宏的定义如下：

```
#define area(a) ((a)*(a))
```

加上括号是为了在编译时得到预想的结果，因为宏替换只是简单的替换操作，当 area 的实际参数是一个表达式时，不加括号可能会出错。如：

```
#define area1(a) (a*a)
```

如调用 area1(2+3)时，替换为

```
(2+3*2+3)
```

那么，求出的面积是 11，而不是 25。

又如，定义一个宏，求两个数中的较小者。给每个宏参数加括号，可以达到预想的结果。

```
#define min(a,b) ((a)<(b)?(a):(b))
```

上式实现的功能也可用下式表示：

```
int min(int a,int b)
{return((a<b)?a:b);}
```

带参宏的注意事项如下。

(1) 使用宏定义所带的实参可以是常量、已被赋值的变量或者表达式。

(2) 带参数的宏替换与简单的宏替换在替换规则上是一致的，都是机械地进行替换，而不是去理解用户的想法。如果给宏定义提供的实参是单一的值，那么计算结果不会有问题。然而，实参若是表达式，就会出现意想不到的结果。

(3) 一个宏定义所带的参数可以多于一个，每个参数在宏替换中可以出现多次。

(4) 使用带参宏编写程序时，应注意在宏定义中宏名和左括号之间没有空格。左圆括

号表示预处理程序，正在定义带参数的宏。

(5) 带参宏允许宏定义嵌套。

例 8.3 分析以下程序运行后的输出结果。

```
#define  MCRA(m)    2*m
#define  MCRB(n,m)  2*MCRA(n)+m
main()
{
    int i=2,j=3;
    printf("%d\n",MCRB(j,MCRA(i)));
}
```

本题考查的是带参的宏定义及宏的嵌套使用。在进行宏替换时，首先将“MCRA(i)”替换为“2*i”，然后将“MCRB(j, 2* i)”替换成“2*2*j+2*i”，最终结果为 16。

程序运行结果如下：

```
16
```

例 8.4 用函数调用和宏替换计算整数从 1 到 10 的平方值。

```
/*使用函数调用*/
#include <stdio.h>
int square(int n);
main()
{
    int i=1;
    while(i<=10)
    printf("%2d",square(i++));
    printf("\n");
}
int square(int n)
{
    return(n*n);
}
```

```
/*使用宏替换*/

#include <stdio.h>
#define square(n)  ((n)*(n))
main()
{
    int i=1;
    while(i<=10)
    printf("%2d",square(i++));
    printf("\n");
}
```

程序运行结果如下。

(1) 使用函数调用的运行结果为：

```
1  4  9  16  25  36  49  64  81  100
```

(2) 使用宏替换的运行结果为：

```
1  9  25  49  81
```

宏定义没有达到预想的结果是因为预处理程序照常进行宏替换，把定义的形参用实参 i++替换。这样每个宏调用的实体 square(i++)被定义的宏扩展((i++)*(i++))所替换。

注意带参宏和函数的区别如下。

(1) 函数调用时，先求出实参表达式的值，然后代入函数定义中的形参；而使用带参宏只是进行简单的字符替换，不进行计算。

(2) 函数调用是在程序运行时处理的，分配临时的内存单元；而宏展开则是在编译之前进行的，在展开时并不分配内存单元，也不进行值的传递处理，也没有返回值的概念。

(3) 对函数中的实参和形参都要定义类型，而且两者的类型要求一致。如果不一致应进行类型转换；而宏不存在类型的问题，宏名无类型，它的参数也是无类型的，只是一个符号代表，展开时代入指定的字符即可。

(4) 调用函数只能得到一个返回值，而用宏可以设法得到几个结果。

8.1.3　终止宏定义

宏命令#undef 用于终止宏定义的作用域。

一般形式如下：

```
#undef 宏名
```

例如：

```
#define area(r) (PI*r*r)
main()
{…}
#undef area(r)
func()
{…}
```

由于在函数 func 之前，使用#undef 终止了宏名 area(r)的作用，所以在函数 func 中 area(r)不再起作用。#undef 也可以用于函数内部。

8.2　文件包含命令

所谓文件包含预处理，是指在一个文件中将另外一个文件的全部内容包含进来的处理过程，即将另外的文件包含到本文件中。C 语言中，编译预处理命令#include 实现包含操作。

它的一般格式如下：

```
#include <文件名>或#include "文件名"
```

其中，文件名，是指要包含进来的文本文件的名称，又称为头文件或编译预处理文件。<文件名>，表示直接到指定的标准包含文件目录去寻找文件；“文件名”，表示在当前目录寻找，如果找不到，再到标准包含文件目录寻找。

文件包含命令的功能是，在对源程序进行编译之前，用包含文件的内容取代该文件包含的预处理语句。

例如，file1.c 文件的内容如下：

```
int a,b,c;
float m,n,p;
char r,s,t;
```

file2.c 文件的内容如下：

```
#include "file1.c"
main()
{…}
```

则对 file2.c 文件进行编译处理时，在编译处理阶段将对其中的#include 命令进行“文件包含”处理；将 file1.c 文件中的全部内容插入到 file2.c 文件中的#include “file1.c”预处理语句处，也就是将 file1.c 文件中的内容包含到 file2.c 文件中。经过编译预处理后，file2.c 文件的内容如下：

```
int a,b,c;
float m,n,p;
char r,s,t;
main()
{…}
```

在使用编译预处理#include 语句时，需要注意以下几个问题。

(1) 当#include 语句指定的文件中的内容发生改变时，包含文件的所有源文件都应该重新进行编译等处理。

(2) 文件包含可以嵌套使用，即被包含的文件中还可以使用#include 语句。

(3) 由#include 语句指定文件中可以包含任何语言成分，通常将经常使用的、具有公共性质的符号常量、带参数的宏定义以及外部变量等集中起来放在这种文件中，这样可以避免一些重复操作。

(4) 被包含的文件通常是源文件，而不是目标文件。

例 8.5 a.c 文件的内容如下：

```
#include <stdio.h>
#include "myfile.c"
main()
{
    func();
}
```

myfile.c 文件内容如下：

```
void tunc()
{
    char c;
    if((c=getchar())!='\n')
        func();
        putchar(c);
}
```

在编译 a.c 文件时，预处理过程中用 myfile.c 文件文本来替换#include “myfile.c” 语句。因此本程序的功能是接受用户的按键序列，直到按下回车键为止，然后将该字符序列连续显示出来。

前面使用#include 命令时，都是调用库函数中的文件，不同的库函数将完成不同的功能。C 语言提供的常用标准头文件见表 8.1。

表 8.1　常用标准头文件

名　称	功　能
stdio.h	说明用于 I/O 的若干类型、宏和函数
math.h	说明若干数学函数和定义有关的宏
string.h	支持字符串处理的函数
stdlib.h	定义宏和说明用于字符串转换，产生随机数、申请内存等函数
time.h	支持有关日期和时间的函数
assert.h	定义程序诊断宏命令
ctype.h	说明若干字符测试和映像用的函数
errno.h	定义有关出错状态的宏
float.h	定义依赖于实现浮点类型的特征参数
local.h	支持地方特性函数和数字格式查询函数
setjmp.h	支持非局部转移
signal.h	用来处理信号
stdarg.h	用来对可变参数个数的函数作处理
stddef.h	定义某些公用函数和宏
limits.h	定义依赖于实现的整型量大小的限制

8.3　条 件 编 译

一般情况下，源程序中所有的行都参加编译。但是有时希望对其中一部分内容只有在满足一定条件下才进行编译，也就是对一部分内容指定编译的条件，这就是条件编译。这样就可以当满足某条件时对一组语句进行编译，而对条件不满足时则编译另一组语句。灵活运用这一功能，将有助于程序的调试和移植。

条件编译的几种形式如下。

1. #if、#else 和#endif

它的一般格式如下：

```
#if  表达式 1
    程序段 1
#else 表达式 2
    程序段 2
#endif
```

其功能是当表达式的值为真时，执行程序段 1，否则执行程序段 2。其中表达式必须

是整型常量表达式。此种形式也可以省略#else 部分，即：

```
#if 表达式
    程序段
#endif
```

其作用是如果表达式的值为真时，则程序段部分参加编译。否则，程序段部分不参加编译。

注意：#if 和#endif 必须配对使用。

例 8.6 分析下面的程序。

```
#include <stdio.h>
main()
{
   #if defined(NULL)
       printf("NULL=%d",NULL);
   #else
      printf("NULL is not define! \n");
   #endif
}
```

程序中 defined()操作符用于测试某名字是否被定义。由于 NULL 被定义为 0，所以，程序运行结果如下：

```
NULL=0
```

2. #elif

它的一般格式如下：

```
#if  表达式 1
    程序段 1
#elif 表达式 2
    程序段 2
#elif 表达式 3
    程序段 3
…
#else
    程序段 n
#endif
```

这里的#elif 的含义是“else if”，该命令的功能是如果表达式 1 的值为真，则编译程序段 1；如果表达式 2 的值为真，编译程序段 2；如果所有表达式的值都为假，则编译程序段 n。也可以没有#else 部分，如所有表达式的值为假，则此命令中没有程序段被编译。

3. #ifdef

它的一般格式如下：

```
#ifdef 宏名
    程序段 1
```

```
#else
     程序段 2
#endif
```

其功能是用来测试一个宏名是否被定义，如果宏名被定义，则编译程序段 1，否则编译程序段 2。该命令形式可简化为没有#else 部分，这时，如宏名未被定义，则此命令中没有程序段被执行。

4. #ifndef

它的一般格式如下：

```
#ifndef 宏名
     程序段 1
#else
     程序段 2
#endif
```

其功能是用来测试一个宏名是否曾被定义，如果宏名未被定义，则编译程序段 1，否则编译程序段 2。该命令形式可简化为没有#else 部分，这时，如宏名未被定义，则此命令中没有程序段被执行。

例 8.7　用键盘输入 10 个整数数据，并根据所设置的编译条件，将其中的最大值或最小值显示出来。程序代码如下：

```
#include <stdio.h>
#define MFLAG 1
main()
{
    int i,M;
    int array[10];
    for(i=0;i<10;i++)
       scanf("%d",&array[i]);
    M=array[0];
    for(i=1;i<10;i++)
    {
        #if MFLAG
        if(M<array[i])
            M=array[i];
        #else
            if(M>array[i])
                M=array[i];
        #endif
      }
    printf("M=%d",M);
}
```

说明：当定义 MFLAG 为 1 时，for 循环中的语句

```
if(M<array[i])
    M=array[i];
```

参加编译，此时求 10 个数中的最大者；当定义 MFLAG 为 0 时，for 循环中的语句

```
if(M>array[i])
    M=array[i];
```

参加编译，此时求 10 个数中的最小值。

例 8.8 输入一个密码，根据需要设置条件编译，使之能将密码原码输出，或仅输出若干星号(*)。程序代码如下：

```
#include <stdio.h>
#define DEBUG
void main()
{
    char pass[80];int i=1;
    printf("\nplease input password:");
    do{
        i++;
        pass[i]=getchar();
        #ifdef DEBUG/*按原码输出;如果删除#define DEBUG 行,则输出"*"号*/
          putchar(pass[i]);
        #else
          putchar('*');
        #endif
      }while(pass[i]!='\n');
}
```

8.4 小型案例实训

1. 案例说明

运用各种宏定义，理解宏和常量的计算规则。

2. 编程思路

编程时多使用宏定义，在增强程序可读性的同时，也可以使程序便于修改。例如，需要在程序中的多个循环体里使用同一数值时，如果这一数值需要修改，只需要在宏定义中修改一次即可。另外用宏定义代替函数，可以提高程序的运行速度，因为函数调用时需要用堆栈保存其全局变量和局部变量，调用完成时要从堆栈中释放这些变量；而使用宏时，是在程序编译时将具体语句代替到程序中宏所在的位置，虽然增加了程序的长度，但速度要比使用函数时快得多。

通过程序实例来说明书写宏时，括号、空格的使用。宏定义里不用分号结束，并且宏是没有类型的。下面实例是对带参数宏的使用与不带参数的宏的使用，以及条件编译的运用。通过实例可以了解不同形式所产生的不同结果，防止编程时出现意想不到的结果。

3. 程序代码

```
#include <stdio.h>
#include <conio.h>
#define area1(a) a*a              /*面积错误的宏定义*/
#define area2(a) (a)*(a)          /*面积正确的宏定义*/
#define sum1(a) (a)+(a)           /*求和错误的宏定义*/
#define sum2(a) ((a)+(a))         /*求和正确的宏定义*/
#define max(x,y) ((x)>(y))?(x):(y)  /*求最大值*/
```

```
#define start 1
#define stop 3
#define step 1
void main()
{
   int i,offset;
   offset=2;
   for(i=start;i<=stop;i+=step)
   {     /*输出正确的面积值*/
      printf("The right square of%d=%d\n",i+offset,area2(i+offset));
        /*输出错误的面积值*/
      printf("The wrong square of%d=%d\n",i+offset,area1(i+offset));
   }
   for(i=start;i<=stop;i+=step)
   {
      printf("Error add=%d,Right add=%d\n",5*sum1(i),5*sum2(i));
   }
   printf("Maximum of 2.8 and 3.2 is %f\n",max(2.8,3.2));
     /*预处理判断 C 编译器是否定义了宏_STDC_*/
   #ifdef _STDC_
      printf("ANSI C compliance\n");
   #else
      printf("Not in ANSI C model\n");
   #endif
}
```

4. 输出结果

程序运行结果如图 8.1 所示。

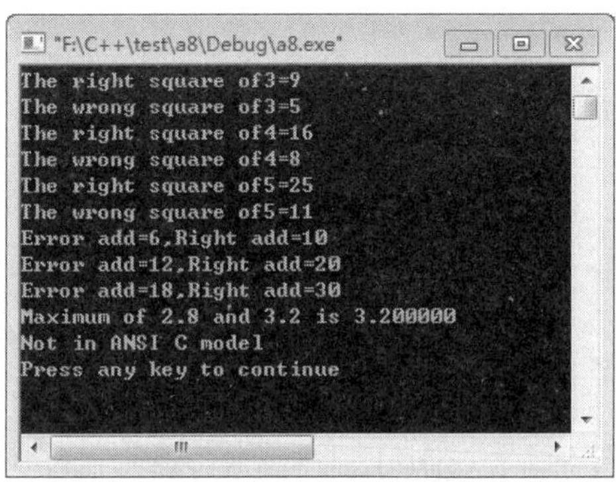

图 8.1　程序运行结果

8.5　学习加油站

8.5.1　重点整理

本章需重点掌握的知识点如下。

(1) C 语言的宏定义可以分为两种形式：一种是带参数的宏定义；另一种是不带参数

的宏定义。

① 无参宏是用一个简单的名字代替一个长的字符串。

② 除了简单的宏定义以外，C 语言预处理程序还允许定义带参数的宏。进行预处理时，不仅对定义的宏名进行宏替换，而且进行参数替换。其中，字符串中应该包含在参数表中所指定的参数。

(2) 所谓文件包含预处理，是指在一个文件中将另外一个文件的全部内容包含进来的处理过程，即将另外的文件包含到本文件中。C 语言中，编译预处理命令#include 实现包含操作，文件包含命令的功能是，在对源程序进行编译之前，用包含文件的内容取代该文件包含的预处理语句。

(3) 一般情况下，源程序中所有的行都参加编译。但是若希望对其中一部分内容只有在满足一定条件下才进行编译，也就是对一部分内容指定编译的条件，就是“条件编译”。条件编译的几种形式如下。

① #if、#else 和#endif 的组合形式。

它的一般格式如下：

```
#if  表达式1
     程序段1
#else 表达式2
     程序段2
#endif
```

其功能是当表达式的值为真时，则执行程序段 1，否则执行程序段 2。其中表达式必须是整型常量表达式。

② 带有#elif 的条件编译。

它的一般格式如下：

```
#if  表达式1
     程序段1
#elif 表达式2
     程序段2
#elif 表达式3
     程序段3
     …
#else
     程序段n
#endif
```

该命令的功能是如果表达式 1 的值为真，则编译程序段 1；如果表达式 2 的值为真，编译程序段 2；如果所有表达式的值都为假，则编译程序段 n。

③ #ifdef 的运用。

它的一般格式如下：

```
#ifdef 宏名
     程序段1
#else
     程序段2
#endif
```

其功能是用来测试一个宏名是否被定义，如果宏名被定义，则编译程序段 1，否则编译程序段 2。

④ #ifndef 的运用。

定义的一般形式如下：

```
#ifndef 宏名
    程序段 1
#else
    程序段 2
#endif
```

其功能是用来测试一个宏名是否曾被定义，如果宏名未被定义，则编译程序段 1，否则编译程序段 2。

8.5.2 典型题解

【典型题 8-1】有一个名为 init.txt 的文件，内容如下：

```
#define    HDY(A,B)     A/B
#define    PRINT(Y)     Printf("y=%d\n,Y)
```

具体程序如下：

```
#include   "init.txt"
    main()
    {   int  a=1,b=2,c=3,d=4,k;
        K=HDY(a+c,b+d);
        PRINT(K);
}
```

下面针对该程序叙述正确的是________。

A. 编译有错　　　　B. 运行出错

C. 运行结果为 y=0　　　　D. 运行结果为 y=6

解析：本题考查的是带参数的宏定义。不仅要进行简单的字符替换，还要进行参数替换。根据宏替换的规则，本题在进行替换宏 HDY 时，没有像所希望的那样将 HDY(a+c,b+d)替换成(a+c)/(b+d)，而是替换成了“a+c/b+d”，因此结果为 6。

答案：D

【典型题 8-2】以下程序运行后的输出结果是________。

```
#include <stdio.h>
    #define M   5
    #define N   M+M
    main()
    {   int k;
        k=N*N*5;
        printf("%d\n",k);
}
```

解析：宏定义是指用一个指定的标识符(名字)来代表程序中的一个字符串。对于宏定义“#define N　M+M”和“#define M 5”，编译系统预处理将 k=N*N*5 进行符号替换，将 N 用 M+M 替换，变成 k=M+M*M+ M*5，再将 M 替换为 5，即得 k 值为 55。

答案：55

【典型题 8-3】有以下程序：

```
#include <stdio.h>
    #define    N        5
    #define    M       N+1
    #define  f(x)        (x*M)
    main()
    {   int i1,i2;
        i1=f(2);
        i2=f(1+1);
        printf("%d  %d\n",i1,i2);
}
```

程序运行后的输出结果是________。

A. 12　12　　B. 11　7　　C. 11　11　　D. 12　7

解析：根据 define 的定义，可得 f(2)=2*5+1=11，f(1+1)=1+1*5+1=7。

答案：B

【典型题 8-4】以下叙述中错误的是________。

A. C 程序中的#include 行和#define 行均不是 C 语句

B. 除逗号运算符外，赋值运算符的优先级最低

C. C 程序中，“j++；”是赋值语句

D. C 程序中，“+”“-”“*”“/”“%”符号是算术运算符，可用于整型数据和实型数据的运算

解析：在 C 程序中，以“#”开头的行都称为“编译预处理”行，它不是 C 语言本身的组成成分，不能对它们进行直接编译；在运算符优先级中，逗号运算符的优先级最低，赋值运算符次之；自加运算表达式 j++等价于赋值语句 j=j+1；求余运算符“%”仅用于整型变量。

答案：D

【典型题 8-5】若程序有宏定义：#define N 100，则以下叙述中正确的是________。

A. 宏定义中定义了标识符 N 的值为整数 100

B. 在编译程序对 C 语言源程序进行预处理时用 100 替换标识符 N

C. 对 C 语言源程序进行编译时用 100 替换标识符 N

D. 在运行时用 100 替换标识符 N

解析：宏定义是指用一个指定的标识符(名字)来代表程序中的一个字符串。标识符 N 称为宏名，此命令执行后，预处理程序对源程序中所有名为 N 的标识符用 100 来替换，此过程称为“宏替换”。

答案：B

8.6 上机实验

1. 实验目的

熟练掌握#include 命令的含义和用法。

了解各种条件编译(#if、#else、#endif、#ifdef 和#undef 等)的意义及用法。

2. 实验内容

(1) 用带参宏实现两个整数相除取余数，两个整数的值在主函数中用键盘输入。
(2) 计算圆周长、圆面积以及同半径的球面积和球体积。

8.7 习　　题

1. 选择题

(1) 以下程序运行后的输出结果是________。

```
#define   M(x,y,z)   x*y+z
main()
{   int  a=1,b=2, c=3;
   printf("%d\n", M(a+b,b+c,c+a));
}
```

A. 19　　B. 17　　C. 15　　D. 12

(2) 以下程序运行后的输出结果是________。

```
#define  SQR(X) X*X
main()
{   int  a=16, k=2, m=1;
   a/=SQR(k+m)/SQR(k+m);
   printf("%d\n",a);
}
```

A. 16　　B. 2　　C. 9　　D. 1

(3) 有如下程序：

```
#define    N    2
#define    M    N+1
#define    NUM   2*M+1
main()
{   int  i;
   for(i=1;i<=NUM;i++)printf("%d\n",i);
}
```

该程序中的 for 循环语句执行的次数是________。

A. 5　　B. 6　　C. 7　　D. 8

(4) 下列程序运行后的输出结果是________。

```
#define  MA(x)x*(x-1)
main()
{   int a=1,b=2;
   printf("%d \n",MA(1+a+b));
}
```

A. 6　　B. 8　　C. 10　　D. 12

(5) 若定义了以下函数:

```
void f(…)
{   …
    *p=(double *)malloc( 10*sizeof(double));
    …
}
```

p 是该函数的形参，要求通过 p 把动态分配存储单元的地址传回主调函数，则形参 p 的正确定义应当是________。

A. double *p B. float **p C. double **p D. float *p

(6) 以下程序运行后的输出结果为________。

```
#define R 2.5
#define PI 3.1415926
#define S PI*R*R
#define PR printf
main()
{   PR("S=%f\n",S);
}
```

A. S=19.634954 B. 19.634954=19.634954
C. S= S D. 运行出错

(7) 以下程序运行后的输出结果为________。

```
#define PI 3
#define S(x) PI*x*x
main()
{   int area;
    area=S(2+3);
    printf("%d\n",area);
}
```

A. 27 B. 12 C. 15 D. 75

(8) 若指针 p 已正确定义，要使 p 指向两个连续的整型动态存储单元，不正确的语句是________。

A. p=2*(int*)malloc(sizeof(int)); B. p=(int*)malloc(2*sizeof(int));
C. p=(int*)malloc(2*2); D. p=(int*)calloc(2,sizeof(int));

2. 填空题

(1) 以下程序运行后的输出结果是_______。

```
#define        MAX(x,y)     (x)>(y)?(x):(y)
main()
{   int   a=5,b=2,c=3,d=3,t;
    t=MAX(a+b,c+d)*10;
    printf("%d\n",t);
}
```

(2) 若要使指针 p 指向一个 double 类型的动态存储单元，请填空。

```
p= ______ malloc(sizeof(double));
```

(3) 以下程序运行后的输出结果是______。

```
#define M(z)(z)*(z)
main()
{   printf("%d\n",M(1+2+3));
}
```

(4) 以下程序运行后的输出结果是______。

```
#define DOU(R) R*R
main()
{   int a=1,b=2,c;
    c=DOU(a+b);  printf("%d\n",c);
}
```

(5) 以下程序运行后的输出结果是________。

```
#define  f(x)  x*x
main()
{   int  i;
    i=f(4+4)/f(2+2);
    printf("%d\n",i);
}
```

第9章　指　　针

本章要点

- ☑ 指针的定义、引用和运算
- ☑ 数组、函数和字符串与指针的关系

本章难点

- ☑ 指针变量的引用
- ☑ 指针作为函数参数的运用

指针在C语言中占有重要的地位，是最具特色的语言成分，是C语言的精华。正确而灵活地运用指针，可以有效地表示复杂的数据类型；直接处理内存地址；对内存中各种不同的数据结构进行快速处理，也为函数间各类数据传递提供了简捷便利的方法。使用指针，可以编制出简洁明快、功能强和质量高的程序。

9.1　指 针 概 述

为了掌握指针的基本概念，必须先了解地址、指针、直接访问和间接访问之间的关系。

一般来说，程序中的变量经过编译系统处理后都对应着内存中的一个地址，也就是说，编译系统根据变量的类型，为其分配相应的内存单元，以便存放变量的内容。不同数据类型的变量所分配的内存单元的长度是不一样的。一般而言，字符变量占 1 个字节，整型变量占 2 个字节，浮点型变量占 4 个字节等。对一般的变量存取是通过变量地址来进行的。这种按变量地址存取变量的方式称为“直接访问”方式。

在 C 语言中，除了可以定义整型、字符型等变量外，还可以定义另外一种数据类型的变量，这种类型的变量专门用来存放其他变量在内存中所分配存储单元的首地址。

用 px 存放字符型变量所占用存储单元的首地址，即将 x 的首地址以某种方式赋给 px 变量。如果想通过 px 来得到 x 的内容，可以用两步来完成，如图 9.1 所示。

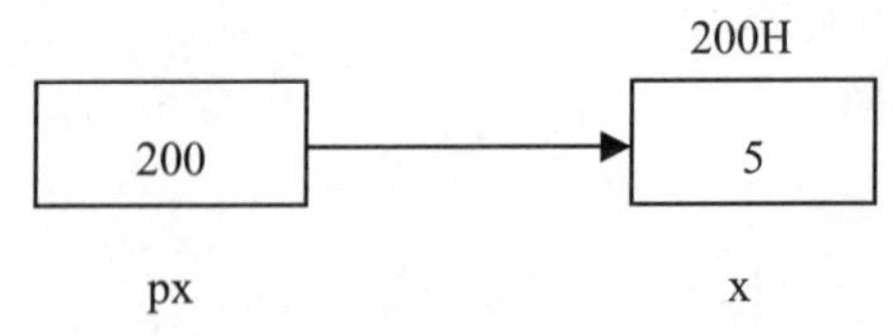

图 9.1　指向关系的建立

(1) 根据变量 px 所占用内存单元的首地址，读取其中存放的数据，该数据就是变量 x 所占用的内存单元的首地址。

(2) 根据第一步读取的地址以及变量所占用的存储单元的长度，读取变量 x 的值。

上述存取 x 变量值的方式称为“间接访问”方式。

借助指针这一概念可以方便地达到间接访问的目的。所谓指针，就是某个对象所占用的存储单元的首地址，即指针是内存地址的别名。而指针变量是专门用来存放某种变量的首地址的变量。

指针也是一个变量，它和普通变量一样占用一定的存储空间。但与普通变量不同的是，指针的存储空间中存放的是地址，而不是普通数据类型。因此，指针是一个地址变量。假设有一个名为 P 的指针变量，把普通变量 X 的地址赋给 P：

```
P=&X;
```

这样，把变量 X 的地址装入指针 P 的存储区域，即 P 的内容就是变量 X 的地址。

9.2 指针变量

9.2.1 指针变量的定义

前面已经说过，专门存放变量首地址的变量称为指针变量。当指针变量中存放着某个变量的地址时，就称为这个指针变量指向那一变量。

它的一般格式如下：

```
类型 *指针变量名
```

对指针变量定义的说明如下。

(1) *表示定义的是指针变量，因此，与其他变量的定义相比，除变量名前面多了一个*外，其余一样。

(2) “类型”表示该指针指向的变量的类型。*和前面的类型之间，以及和后面的变量之间可以有 0 个或多个空白字符。

例如：

```
int *p;          /*p 是指向整型变量的指针变量*/
char *c;         /*c 是指向字符型变量的指针变量*/
float *fp;       /*fp 是指向浮点型变量的指针变量*/
double *dp;      /*dp 是指向双精度型变量的指针变量*/
```

在定义指针变量时，所存放的地址是随机的，与普通变量一样，也可以在定义时对其初始化。

在定义指针变量的同时给它赋地址值，这种做法称为初始化。一般来说，指针的定义和初始化形式如下：

```
类型 *指针变量名=&变量名;
```

例如，可以将下面两条语句：

```
int x,*px;
px=&x;
```

改写为

```
int x,*px=&x;
```

变量x的定义应位于变量px的定义之前。

注意：这里是用&x对px初始化，而不是对*px初始化。在C语言中，如果在定义中不对外部或静态指针变量进行初始化，则指针的值初始化为NULL，NULL在stdio.h中已经被定义为0，表示指针不指向任何类型的变量。C语言规定，当指针值为0时，指针不指向任何有效数据，有时也称指针为空指针。因此，当调用一个要返回指针的函数时，常返回NULL来指示函数调用中出现某些错误情况。

一个指针变量被定义后，它所指向对象的类型就确定了。所以，在一般情况下，一个指针变量只能指向由定义限制的同一类型的变量。例如：

```
int x,y,*p;
double a;
```

定义p指向int的指针变量，从而可以把x的地址赋给p：

```
p=&x;
```

或者把y的地址赋给p：

```
p=&y;
```

因为x和y都是整型变量，而a是double型变量。所以，不能把a的地址赋给p，即p=&a，这样编写代码，在程序运行时会出错。

从语法上讲，指针变量可以指向任何数据类型的对象，包括指向数组、指向别的指针变量、指向函数等。

指针变量也占用内存单元，而且所有指针变量占用内存单元的数量都是相同的。也就是说，不管是指向何种对象的指针变量，它们占用内存的字节数都一样，并且要充分地把程序中能用到的最大地址表示出来(通常是一个机器周期)，例如：

```
int a,*ap;
double *dp,var;
```

尽管变量a和var占用内存的字节数不同，但指针变量ap和dp自身占用的内存字节数是一样的。

9.2.2 指针变量的引用

C语言提供了两个与地址有关的运算符，即取变量地址运算符&和间接访问运算符*。

&是取变量地址运算符，它的作用是取得变量所占有的存储单元的首地址。在利用指针变量进行间接访问之前，一般必须使用该运算符将某个变量的地址赋给相应的指针变量。

例如赋值语句：

```
px=&x;
```

就是通过取变量地址运算符“&”把变量x的地址赋给指针变量px的，也就是使px指向

x，于是就可以通过 px 间接访问 x 了。例如：

```
x=*px;
```

*是间接访问运算符，它的作用是通过指针变量来间接访问它所指向的变量(存数据或取数据)，即从指定的地址中取出内存中的数据。

例如：

```
int i=200,x;
int *ip;
ip=&i;
x=*ip;
```

ip 的作用是取出指针变量*ip 指向内存中的数据，而 ip 中存放的是变量 i 的地址。则 x 的值为 ip 所指向的单元中的内容。

C 语言规定，指针变量和普通变量一样，可以改变其值，也就是说可以改变它们的指向，例如：

```
int i,j,*p1,*p2;
i='a';
j='b';
p1=&i;
p2=&j;
```

通过下面表达式：

```
p2=p1;
```

使得 p2 与 p1 指向同一对象 i，即

```
*p2=*p1;
```

则表示把 p1 指向的内容赋给 p2 所指向的区域。

指针变量可以出现在表达式中，设

```
int x,y,*px=&x;
```

指针变量 px 指向整数 x，则*px 可出现在 x 能出现的任何地方。例如：

```
y=*px+5;
y=++*px;
y=*px++;
```

C 语言允许在同一数据说明语句中定义几个指针变量，但它们的数据类型必须是相同的。例如：

```
short a,*p1,*p2;
long *p,b;
double x,*pd;
```

指针是 C 语言中一个很重要的概念，如前面在使用 scanf 函数接收数据时，要求用&来取一个变量的地址，当使用一个指针变量来代替时，就可以直接使用指针了。

例 9.1　通过指针变量访问简单变量。程序代码如下：

```
main()
{
    int x,*px;
    x=10;
    printf("x=%d\n",x);
    px=&x;
    *px=100;
    printf("*px=%d\n",*px);
    printf("x=%d\n",x);
}
```

程序运行结果如下：

```
x=10
*px=100
x=100
```

例 9.2 用键盘输入两个整数并分别存入 a 和 b 中，按由小到大的顺序显示出来，要求用指针变量来编写程序。程序代码如下：

```
#include<stdio.h>
#define ESC 0x1B
main()
{
   int a,b;
   int *pa,*pb;
   pa=&a;pb=&b;
   scanf("%d%d",&a,&b);
   if(*pa<=*pb)
      printf("%d,%d",*pa,*pb);
   else
      printf("%d,%d",*pb,*pa);
}
```

由于 pa 中存放的是变量 a 的地址，pb 中存放的是变量 b 的地址，所以，程序中使用的 scanf 函数中的参数可改写为

```
scanf("%d%d",pa,pb);
```

应该注意的是，在变量 pa、pb 的前面不再使用&运算符。

9.2.3 指针变量的运算

指针变量是表示地址的量。地址量并不是整数，它不像整数那样进行乘除等算术运算、移位运算等，指针变量的取值和运算始终与内存地址的表示关联在一起，所以指针运算实际上是地址运算。因此，指针变量的运算受到严格的限制。

1. 指针与整数的加减运算

C 语言的地址运算规则是，一个地址量加上或减去一个整数 N，其结果仍然是一个地址量，它是以运算数的地址量为基点的前方或后方的第 N 个数据的地址。因此，指针作为一个地址量加上或减去一个整数 N，并不是用它的地址量直接与整数 N 进行加法或减法运算，其结果应该是指针当前指向位置的前方或后方第 N 个数据的地址。由于指针可以指

向不同的数据类型，即数据长度不同的数据，所以这种运算的结果取决于指针指向的数据类型。

2. 指针变量的关系运算

指向同一数据类型的两个指针变量可以进行比较。如果 p 和 q 是指向同一数据类型的指针变量，那么像<、<=、>、>=、= =和!=等关系运算都可以正常进行。如：

```
p<q;
```

若 p 所指向的元素在 q 所指的元素之前，则关系为真；反之为假。

指向不同数据类型的指针之间的关系运算是没有意义的。指针与一般的整型常量或变量之间的关系运算也是无意义的。但是指针可以和 0 之间进行等于或不等于的关系运算，即：

```
p==0 或 p!=0
```

它们用于判断指针 p 是否为一个空指针。

3. 指针变量的增量、减量运算

指针加 1、减 1 运算也是地址运算，是指针本身地址值的变化。指针++运算后就指向下一个数据的位置，指针--运算后就指向上一个数据的位置。运算后，指针地址值的变化量取决于它指向的数据类型。例如：

```
char *s="programming languages";
while(*s)
putchar(*s++);
```

在说明语句中，对指针变量 s 赋初值，使它指向字符‘p’所在的内存单元。字符串放在内存的连续单元中，其最后一个单元中放有\0，标志字符串结束，其值为 0。在 while 循环的测试部分判断 s 所指向单元的内容是否为 0，如为 0，就说明字符串结束，从而跳出该循环；否则，说明 s 所指对象是字符串中的一个字符，进而调用函数 putchar()输出 s 当前所指向的字符，同时 s 加 1 指向下一个字符。

总之，指针变量的值在增、减时，是根据其类型的长度确定增减量，以保证指针变量总是指向后一个或前一个元素。在编程时，不必考虑其实际增量是多少。

另外，要注意*与++、--连用时的结合性。

s++等价于(s++)，其含义是：取出 s 当前所指向的单元内容，然后 s 指向下一个元素。

++s 等价于(++s)，其含义是：移动 s 指向下一个元素，然后取出 s 所指向的单元内容。

++*s 等价于++(*s)，其含义是：把 s 所指向的单元内容增 1。

(*s)++的含义是：取出 s 所指向的内容，然后该内容加 1。

例 9.3　分析下面程序。

```
#include <stdio.h>
main()
{
    static short num[]={1,2,3,4,5,6,7,8,9};
    short *p,*q;
```

```
    p=&num[2];
    q=&num[8];
    printf("p=%x(HEX) q=%x(HEX) size=%d\n",p,q,sizeof(num[1]));
    printf("两指针差：%d\n",q-p);
    printf("指针加(p+2):%x(HEX),值：%d\n",p+2,*(p+2));
    printf("指针减(q-2):%x(HEX),值：%d\n",q-2,*(q-2));
}
```

程序运行结果如下：

```
p=424a34(HEX) q=424a40(HEX) size=2
两指针差：6
指针加(p+2):424a38(HEX),值：5
指针减(q-2):424a3c(HEX),值：7
for(i=0;string[i]!= '\0';i++)
```

9.3　指针与数组

在 C 语言中，指针与数组之间的关系十分密切，它们都可以处理内存中连续存放的一系列数据。数组与指针访问内存时采用统一的地址计算方法。在进行数据处理时，指针和数组的表示形式具有相同的意义。

数组是若干相同数据类型变量的集合。一个数组在内存中占用一片连续的空间。数组在内存的起始地址就称为数组的指针，而数组元素在内存单元的地址称为数组元素的指针。我们可以定义指针变量，使其指向数组或指向数组元素。

9.3.1　指针与一维数组

1. 数组的指针

数组的指针是指数组在内存中的起始地址，数组元素的指针是数组元素在内存中的起始地址。例如：

```
int data[9];
```

不带方括号的数组名 data 就是该数组的指针，它指向其第 0 个元素，即 data[0]。这样，data 就是第 0 个数组元素的地址。

前面说过，我们可以利用取地址运算符&来得到数组元素的地址，如&data[0]可以得到 data 数组的头一个元素的地址。同时，data 也表示一个元素的地址。这样表达式(data==&data[0])就肯定为真。

注意：数组名是常量，在程序执行期间它所表示的数组首地址是确定不变的。因此，数组名不能当作指针变量来使用。

例如：

```
data++;
data=&a;
```

都是非法的用法。

C 语言规定，data+i 就是 data[i]的首地址，即 data+i 与&data[i]等价。与简单变量类似，数组元素 data[i]的首地址&data[i]就称为 data[i]的指针。因为地址就是指针，所以 data+i 又称为指向 data[i]的指针，简称为 data+i 指向 data[i]。因而，引用数组元素时，可以用*data，*(data+1)，*(data+2)，…*，(data+i)的方式。

例 9.4　分析以下程序运行后的输出结果。

```
#include<stdio.h>
main()
{
    static int a[]={10,20,30};
    int *pa=a,i;
    printf("%3d",*pa);
    printf("%3d",*(pa+1));
    printf("%3d\n",pa[2]);
    for(i=0;i<3;i++)
        printf("%3d",a[i]);
    printf("\n");
    for(i=0,pa=a;i<3;i++,pa++)
       printf("%3d",*pa);
    printf("\n");
}
```

程序先说明了一维数组 a 并赋初值，用 pa 指向该数组的开头。这样，*pa 返回第 0 个元素的值，*(pa+1)返回第 1 个元素的值，*(pa+2)返回第 2 个元素的值。

程序运行结果如下：

```
10  20  30
10  20  30
10  20  30
```

从上面的例子可以看出*pa++等价于 a[i]，*pa++等价于*(a+i)。

2. 指向数组的指针变量

下面定义一个整数数组和一个指向整型数据的指针变量：

```
int b[20],*pa;
pa=&b[0];
pa=b;
```

此时，pa 指向数组中的第 0 号元素，指针变量 pa 中包含了数组元素 b[0]的首地址，由于数组元素在内存中是连续存放的。因此，可以通过指针变量 pa 及其有关的运算间接访问数组中的任何一个元素。*(pa+i)和*(b+i)都表示 pa+i 和 b+i 所指对象的内容，即为 b[i]。

C 语言的这种指针运算特性，可以使程序设计更加灵活和具有通用性，例如可以设计一个指向整型数组的指针，利用该指针可以访问数组中的每个元素，当改变指针的指向后，又可以访问数组中的其他元素。

例 9.5　利用指针输出 0~9。程序代码如下：

```
#include<stdio.h>
main()
{
```

```
    int a[10],*p,j;
    p=a;
    for(j=0;j<10;j++,p++)
        *p=j;
    for(j=0,p=a;j<10;j++,p++)
        printf("%d",*p);
}
```

程序运行结果如下：

```
0 1 2 3 4 5 6 7 8 9
```

3. 数组元素的引用

数组元素的引用，既可以用指针法，也可以用下标法。指针法能使程序缩短，运行速度变快。而下标法简单直观。

有如下定义：

```
int data[9];
int *p=data;
```

引用数组第 i 个元素，有以下几种访问方式。

- 数组名下标法：如 data[i]。
- 指针变量下标法：如 p[i]。
- 数组名指针法：如*(data+i)。
- 指针变量指针法：如*(p+i)。

例如：将 2 赋给 data[3]元素。

```
data[3]=2;
p[3]=2;
*(data+3)=2;
*(p+3)=2;
```

例 9.6 用键盘输入 10 个整型数，找出其中的最小值并显示出来。用指针来处理。程序代码如下：

```
#include<stdio.h>
main()
{
    int a[10],i,minv;
    int *p;
    p=a;
    for(i=0;i<10;i++)
        scanf("%d",p+i);
    minv=*p;
    for(i=1;i<10;i++)
        if(minv>*(p+i))
            minv=*(p+i);
   printf("min=%d",minv);
}
```

由于 p 指向 a 数组的首地址，所以，*(p+i)在任何时候都和 a[i]等价。

9.3.2　指针与二维数组

定义一个二维数组：

```
int a[3][4];
```

a 为二维数组名，此数组有 3 行 4 列，共 12 个元素。但也可以这样来理解，数组由 3 个元素组成：a[0]、a[1]、a[2]。而它们中每个元素又是一维数组，且都含有 4 个元素。例如：a[0]所代表的一维数组包括的 4 个元素为：

```
a[0][0]  a[0][1]  a[0][2]  a[0][3]
```

但从二维数组的角度看，a 代表二维数组的首地址，当然也可以看成是二维数组第 0 行的首地址，a+1 代表第 1 行的首地址，a+2 代表第 2 行的首地址。如果此二维数组的首地址为 1000，由于第 0 行有 4 个整型元素，所以 a+1 为 1008，a+2 也就为 1016。

既然把 a[0]、a[1]、a[2]看成是一维数组名，可以认为它们分别代表所对应的数组的首地址，也就是说，a[0]代表第 0 行中的第 0 列元素的地址，即&a[0][0]；a[1]是第 1 行中第 0 列元素的地址，即&a[1][0]。根据地址运算规则，a[0]+1 即代表第 0 行第 1 列元素的地址，即&a[0][1]。一般而言，a[i]+j 即代表第 i 行第 j 列元素的地址，即&a[i][j]。

另外，在二维数组中，还可以用指针的形式来表示各元素的地址。如前所述，a[0]与*(a+0)等价，a[1]与*(a+1)等价，因此 a[i]+j 就与*(a+i)+j 等价，它表示数组元素 a[i][j]的地址。因此，二维数组元素 a[i][j]可表示为*(*(a+i)+j)或*(a[i]+j)，它们都与 a[i][j]等价，或者还可以写成(*(a+i))[j]。

由于数组元素在内存中是连续存放的，给指向整型变量的指针传送数组的首地址时，则可利用对该指针的操作来访问该二维数组。例如：

```
int *ptr,a[3][4];
```

若赋值“ptr=a;”，则用 ptr++就能访问数组 a 中的各元素。

二维数组的各种表示形式和含义见表 9.1。

表 9.1　二维数组的表示形式和含义

表示形式	含　义
a	二维数组名，整个数组的首地址
a+i	第 i 行首地址
a[i],*(a+i)	第 i 行第 0 列元素的地址
a[i]+j,*(a+i)+j,&a[i][j]	第 i 行第 j 列元素的地址
(a[i]+j),(*(a+i)+j),a[i][j]	第 i 行第 j 列元素的值

例 9.7　分析下面的程序。

```
#include<stdio.h>
main()
{
```

```
    static int a[3][4]={1,2,3,4,5,6,7,8,9,10,11,12};
    int *ptr=a,i,j;
    for(i=0;i<3;i++)
        for(j=0;j<4;j++)
          printf("%d",*(a[i]+j));
    printf("\n");
    for(i=0;i<3;i++)
        for(j=0;j<4;j++)
            printf("%d",*ptr++);
    printf("\n");
    ptr=a[0];
    for(i=0;i<3*4;i++)
        printf("%d",*ptr++);
    printf("\n");
}
```

在定义二维数组 a 后，a 和 a[0]都表示数组的首地址。a[i]+j 指向元素 a[i][j]。在赋值 ptr=a 之后，ptr+i+j 指向元素 a[i][j]。

程序运行结果如下：

```
1 2 3 4 5 6 7 8 9 10 11 12
1 2 3 4 5 6 7 8 9 10 11 12
1 2 3 4 5 6 7 8 9 10 11 12
```

利用指向二维数组元素的指针变量可对二维数组进行存取。

例 9.8 利用指向数组元素的指针变量访问二维数组的各个元素，并按逆序输出 0～99 各元素的值。程序代码如下：

```
#include<stdio.h>
void main()
{
    int a[10][10],i,j,*p,n;
    for(i=0;i<10;i++)
        for(j=0;j<10;j++)
            *(*(a+i)+j)=i*10+j;
    n=0;
    for(p=&a[9][9];p>=&a[0][0];--p)
        {printf("%5d",*p);
        if(++n%10==0)
             printf("\n");
    }
}
```

程序运行结果如下：

```
99   98   97   96   95   94   93   92   91   90
89   88   87   86   85   84   83   82   81   80
                 ⋮
9    8    7    6    5    4    3    2    1    0
```

9.3.3 指向行指针的指针变量

指向二维数组中行数组的指针变量的一般格式如下：

```
类型名 (*变量名)[N];
```

其中，类型名是表示数组的类型，变量名是指针变量的名称，N 是定义数组大小的常量。例如：

```
int (*pa)[20];
```

定义 pa 是一个指针变量，但它所指向的对象的类型是整型，即由 20 个整型量构成的数组。

在定义和使用行数组指针变量时应该注意以下几点。

(1) 在定义时必须用一对圆括号把“*”和指针变量名括起来。如果缺少了圆括号，就成了下述形式：

```
int *pa[20];
```

由于方括号运算符的级别高于“*”，因而先与后面的[20]结合，表示 pa 是有 20 个元素的数组；然后再与*结合，表示 pa 数组的元素是指针变量，而所指对象的类是整型。这样“int *pa[20];”就将 pa 定义为其他指针了。

(2) 如果遇到下面的形式：

```
int *p,(*pp)[10];
```

应注意指针变量 p 和 pp 的含义和功能是不同的，p 是指向单个 int 量的指针变量，而 pp 是指向由 10 个整数构成的整型数组的指针变量。

(3) 在使用行数组的指针变量时，定义它所指对象的类型应与它实际要指向的数组类型相匹配。

有如下定义：

```
int a[2][3],(*pa)[3];
pa=a;
```

可以用下面的方法来引用数组元素 a[i][j]：

- *(pa[i]+j)对应于*(a[i]+j)；
- *(*(pa+i)+j)对应于*(*(a+i)+j)；
- (*(pa+i))[j]对应于(*(a+i))[j]；
- pa[i][j]对应于 a[i][j]。

注意： 数组指针 pa 与对应的二维数组 a 的差别是：二维数组 a 是一个常量，而数组指针 pa 是一个变量。

例 9.9 分析下面的程序。

```
#include<stdio.h>
void main()
{
    static int a[2][3]={1,2,3,4,5,6},(*pa)[3];
    int i,j;
    pa=a;
    for(i=0;i<2;i++)
      for(j=0;j<3;j++)
          printf("%3d",pa[i][j]);
```

```
    printf("\n");
}
```

程序运行结果如下：

```
1  2  3  4  5  6
```

9.4 指针与字符串

字符串常量是由双引号括起来的字符序列，例如：“It is a dog! ”就是一个字符串常量，C 语言中的字符串是由字符数组中的结束符‘\0’之前的字符组成的特殊数组。由于可以使用相同数据类型的指针来处理数组中的数据，所以可以使用 char 型指针处理字符串。通常把 char 型指针称为字符指针。

字符串以字符数组的形式给出，而数组可以用指针进行访问，所以，字符串也可以用指针进行访问。

对字符串的引用可采用两种方式，即字符数组的形式和字符指针变量的形式。

例 9.10 用字符数组存放一个字符串。程序代码如下：

```
#include<stdio.h>
main()
{
    int i;
    char string[]="this is my friend";
    printf("\n%s",string);
    printf("\n");
    for(i=0;string[i]!= '\0';i++)
        printf("%c",*(string+i));
}
```

程序运行结果如下：

```
this is my friend
this is my friend
```

例 9.11 用字符指针变量指向一个字符串。程序代码如下：

```
#include<stdio.h>
main()
{
    int i;
    char p[]="this is my friend";
    char *pa=p;
    printf("\n%s",p);
    printf("\n");
    for(i=0;p[i]!='\0';i++)
        printf("%c",p[i]);
    printf("\n");
    for(;*pa!='\0';pa++)
        printf("%c",*pa);
}
```

程序运行结果如下：

```
this is my friend
```

```
this is my friend
this is my friend
```

从上面的例子可以看出，在实现字符串操作方面，采用字符数组和字符指针变量方式有相同的地方，也有不同的地方。二者的区别见表 9.2。

表 9.2　字符数组与字符指针变量的对比

对比项目	字符数组	字符指针变量
存储空间	通常由字符串长度加 1 确定，每个字符占用一个字节	存放字符串首地址，一般占用一个字长(即 2 个字节)
初始化	可以用字符串初始化，例如： char pa[]="thank"	可以用字符串初始化，例如： char *pa= "thank"
赋值	只能对单个元素赋值，不能用字符串整体赋值	可以用字符串对其赋值，例如： char *p;p="hello";
地址值	定义的字符数组在编译时分配内存单元，有确定的地址	定义指针变量时为它分配内存单元，但它的值未确定，即还未指向具体字符数据
可变性	数组名是常量，其值不可变	字符指针变量是变量，其值可变，遵循指针变量的运算规则
联系	用字符数组名可以为字符指针变量赋值，使该指针变量指向数组的头一个元素	字符指针变量可以指向一个字符数组，然后按数组方式或指针方式来存取数组元素
引用调用	数组名可作为函数调用的实参，但不能将整个数组按值传递	指向字符数组的指针变量可以作为函数调用的实参，间接实现数组的传递
实现效率	数组元素下标的计算都转换成指针运算	直接按指针方式运算，效率更高

例 9.12　编写一个程序，将用户输入的字符串 str1 中非空格字符复制到字符串 str2 中并输出。若输入“nice to meet you!”，则 str2=“nicetomeetyou!”。程序代码如下：

```
#include<stdio.h>
#define N 80
void main()
{
    char str1[N],str2[N],ch;
    char *ptr1=str1,*ptr2=str2,*s;
    int i=0;
    printf("input string:");
    s=ptr1;
    while((ch=getchar())!='\n')
        *s++=ch;
    *s='\0';
    for(;*ptr1!='\0';ptr1++)
        if(*ptr1!=' ')
            *ptr2++=*ptr1;
    *ptr2='\0';
    printf("output string:");
    printf("%s\n",str2);
}
```

程序运行结果如下：

```
input string:nice to meet you
output string:nicetomeetyou
```

9.5 指针数组

指针是变量，因此可设想用指向同一数据类型的指针来构成一个数组，这就是指针数组。数组中的每个元素都是指针变量，根据数组的定义，指针数组中的每个元素都为指向同一数据类型的指针。

它的一般格式如下：

```
类型名 *数组名[常量表达式];
```

例如：

```
char *p[10];
```

表示 p 是一个指针数组，包含 10 个元素，每个元素都是字符型指针。其运算规则与数组类似。

在定义指针数组的同时也可以对其初始化。例如：

```
char *name[]={"zhanglan","wangjin","lihao"};
```

由初始表中的初值个数可以看出，name[]指针数组中共有 3 个元素，每个元素都是一个指针。其中 name[0]指向字符串"zhanglan"，name[1]指向字符串"wangjin"，name[2]指向字符串"lihao"。因此，语句：

```
printf("%s%s%s\n",name[0],name[1],name[2]);
```

将显示字符串

```
zhanglan,wangjin,lihao
```

在 C 语言中，定义指针数组的原因主要是指针数组为处理字符串提供了更大的便利性和更高的灵活性，而使用二维数组在处理长度不等的程序时效率低。使用指针数组由于其中每个元素都为指针变量，因此通过地址运算来操作正文行是非常方便的。指针数组和一般数组一样，由于指针数组的每个元素都是指针变量，它只能存放地址，所以在给指向字符串的指针数组赋初值时，是把存放在字符串的首地址赋给指针数组的对应元素。

例 9.13 编写一个程序，用 12 月份的英文名称初始化一个字符指针数组，当用键盘输入整数为 1～12 时，显示相应的月份名，输入其他整数时显示错误信息。程序代码如下：

```
#include<stdio.h>
void main()
{
    static char *months={"January","February","March","April",
                "May","June","July","August",
                "September","October","November","December"};
    int n;
    printf("input the mouth:");
    scanf("%d",&n);
```

```
    if(n<=12&&n>=1);
        printf("%d 月的英文名是: %s\n",n,*(months+n-1));
    else
        printf("输入的月份无效! \n");
}
```

程序运行结果如下：

```
input the mouth:5
5 月的英文名是: May
```

9.6 指针与函数

指针和函数主要包括三个方面的内容。

(1) 指针可以作为函数的参数，其作用是将一个变量的地址传递给函数。

(2) 函数的返回值可以是指针类型的变量。

(3) 指针可以指向函数。

9.6.1 指针变量作为函数的参数

当指针变量作为函数的参数时，传送的是指向实参变量的指针，而不是变量本身的值，这种传送实参的方法称为引用调用。由于被调函数接收到的值是实际变量的地址，所以它在执行过程中就可以修改主调函数中相应变量的值。

同其他类型的变量作函数的参数一样，指针作为函数的参数时，也要进行相应的类型说明。如：

```
void test(p)
int *p;
{…}
```

说明形参 p 是指向整型变量的指针。

例 9.14 交换输入的两个数的值。程序代码如下：

```
void swap(int *pi,int *pj)
{
    int temp;
    temp=*pi;
    *pi=*pj;
    *pj=temp;
    printf("(*pi)=%d***(*pj)=%d\n",*pi,*pj);
}
void main()
{
    int a,b;
    printf("input:a=  b=\n");
    scanf("%d %d",&a,&b);
    printf("a=%d---b=%d\n",a,b);
    swap(&a,&b);
    printf("a=%d+++b=%d\n",a,b);
}
```

程序运行结果如下：

```
input:a=  b=
9  7(用户输入)
a=9---b=7
(*pi)=7***(*pj)=9
a=7+++b=9
```

主函数与子函数间的数据传递主要是通过函数参数实现的。若实参向形参传递的是要处理的数据则称为值传递，若实参向形参传送的是要处理数据的地址则称为地址传递。二者的区别如下。

(1) 传递的数据对象不同。值传递的是要处理的数据，地址传递的是要处理的数据地址。

(2) 返回数据的形式不同。值传递一般以函数值的形式返回函数处理后的结果，地址传递一般仍通过传递过来的地址返回结果。

(3) 数据处理效率不同。值传递的数据传输效率低，地址传递的数据传输效率高。

(4) 适用情况不同。当主函数与子函数之间传送的数据较多或较大时，可以采用地址传递；当主函数与子函数之间传送的数据较少或较小时，可以采用值传递。

9.6.2 数组名作为函数的参数

若数组名作为函数的参数，则在调用函数时，实际传送给函数的是数组的起始地址，即指针值。所以，实参可以是数组名或指向数组的指针变量。而被调函数的形参，既可以说明为数组，也可以说明为指针。数组名和数组指针作为函数参数的对应关系见表 9.3。

表 9.3 数组名和数组指针作为函数参数的对应关系

实　参	形　参
数组名	数组名
数组名	指针变量
指针变量	数组名
指针变量	指针变量

例 9.15 求输入的几个数中的最大值。程序代码如下：

```
#include<stdio.h>
#define N10
int max(int *p)
{
    int m,j;
    m=*p;
    for(j=0;j<N;j++)
      m=m>*(p+j)?m:*(p+j);
    return m;
}
void main()
{
    int m1;
    int s[N]={3,5,2,9,59,63,85,15,20,54};
```

```
    m1=max(s);
    printf("max=%d",m1);
}
```

程序运行结果如下：

```
max=85
```

当然也可以用字符串作为函数参数，字符串指针作为函数的参数与数组作为函数的参数规则类似。

例 9.16　编写一个程序，输入若干个字符串，将这些字符串按词典顺序进行排序并输出。程序代码如下：

```
#include<stdio.h>
#include<malloc.h>
#include<string.h>
#define Max 100
void sort(char *ptr[],int n)
{
    int i,j,exchange;
    char *temp=(char*)malloc(20);    /*动态分配内存*/
    for(i=1;i<n-1;i++)
      {exchange=0;
       for(j=n;j>=i;j--)
         if(strcmp(ptr[j],ptr[j-1])<0)
              {temp=ptr[j];
               ptr[j]=ptr[j-1];
               ptr[j-1]=temp;
               exchange=1;}
    if(!exchange)
      return;
    }
}
void main()
{
     char *ptr[Max];
     int n,i;
     printf("串个数：");
     scanf("%d",&n);
     for(i=0;i<n;i++)
       {ptr[i]=(char *)malloc(20);
          printf("第%d 个串：",i+1);
        scanf("%s",ptr[i]);
}
    printf("排序前:");
    for(i=0;i<n;i++)
      printf("%s",ptr[i]);
       printf("\n");
    sort(ptr,n);
    printf("排序后:");
    for(i=0;i<n;i++)
      printf("%s",ptr[i]);
    printf("\n");
}
```

程序运行结果如下：

```
串个数：3
第 1 个串：we
第 2 个串：like
第 3 个串：money
排序前：we like money
排序后：like money we
```

9.6.3 函数的返回值为指针

一般来说，函数的类型是由其返回值的类型来标识的。如果函数返回值的类型是整型，则该函数就是整型函数。同理，函数返回值的类型是字符型，则该函数是字符型函数；函数返回值的类型是双精度型，则该函数是双精度型函数。如果一个函数的返回值是一个指针量，即某个对象的地址，那么这个函数就是返回指针的函数。

它的一般格式如下：

```
类型名 *函数名(参数表)
{
    说明部分;
    执行部分;
}
```

类型名定义了指针函数返回的数据类型；函数名前面的*号表示该函数为指针函数；参数表部分是对形参类型的说明，与一般函数的形参说明相同；函数体部分的格式与一般函数的说明也相同。

例如：

```
double *fa(int x,float y);
```

表示函数 fa 的返回值类型是指向 double 量的指针。

注意： 不要把返回指针的函数的说明与指向函数的指针变量的说明混淆了。例如：

```
double (*func1)(…);
double *func2(…);
```

第一行说明 func1 是一个指针变量，它所指向对象的类型为 double 型的函数；而第二行说明 func2 是一个函数，它返回的值的类型是指向 double 量的指针。

例 9.17 求三个数中的最小者。程序代码如下：

```
#include<stdio.h>
int *min(int a,int b,int c)
{
    static int m1;
    m1=a<b?a:b;
    m1=m1<c?m1:c;
    return(&m1);
}
main()
{
    int x,y,z;
```

高等学校应用型特色规划教材

```
    int *pa;
    x=4;
    y=5;
    z=6;
    pa=min(x,y,z);
    printf("the min number is %d",*pa);
}
```

程序运行结果如下：

```
the min number is 4
```

9.6.4　指向函数的指针

一个函数在编译后被放入内存中，这片内存单元是从一个特定的地址开始，这个地址就称为该函数的入口地址，也就是该函数的指针。通过定义一个指针变量，让它指向某个函数，这个变量就称为指向函数的指针变量。利用指向函数的指针变量可以灵活方便地进行函数调用，让程序从若干函数中选出一个最适宜当前情况的函数予以执行。

指向函数的指针的一般格式如下：

```
数据类型 (*函数指针变量名)();
```

其中，数据类型为函数返回值的类型，函数指针变量名前面的*号表明后面跟随的是指针变量名。

例如：

```
int (*f)();
```

说明 f 是一个函数指针，此函数的返回值为整型。也就是说，f 所指向的函数只能是返回值为整型的函数。

需要注意的是，在定义函数指针时，函数指针变量名两边的圆括号不能省略，如写成下列形式：

```
int *f();
```

f 是一个函数，该函数的返回值是指向整型的指针。

运用指向函数的指针需要注意以下几点。

(1) 指向函数的指针的类型与所指向函数值的类型相同。

(2) 指向函数的指针变量存储函数的入口地址。因此，可以使用函数名调用函数，也可以使用函数的指针变量使用函数。

(3) 指向函数的指针变量，在程序执行过程中把哪个函数的地址赋给它，它就指向哪个函数，但两者的类型必须一致。

也可以用函数名给指向函数的指针变量赋值：

```
指向函数名的指针变量=函数名;
```

函数指针变量就是一个存储函数指针的指针变量。在函数指针变量定义中，必须说明指向函数的返回类型和所需参数，函数指针变量的定义形式和参数说明的形式比较类似，它的一般格式如下：

返回类型名 (*指针变量名)(形参表);

函数指针变量可以像函数名一样进行函数调用。所不同的是，函数名是一个函数指针常量，而函数指针变量则可以在程序运行中通过赋值指向不同的函数(但函数的返回类型、参数个数和参数类型应相同)来决定要调用的函数。

例 9.18 通过函数指针调用函数。

```
#include<stdio.h>
int arraysum(int a[],int n)     /*计算指定整型数组的总和*/
{
    int sum=0,i;
    for(i=0;i<n;i++)
      sum+=a[i];
    return sum;
}
int arrayave(int a[],int n)          /*计算指定整型数组的平均值*/
{
    int sum=0,i;
    for(i=0;i<n;i++)
      sum+=a[i];
    return n>0?sum/n:0;
}
int arraymin(int a[],int n)     /*查找指定整型数组的最小值*/
{
    int min=a[0],i;
    for(i=1;i<n;i++)
      if(a[i]<min)
        min=a[i];
     return min;
}
int arraymax(int a[],int n)     /*查找指定整型数组的最大值*/
{
    int max=a[0],i;
    for(i=1;i<n;i++)
      if(a[i]>max)
        max=a[i];
    return max;
}
main()
{
    int x[]={11,32,86,27,34,109,73,78,49,555};
    int xlen=sizeof(x)/sizeof(*x);
    int (*func)(int s[],int n);      /*定义函数指针变量*/
    func=arraysum;                   /*func 指向 arraysum*/
    printf("result=%d\n",func(x,xlen));
    func=arrayave;                   /*func 指向 arrayave*/
    printf("result=%d\n",func(x,xlen));
    func=arraymin;                   /*func 指向 arraymin*/
    printf("result=%d\n",func(x,xlen));
    func=arraymax;                   /*func 指向 arraymax*/
    printf("result=%d\n",func(x,xlen));
    return 0;
}
```

程序运行结果如下：

```
result=1054
result=105
result=11
result=555
```

在 main 函数中定义了一个函数指针 func，通过将不同的函数名赋给 func，可以使 func 指向不同的函数，并可以通过 func 调用不同的函数。

9.6.5　指向函数的指针作为函数的参数

函数的指针变量作为函数的参数，以便把相应函数的入口地址传递给函数。当函数指针所指向的目标不同时，在函数中就可以调用不同的函数，且不需要对函数体做任何修改。

当函数的参数是函数指针时，也需要对其类型进行相应的说明。如：

```
void f(fp,n)
double(*fp)();
float m;
 {…}
```

表示形参 fp 是函数指针，该函数的返回值是双精度型，也就是说，可以用 fp 来指向返回值为双精度型的函数。

例 9.19　编写一个函数，求$(1+x^2)$在 0～1 的定积分。程序代码如下：

```
#include<stdio.h>
float f(float x)
{return 1+x*x;}
float intergral(float(*fun)(float),float a,float b,int n)
{
    int i;
    float s,h;
    s=((*fun)(a)+(*fun)(b))/2.0;
    h=(b-a)/n;
    for(i=1;i<n;i++)
        s=s+(*fun)(a+i*h);
          s=s*h;
        return s;
}
void main(void)
{
    float f(float);
    printf("\ny=%7.3f",intergral(f,0.0,1.0,100));
}
```

程序运行结果如下：

```
y=   1.333
```

9.7　指向指针的指针

指针变量本身也是一种变量，同样要在内存中分配相应的单元。如果另设一个变量，其中存放一个指针变量在内存中的地址，那么它本身也是一个指针变量，但所指向的对象还是一个指针变量。这种指向指针数据的指针变量就称为指向指针的指针变量。

它的一般格式如下：

```
类型名 **指针变量名;
```

其中，类型名是最终所指对象的类型。例如：

```
int **pp;
```

pp 前面有两个*号，*运算符的结合性是从右至左，因此**pp 相当于*(*pp)，显然，*pp 是指针变量的定义形式。如果没有前面的*，那就是定义了一个指向整型数据的指针变量。现在它前面又多了一个*，表示指针变量 pp 是指向一个整型数据的指针变量。*pp 就是 pp 所指向的另一个指针变量。

注意：二级指针前面的“”表示定义的变量为二级指针，并不是运算符的功能。**

又如有以下定义：

```
int **pa,*pb,c;
pb=&c;
pa=&pb;
**pa=10;  /*c 的值为 10*/
```

表示 pa 是指向整型变量的指针的指针变量，而 pb 是指向整型变量的指针变量，c 是整型变量。它们的指向关系如图 9.2 所示(设 pb 的地址值为 2000，pa 的地址值 3000，c 的值为 10)。

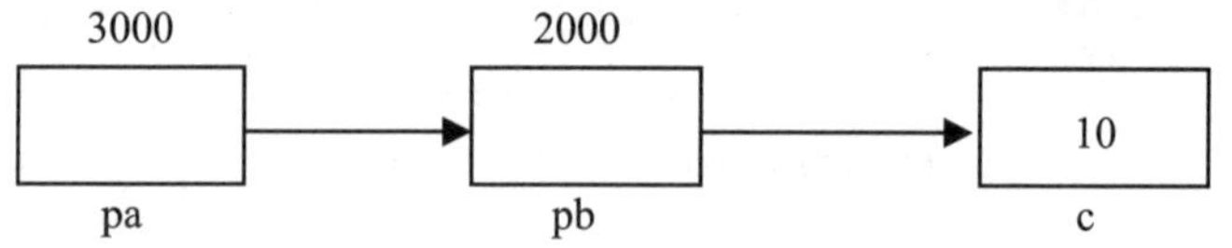

图 9.2　pa、pb 和 c 之间的关系

在定义和使用指向指针的指针变量时需要注意以下几点。

(1) 在定义多级指针变量时，是几级指针变量就要用几个“*”。例如：

```
int *p1,a;
int **p2;
int ***p3;  /*p3 是三级指针变量*/
```

(2) 同类型的同级指针变量才能相互赋值。例如：

```
p1=&a;
p2=&p1;
p3=&p2;
```

上面的语句都是合法的。而下面的语句则是不正确的：

```
p2=&a;
p3=p2;
```

可以看出，&a 表示整数 a 的内存地址，但 p2 所指的对象不是整数，而是指向整数的指针变量。同样，p2 和 p3 也不是同一级的指针变量。

(3) 通过多级指针变量给最终对象赋值时，也必须采用相应个数的间接运算符*。例如：

```
a=20;
*p1=20;
**p2=20;
***p3=20;
```

而下面的赋值是不正确的：

```
*p2=20;
*p3=20;
```

由于数组名表示数组的首地址，因此可以用下面的形式表示数组与指向指针的指针变量的关系。例如：

```
int a[3]={1,2,3};
int *num[3]={&a[0],&a[1],&a[2]};
int **p,i;
p=num;
for(i=0;i<3;i++)
{
  printf("%d",**p); /*输出数组中的各个元素*/
  p++;
}
```

例 9.20　指针与字符串的运用。程序代码如下：

```
#include<stdio.h>
void main()
{
    static int *name[3]={"lanlan","huahua","liyliy"};
    char **pp=name,i;
    for(i=0;i<3;i++)
        printf("%s\n",*pp++);
}
```

这里的 name 是一个指针数组，pp 是 name 的指针，其值是 name 数组的第一个元素的地址。其内存分配如图 9.3 所示。

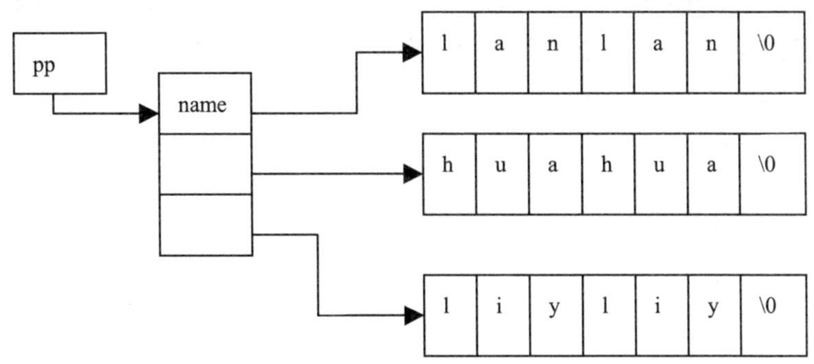

图 9.3　内存分配图

程序运行结果如下：

```
lanlan
huahua
liyliy
```

9.8 main 函数的形参和 void 指针

9.8.1 指针数组作为 main 函数的形参

指针数组的一个应用是作为 main 函数的形参，在以前的说明中，main 函数是无参数的。实际上，main()可带两个形参。

它的一般格式如下：

```
main(int argc,char *argv[])
{
  语句;
};
```

其中，argc 表示传给程序的参数的个数，它的值至少为 1；而 argv[]是指向字符串的指针数组。

所谓命令行参数，是指在操作系统状态下所输入的命令和参数。以前所使用的 main 函数都是无参的，这种无参主函数所生成的可执行文件，在执行时只能输入文件名，而不能输入参数。在实际应用中，经常希望在执行这些程序时，能够由命令行向其提供所需要的信息或参数。

带参数的命令行的一般格式如下：

```
命令名 参数 1 参数 2……参数 N
```

其中，命令名和参数以及参数和参数之间都用空格隔开。

命令名是 main 函数所在的文件名，假设为 file1，欲将两个字符串“china”“nanjing”作为传送给 main 函数的参数，参数可以写成以下形式：

```
file1 china nanjing
```

实际上，文件名包括路径、盘符以及文件的扩展名，为了简化直接用 file1 来代表。

如果有一个 main 函数，它所在的文件名为 file1，具体程序如下：

```
main(int argc,char *argv[])
{
   while(argc>1)
   {
        ++argv;
        printf("%s\n",*argv);
        --argc;
   }
}
```

输入命令行参数如下：

```
file1 china nanjing
```

程序运行结果如下：

```
china
nanjing
```

上面的程序也可改写为：

```
main(int arge,char *argv[])
{
    while(arge-->1)
    printf("%s\n",*++argv);
}
```

其中，*++argv 是先进行++argv 的运算，使 argv 指向下一个元素，然后进行*的运算，找到 argv 当前指向的字符串，输出该字符串。

注意：由命令行向程序中传递的参数都是以字符的形式出现的，要想获得其他类型的参数，比如数字参数，就必须在程序中进行相应的转换。

例 9.21　编写程序，显示命令行上的所有参数。程序代码如下：

```
#include<stdio.h>
main(int argc,char *argv[])
{
    int i;
    i=0;
    while(argc>1)
    {  ++i;
       printf("%s\n",argv[i]);
       --argc;
    }
}
```

假设文件名为 file2，并输入以下命令：

```
file2 Happy birthday
```

则在 file2 函数中，main 函数中的参数 argc 和 argv 的值为

```
argc=3
argv[0]指向字符串“file2”
argv[1]指向字符串“Happy”
argv[2]指向字符串“birthday”
```

程序运行结果如下：

```
Happy
birthday
```

9.8.2　指向 void 的指针变量

在前面的程序中经常看见 void 关键字，用它说明一个函数不需要任何参数或者不返回任何值。其实，void 关键字也可以定义一个通用的指针变量，该指针变量可以指向任何一种数据类型。例如：

```
void *pa;
```

说明 pa 是一个通用的指针变量，它可以指向任何一种数据类型，但还没有明确指出它到底指向哪种指针类型。void 类型的指针变量最常见的用法是说明函数参数。如果指明函数的实参是 void 型的指针，那么可以实现这一次传整型量，下一次传字符量等。这样就不会限定函数只接受一种数据类型的参数，而是可以接受任何类型的参数，这样程序的灵活性就大大提高了。

注意：指向空的指针变量与空指针变量是不同的概念。空指针是其值为 0 的指针变量，它不指向任何可访问的内存区域，常用作某种标志。而指向空的指针变量可以有某个内存区域的地址值，它一般作为指针类型相互转换的过渡类型。如标准库函数 malloc 和 calloc 的返回指针，一般说明为指向空的指针变量。

在将 void 指针类型的值赋给另外一指针变量时，要进行强制类型的转换，使之符合被赋值的变量的类型。

例如：

```
int *p1;
void *p2
…
p1=(int *)p2;
```

同样可以用(void *)p1 将 p1 的值转换为 void *类型。如：

```
p2=(void *)p1;
```

也可以将一个函数定义为 void*类型，如：

```
void *func(int a,int b)
```

表示函数 func 返回的是一个地址，它指向“空类型”，如需要引用此地址，则要根据情况对之进行类型转换：

```
pa=(float *)func(a,b);
```

9.8.3 动态存储分配

在实际编程中，往往会遇到这种情况：所需要的内存空间大小无法预知，要根据实际得到数据的多少来决定。例如，读入一个文本，并打印出一份在此正文中出现的字及其出现次数的表。在程序中无法事先知道正文中出现了哪些字，也就不可能用一个二维数组把它们都装进去。对于此类问题通常利用 C 语言的内存动态分配函数。在程序编译后，内存中就会出现一个称为堆的区域，该区域是一个自由存储区域，对此区域用 C 语言的动态分配函数进行管理。常用的动态分配函数有 malloc()、calloc()和 free()，其性质见表 9.4。

表 9.4　动态分配函数的性质

函数名称	所在头文件	函数原型	功　能	实　例
malloc()函数	stdlib.h 和 malloc.h	void*malloc(unsigned int size)	在内存的动态存储区中分配一个长为 size 的连续空间。函数的返回值为类型为 void 的指针	例如：让 p 指向一个 float 类型的存储单元： float *p; p=(float *)malloc(sizeof(float));
calloc()函数	stdlib.h 和 malloc.h	void *calloc(unsigned n, unsigned size)	在内存的动态存储区分配 n 个长度为 size 的连续空间。函数的返回值是指向分配区域起始地址的指针	例如：利用 calloc()函数分配存储空间： int *ptr; unsigned num; ptr=(int*)calloc(num,sizeof(int));
free()函数	stdlib.h 和 malloc.h	void free(void *p)	释放由 p 指向的内存区，使这部分内存区能被其他变量使用。free 无返回值	

例 9.22　利用 calloc()函数动态分配内存空间。程序代码如下：

```
#include<stdio.h>
#include<stdlib.h>
int main(void)
{
    unsigned num;
    int *ptr,i,*p;
    printf("enter the number of type into allocate:");
    scanf("%d",&num);
    ptr=(int *)calloc(num,sizeof(int));
    if(ptr!=NULL)
      {
        puts("memory allocation was successful.");
        p=ptr;
        for(i=0;i<num;i++)
            *p++=i;
        for(i=0;i<num;i++)
            printf("%d",ptr[i]);
        printf("\n");
    }
    else
        puts("memory allocation failed.");
    return(0);
}
```

程序运行结果如下：

```
enter the number of type into allocate:10
memory allocation was successful
0 1 2 3 4 5 6 7 8 9
```

9.9 小型案例实训

1. 案例说明

某单位一周内各类车辆运行的里程数见表 9.5，各类车辆的运行费用见表 9.6，求出各类车辆一周的里程数、平均数以及运行费用，并求出每天各类车辆的里程数、各类车辆一周的总里程数、平均数以及总运行费用。要求对各类车辆的运行费用从高到低进行排序，并输出报表。

表 9.5　某单位一周内各类汽车运行的里程数

车　型	星期一	星期二	星期三	星期四	星期五	星期六	星期日
大型卡车	14	16	12	18	20	21	10
小型卡车	18	16	15	22	37	11	13
小汽车	21	23	45	51	30	22	20

表 9.6　各类车辆的运行费用

车型	大型卡车	小型卡车	小汽车
运费/(元/公里)	1.8	1.2	1.4

2. 编程思路

从前面章节可知，二维数组的行指针可当作二维数组来使用。利用指向数组元素的指针变量可求出车辆的里程数，进而求得一周车辆的平均里程数和运行费用。通过二维数组的行指针可求出各种车辆的里程数，以及一周内各种车辆的平均里程数和总运行费用。利用数组名作为函数参数，对各车辆一周的运行费用从高到低用比较法排序。从主函数输入数据。

3. 程序代码

```
#include<stdio.h>
#include<string.h>
char *cx[4]={"DK","XK","XQ","ZJ"};/*分别表示大卡车、小卡车、小汽车、总计*/
void write(float p[][10])            /*用于输出报表的数据*/
{
    char *data[10]={"Mon","Tue","Wen","Thu","Fri",
                    "Sat","Sun","Sum","Ave","Total"};
    int i,j;
    void print(void);
```

```
    print();
    printf("");
    for(i=0;i<10;i++)
        printf("%s",data[i]);
    printf("\n");
    for(i=0;i<4;i++)
    {
        print();
        printf("%s*",cx[i]);
        for(j=0;j<10;j++)
            printf("%7.1f",p[i][j]);
        printf("\n");
    }
    print();
}
void print(void)      /*该数组用于显示报表中的横线*/
{
    int i;
    for(i=0;i<78;i++)
        printf("-");
    printf("\n");
}
/*利用指向数组元素的指针变量求数组的行和*/
void sum1(float *p,float *q)
{
    int i,j;
    for(i=0;i<3;i++)
    {
        *(p+10*i+7)=0.0;
        for(j=0;j<7;j++)
            *(p+10*i+7)+=*(p+10*i+j);    /*求各车辆一周的里程数*/
        *(p+10*i+8)=*(p+10*i+7)/7;      /*求各车辆一周的平均里程数*/
        *(p+10*i+9)=*(q+i)*(*(p+10*i+7)); /*求各车辆一周的运费*/
    }
}
/*利用指向二维数组的行指针求数组的列和*/
void sum2(float (*p)[10])
{
    int i,j;
    for(j=0;j<10;j++)
    {
        *(*(p+3)+j)=0.0;
        for(i=0;i<3;i++)
            *(*(p+3)+j)+=*(*(p+i)+j);
    }
}
/*利用数组名作为函数参数,对各车辆的周运费从高到低进行排序*/
void sort(float r[4][10])
{
    int i,j,k;
    float t;
    char c[10];
    for(i=0;i<2;i++)
        for(j=i+1;j<3;j++)
            if(r[i][9]<r[j][9])
            {
                strcpy(c,cx[i]);
```

```
                strcpy(cx[i],cx[j]);
                strcpy(cx[j],c);
                for(k=0;k<10;k++)
                {
                    t=r[i][k];
                    r[i][k]=r[j][k];
                    r[j][k]=t;
                }
            }
}
/*主函数输入数据*/
main()
{
    float a[4][10],b[3]={1.8,1.2,1.4};
    int i,j;
    for(i=0;i<3;i++)
        for(j=0;j<7;j++)
            scanf("%f",*a+i*10+j);
    sum1(a,b);
    sum2(a);
    sort(a);
    write(a);
}
```

4. 输出结果

程序执行后用键盘输入下面数据：

```
14  16  12  18  20  21  10
18  16  15  22  37  11  13
21  23  45  51  30  22  20
```

程序运行结果如下：

```
      Mon    Tue    Wed    Thu    Fri    Sat    Sun    Sum     Ave    Total
XQ*   21.0   23.0   45.0   51.0   30.0   22.0   20.0   212.0   30.3   296.8
DK*   14.0   16.0   12.0   18.0   20.0   21.0   10.0   111.0   15.9   199.8
XK*   18.0   16.0   15.0   22.0   37.0   11.0   13.0   132.0   18.9   158.4
ZJ*   53.0   55.0   72.0   91.0   87.0   54.0   43.0   455.0   65.0   655.0
```

9.10 学习加油站

9.10.1 重点整理

(1) 指针，就是某个对象所占用的存储单元的首地址，即指针是内存地址的别名。而指针变量是专门用来存放某种变量的首地址的变量。指针也是一个变量，它和普通变量一样占用一定的存储空间。但与普通变量不同的是，指针的存储空间中存放的是地址，而不是普通数据类型。

(2) 对指针变量的引用，C 语言提供了两种有关的运算符，即取变量地址运算符“&”和间接访问运算符“*”。

① &是取变量地址运算符，它的作用是取得变量所占有的存储单元的首地址。在利用指针变量进行间接访问之前，一般必须使用该运算符将某变量的地址赋给相应的指针变

量。

② *是间接访问运算符，它的作用是通过指针变量来间接访问它所指向的变量(存数据或取数据)，即从指定的地址中取出内存中的数据。

(3) 指针变量是表示地址的量。地址量并不是整数，它不像整数那样可以进行乘除等算术运算、移位运算等，指针变量的取值和运算始终与内存地址的表示关联在一起，因此指针运算实际上是地址运算。指针变量的运算受到严格限制。

(4) 有关指针数据类型见表9.7。

表9.7　指针数据类型的概念

定　义	含　义
int i;	定义整型变量 i
int *p;	p 为指向整型数据的指针变量
int a[n];	定义指针数组 a，它有 n 个元素
int *p[n];	定义指针数组 p，它由 n 个指向整型数据的指针元素组成
int (*p)[n];	p 为指向含 n 个元素的一维数组的指针变量
int f();	f 为带回整型函数值的函数
int *p();	p 为带回一个指针的函数，该指针指向整型数据
int (*p)();	p 为指向函数的指针，该函数返回一个整型值
int **p;	p 是一个二级指针，它指向一个指向整型数据的指针变量的指针

(5) 指针数组的一个应用是作为 main 函数的形参，在以前的说明中，main 函数是无参数的。实际上，main()可带两个形参，即

```
main(int argc,char *argv[])
```

其中，argc 表示传给程序的参数的个数，它的值至少为 1；而 argv[]是指向字符串的指针数组。

(6) 在前面的程序中经常看见 void 关键字，用它说明一个函数不需要任何参数或者不返回任何值。其实，void 关键字也可以定义一个通用的指针变量，该指针变量可以指向任何一种数据类型。void 类型的指针变量最常见的用法是说明函数参数。如果指明函数的实参是 void 型的指针，那么可以实现这一次传整型量，下一次传字符量等。这样就不会限定函数只接受一种数据类型的参数，而是可以接受任何类型的参数，这样程序的灵活性就大大提高了。

(7) 在程序编译后，内存中就会出现一个称为堆的区域，该区域是一个自由存储区域，对此区域用 C 语言的动态分配函数进行管理。常用的动态分配函数有：malloc()、calloc()和 free()。

9.10.2　典型题解

【典型题 9-1】有以下程序：

```
main()
{  int a=1, b=3,  c=5;
   int  *p1=&a,  *p2=&b,  *p=&c;
```

```
    *p=*p1*(*p2);
    printf("%d\n", c);
}
```

程序运行后的输出结果是________。

A. 1　　B. 2　　C. 3　　D. 4

解析：指针 p1 指向 a，p2 指向 b，则*p1=1，*p2=3，*p=1×3=3，且指针 p 指向变量 c，故输出 c 的值为 3。

答案：C

【典型题 9-2】若在定义语句“int a,b,c ，*p=&c;”之后，接着执行以下选项中的语句，则能正确执行的语句是________。

A. scanf("%d",a,b,c);　　B. scanf("%d%d%d",a,b,c);

C. scanf("%d",p);　　D. scanf("%d",&p);

解析：定义语句中将 c 的地址赋给指针变量 p，scanf 函数中的输入项必须是“地址量”，不能是变量名。

答案：C

【典型题 9-3】若有说明语句“double *p,a;”，则能通过 scanf 语句正确给输入项读入数据的程序段是________。

A. *p=&a;　scanf("%lf",p);　　B. *p=&a;　scanf("%f",p);

C. p=&a;　scanf("%lf",*p);　　D. p=&a;　scanf("%lf",p);

解析：*p 间接引用指针指向的变量，因此*p=&a 不对。scanf()的输入变量必须为地址。

答案：D

【典型题 9-4】有以下程序：

```
void swap(char *x,char *y)
{   char t;
    t=*x; *x=*y; *y=t;
}
main()
{   char *s1="abc",*s2="123";
    swap(s1,s2);  printf("%s,%s\n",s1,s2);
}
```

程序运行后的输出结果是________。

A. 123,abc　　B. abc,123　　C. 1bc,a23　　D. 321,cba

解析：函数 swap()实现的功能为交换字符指针 x 和 y 首位的数值。

答案：C

【典型题 9-5】设有定义语句：“int　n1=0,n2,*p=&n2,*q=&n1;”，以下赋值语句中与“n2=n1;”语句等价的是________。

A. *p=*q;　　B. p=q;　　C. *p=&n1;　　D. p=*q;

解析：根据题意，p、q 为整型指针，分别指向整型变量 n2 和 n1，选项 B 是将 q 赋给 p，即 p 指向 n1，选项 C 是将 n1 的地址赋给 n2，选项 D 是将 n2 的值赋给 p，均不与 n2=n1 等价。只有选项 A 中，*p 即 n2，*q 即 n1，*p=*q 即等价于 n2=n1。

答案：A

【典型题 9-6】有以下程序：

```
#include <stdio.h>
int fun(int n, int *p)
{   int f1,f2;
    if(n==1||n==2) *p=1;
    else
    {   fun(n-1,&f1);
        fun(n-2,&f2);
        *p=f1+f2;
    }
}
main()
{   int s;
    fun(3,&s);
    printf("%d\n", s);
}
```

程序运行后的输出结果是________。

A. 2　　B. 3　　C. 4　　D. 5

解析：fun(int n, int *p)执行的是一个有名的递归算法，叫斐波那契数列。斐波那契数列的规律为 1、1、2、3、5、8、13、21、34、55、89…，自第三项起每一项都是其前两项之和。fun(int n, int *p)的功能就是将第 n 项的值赋给*p，具体到主程序中就是将第三项的值赋给*p。第三项的值为 2。

答案：A

【典型题 9-7】用移动指针的方法将从键盘输入的若干字符(用 EOF 结束输入)存放在一个字符串中，编写程序，输出数组中 ASCII 码值最大的元素。程序代码如下：

```
#include<stdio.h>
main()
{
    char a[100],*p,max;
    p=a;
    scanf("%c",p);
    while(*p!=EOF)
    {
       p++;
       scanf("%c",p);
    }
    p=a;
    max=*p;
    while(*p!=EOF)
    {
        p++;
        if(max<*p)
            max=*p;
    }
    printf("max is:%c\n",max);
}
```

程序运行结果如下：

```
ajiodjierlokji(回车)
max is:o
```

解析：

(1) 如果在程序开头不加#include<stdio.h>，而直接在程序中使用 EOF，将会导致错误。

(2) 语句“p=a;”与“max=*p;”，“p=p+1;”与“if(max<*p)max=*p;”，在程序中的先后位置不可以随意调换，否则会引起语法错误或者逻辑错误。

(3) 在查找最大值时，容易忽略给指针变量重新定位。

【典型题 9-8】编写程序，使 p 轮流指向 3 个字符数组 a, b, c(输出序列为 a, b, c, a, b, c…，且各显示 5 次)，并通过 p 输出相应数组中的字符。程序代码如下：

```
#include<stdio.h>
main()
{
    char a[80],b[80],c[80];
    char *p;
    int i;
    gets(a);gets(b);gets(c);
    for(i=1;i<=15;i++)
   {
     switch(i%3)
     {
        case 1:p=a;break;
        case 2:p=b;break;
        case 3:p=c;break;
     }
     puts(p);
     }
}
```

【典型题 9-9】计算 sin(x)+cos(x)，(−π≤x≤π)，求步长为 0.05 弧度时每次计算的和与平均值。程序代码如下：

```
#include<stdio.h>
include<math.h>
#define PI 3.1415926
int main()
{
    double x;
    double *psum,*paver,*presult;
    int count=0;
    presult=(double *)malloc(8);
    psum=(double *)malloc(8);
    pave=(double *)malloc(8);
    *pave=*psum=0;
    for(x=-PI;x<=PI;x+=0.05)
      {
         *presult=sin(x)+cos(x);
         printf("%6.3",*presult);
         count++;
         *psum=*psum+*presult;
         *pave=*psum/count;
         printf("%6.3f",*psum);
         printf("%6.3f\n",*pave);
      }
 }
```

解析：这显然是一个循环问题，变量从- π变到π，步长为 0.05 弧度。每次计算结果保存在一个无名变量中并被输出，另外的两个无名变量一个保存和值，一个保存平均值，计算完毕后输出。这里运用了指针与内存存储单元的关系，使用动态存储分配函数来分配内存。

【典型题 9-10】编写程序，根据菜单项的选择值实现相应的功能，即：选择 1，计算并输出字符串长度；选择 2，比较两个字符串，并输出结果；选择 3，将数组 b 中的字符串复制到数组 a 中。程序代码如下：

```
#include<stdio.h>
main()
{
    char a[80]="abcdkm",b[5]="abf",ch;
    int na,nb;
    printf("\n");

    printf("|----------------------------------------  |\n");
    printf("|     请输入选项编号(1—3)                  |\n");
    printf("|----------------------------------------  |\n");
    printf("|     1—计算字符串长                       |\n");
    printf("|     2—比较两个字符串                     |\n");
    printf("|     3—复制字符串                         |\n");
    printf("|----------------------------------------  |\n");
    printf("              ");
    ch=getchar();
    switch(ch)
    {
        case '1':
            na=strlen(a);nb=strlen(b);
            printf("a length:%d\n",na);
            printf("b length:%d\n",nb);
            break;
        case '2':
            na=strcmp(a,b);
            if(na>0)
                printf("a>b\n");
            else if(na==0)
                printf("a=b\n");
            else
                printf("a<b\n");
            break;
        case '3':
            strcpy(a,b);
            printf("copy result is :%s\n",a);
            break;
        default:printf("%c 为非法选项! \n",ch);
    }
}
```

9.11 上机实验

1. 实验目的

掌握指针变量的定义，会使用指针变量。

掌握指针与变量、指针与数组、指针与字符串的关系。

学会用指针作为函数参数的方法。

学会使用字符串的指针和指向字符串的指针变量。

学会使用函数的指针和指向函数的指针变量。

了解指向指针的指针的概念及其使用方法。

2. 实验内容

(1) 输入 3 个数，比较 3 个数并按由小到大的顺序输出。

(2) 有 4 个字符串，Changhua、Liping、Chenmei、Gaofeng 代表 4 个人的名字，要求按字母顺序(由小到大)输出这 4 个字符串。编写此程序，用数组处理，上机调试并运行，记录下输出结果。

9.12 习 题

1. 选择题

(1) 若有以下定义和语句：

```
double r=99, *p=&r;
*p=r;
```

则以下叙述正确的是________。

A. 以上两处的*p 含义相同，都说明给指针变量 p 赋值

B. 在“double r=99, *p=&r;”中，把 r 的地址赋给了 p 所指的存储单元

C. 语句“*p=r;”把变量 r 的值赋给指针变量 p

D. 语句“*p=r;”取变量 r 的值放回 p 中

(2) 若有说明语句：“long *p,a;”，则不能通过 scanf 语句正确给输入项读入数据的程序段是________。

A. *p=&a; scanf("%ld",p);　　B. p=(long *)malloc(8);　scanf("%ld",p);

C. scanf("%ld",p=&a);　　D. scanf("%ld",&a);

(3) 若有如下定义和语句，则程序运行后的输出结果是________。

```
int **pp,*p,a=10,b=20;
pp=&p;p=&a;p=&b;
printf("%d,%d\n",*p,**pp);
```

A. 10,20　　B. 10,10　　C. 20,10　　D. 20,20

(4) 若有说明语句：“double *p,a;”，则能通过 scanf 语句正确给输入项读入数据的程序段是________。

A. *p=&a; scanf("%lf",p);　　B. p=(double*)malloc(8);　scanf("%lf",*p);

C. p=&a; scanf("%lf",a);　　D. p=&a;　scanf("%le",p);

(5) 若有说明语句：“int i,j=7,*p=&i;”，则与“i=j;”等价的语句是________。

A. i=*p;　　B. *p=*&j;　　C. i=&j;　　D. i=**p;

(6) 若 x 是整型变量，pb 是基类型为整型的指针变量，则正确的赋值语句是______。

A. pb=&x;　　B. pb=x;　　C. *pb=&x;　　D. *pb=*x;

(7) 以下程序运行后 a 的值是________。

```
main()
{   int a, k=4, m=6, *p1=&k, *p2=&m;
    a=p1= =&m;
    printf("a=%d\n",a);
}
```

A. 4　　B. 1

C. 0　　D. 运行时报错，a 无定值

(8) 设 p1 和 p2 是指向同一个 int 型一维数组的指针变量，k 为 int 型变量，则不能正确执行的语句是________。

A. k=*p1+*p2;　　B. p2=k;

C. p1=p2;　　D. k=*p1*(*p2);

(9) 下面程序运行后的输出结果是________。

```
void prtv(int *x)
{   printf("%d\n", ++*x);
}
main()
{   int a=25;
    prtv(&a);
}
```

A. 23　　B. 24　　C. 25　　D. 26

(10) 下面程序运行后的输出结果是________。

```
main()
{   int * *k, *j, i=100;
    j=&i; k=&j;
    printf("%d\n", * *k);
}
```

A. 运行错误　　B. 100　　C. i 的地址　　D. j 的地址

2. 填空题

(1) fun1 函数的调用语句为“fun1(&a,&b,&c);”，它将 3 个整数由大到小调整后依次放入 a、b、c 3 个变量中，a 中放最大数，请填空。

```
void fun2(int *x, int *y)
{   int t;
    t=*x; *x=*y; *y=t;
}
void fun1(int *pa, int *pb, int *pc)
{   if(*pc>*pb)  fun2(_______);
    if(*pa<*pc)  fun2(_______);
    if(*pa<*pb)  fun2(_______);
}
```

(2) 下列程序运行后的输出结果是________。

```
int ast(int x,int y,int * cp,int * dp)
{   *cp=x+y;
    *dp=x-y;
}
```

```
main()
{   int a,b,c,d;
    a=4;b=3;
    ast(a,b,&c,&d);
    printf("%d  %d\n",c,d);
}
```

(3) 下面函数用来求出两个整数之和，并通过形参传回两数相加的和，请填空。

```
int add(int x, int y,_______z)
{   _______ =x+y ;
}
```

(4) 已知 int a=3，a 的地址为 1001，则&a=________。

(5) 有如下程序段：

```
int  *p,a=10,b=1;
p=&a;
a=*p+b;
```

运行该程序段后，a 的值为________。

第 10 章　构造数据类型

本章要点

- ☑ 结构体、共用体、枚举型的定义与使用方法
- ☑ 结构体与函数、指针的关系
- ☑ typedef 的作用与使用方法
- ☑ 链表及其基本操作

本章难点

- ☑ 有关链表的操作
- ☑ 用结构体变量和指向结构体的指针作函数参数

为了求解较复杂的问题，C 语言提供了一种自定义数据类型的机制，用这种机制可以定义出较复杂的数据类型，如结构体和共用体。这些复杂数据类型的元素或成员的数据仍然是基本数据类型。灵活地使用这些数据可大大提高对数据的处理效率。

10.1　结　构　体

在 C 语言中，数组是由具有相同数据类型的数据组成的集合体，而结构体是由不同数据类型的数据组成的集合体。这是结构体与数组的差别。由于结构体是由若干不同的单一数据类型的数据组成的，所以它是一种构造数据类型。结构体中所有成员的数量和大小必须是确定的，即结构体不能随意改变大小，这一点与数组类似。

10.1.1　结构体定义

结构体由不同数据类型的数据组成，组成结构体的每个成员称为该结构体的成员项。在程序中使用结构体时，首先要对结构体的组成进行描述，这称为对结构体的定义。

它的一般格式如下：

```
struct 结构体名{
数据类型 成员名 1;
数据类型 成员名 2;
          ⋮
数据类型 成员名 n;
};
```

其中，struct 是用来说明类型为结构体的关键字，其后是说明的结构体名，它们两者组成了定义结构体数据类型的标识符。在大括号中是对各个成员的说明。每个成员也是由数据类型加成员名组成的。每个结构体可以含有多个相同数据类型的成员名，可以像说明多个相同数据类型的普通变量一样进行说明，这些成员之间用逗号隔开。结构体中的成员可以

和程序中的其他变量名相同；不同结构体中的成员也可以同名。

注意： 结构体的定义描述了该结构体的组织形式。结构体仅仅是说明一种特定的构造数据类型，编译程序不会因此而分配任何存储空间。真正占有存储空间的是具有相应结构类型的变量等。

例如，定义一个工人情况的结构体。

```
struct worker{
                char name[20];
                char sex;
                int age;
                float wage;
                char number[12];
                char *P_addr;
              };
```

从上面对工人情况的结构体定义可以看出：

(1) 结构体变量同样具有作用域和存储类型，即它们也可以是全局变量、局部变量，可以进行静态存储和动态存储等。不论结构体变量是全局的还是局部的，是静态的还是动态的，系统都会在适当的时候为其分配符合该结构体类型数据的存储空间。

为结构体变量分配空间时，需要给它的每一个成员分配相应类型所需的存储单元，分配是按照类型定义中成员声明的顺序依次分配的。一个结构体变量所分配到的存储空间是连续的，并且这片连续空间的长度是它的所有成员所占存储空间的长度之和。

一个结构体变量所占用的内存空间的字节数可以用 sizeof 运算符求出，它的一般形式如下：

```
sizeof(变量名或类型标识符)
```

例如：从上面对工人情况的结构体的说明，可以看到它所占的内存空间的字节数为 44。语句如下：

```
len=sizeof(struct worker);
```

分析：根据结构体的存储形式可知，sizeof(struct worker)的值应为结构体中各个成员所占空间之和，一个 int 型占 2 个字节；一个 char 型占 1 个字节，定义了 34 个字符，占 34 个字节；一个 float 型占 4 个字节；则所占空间为 2+1×34+4=40，则 sizeof(struct worker)的值为 40。

(2) 结构体中的成员可以是任何基本数据类型的变量，如 int、char、float 和 double 等。这些成员的类型可以相同也可以不同。

(3) 结构体中的成员可以是数组、指针类型的变量。如工人的名字就采用数组的形式，而地址是用指针来定义的。

(4) 结构体类型可以嵌套定义，即允许结构体中的一个或多个成员是其他结构体类型的变量。例如：

```
struct worker{
                char name[20];
                char sex;
                int age;
```

```
        float wage;
        struct birthday{
                        int year;
                        int mouth;
                        intday;
                       };
       char *P_addr;
       };
```

又定义了一个工人出生年月的结构体。

(5) 结构类型不允许出现以下情况：

```
struct worker{
              char name[20];
              char sex;
              int age;
              float wage;
              struct worker a;
              struct worker b;
            };
```

在这种情况下，结构体 worker 中含有结构变量 a 和 b。由于它们的数据类型是定义的结构类型 worker，从而造成递归定义的形式，这样无法确定成员 a 和 b 所占空间的大小。

10.1.2 结构体变量

在 C 语言中，结构也是一种数据类型，可以使用结构体变量。和其他变量一样，在使用结构体变量时要先对其进行定义。

它的一般格式如下：

```
struct 结构体名{
数据类型 成员名 1;
数据类型 成员名 2;
      ⋮
数据类型 成员名 n;
}结构体变量名;
```

注意： 结构名不是变量名，而是结构的标识符。结构体是按变量名来访问成员的。

定义结构体变量常用的方法如下。

(1) 先定义结构体，再定义结构体变量。例如：

```
struct goods{
             char code;       /*商品代号*/
             char name;       /*商品名称*/
             float price;     /*单价*/
             char place;      /*产地*/
           };
struct goods x,y;             /*定义为结构体变量*/
```

运用此方法时，关键字 struct 和结构体名必须同时出现。

(2) 在定义结构体的同时定义结构体变量。例如：

```
struct stu{
             int num;
             char name[20];
             char sex;
             float score;
           }stu1,stu2;
```

这样既定义了结构类型 stu，又定义了两个结构变量 stu1 和 stu2。其实上面两种方法所达到的效果是一样的。

(3) 省略结构类型定义变量，也叫无名结构类型定义变量。例如：

```
struct{
         int a,b;
         float f1,f2;
         double b1,b2;
       }m1,m2;
```

可以看到，在关键字 struct 与“{”之间没有结构名。对于这种没有结构名的结构类型，不采用先定义结构类型，再定义结构变量的方法。

10.1.3 结构体变量的使用

在定义好一个结构体变量后就可以对其进行处理了。引用一个结构体变量的一般形式如下：

```
结构变量名.成员名
```

其中，“.”是结构成员的运算符，它在所有运算符中优先级别最高。例如：

```
struct number{
                 int x,y;
                 float f1,f2;
               }num1,num2;
num1.x;       /*num1.x 表示结构变量 num1 的成员 x*/
num2.f2;      /*num2.f2 表示结构变量 num2 的成员 f2*/
```

引用结构体成员的方式是从整体到局部，即先找到那个结构体变量，然后通过成员关系运算符“.”找到其中指定的成员。所以对结构成员的引用不同于简单变量的使用方式，不能直接以成员名的方式进行引用。

但结构变量的每个成员都可以像普通变量一样进行各种运算。如：

```
num1.x=5;
num2.f1=3.56;
num1.y++;
num1.x=num1.x+num2.y;
```

C 语言规定，允许将一个结构类型的变量，作为一个整体赋给另一个具有相同结构类型的变量。例如：

```
struct number num1,num2;
num2=num1;
```

上述语句的功能就是将 num1 的各成员值赋值给 num2 对应的各成员。

注意：结构变量不能作为一个整体进行输入输出。

与数组类似，在定义结构体变量的同时，可以对其进行初始化，但要注意结构体成员的数据类型与初值一致。例如：

```
struct goods{
            char code[20];
            char name[20];
            float price;
            char place[20];
          };
struct goods good1={"NP100","NOKIA",1325.6,"nanjing"};
```

也可以直接在定义结构体变量的同时进行初始化。例如：

```
struct tea{
          char *name;
          long int order;
          char telnum[2];
          float ave;
        }tea1={"linjinxin",200112,"02584325461","13869325693"};
```

这种方法在初始化时对结构体中的各个成员都进行了赋值，当然也可以进行部分赋值。

初始化结构体变量的一般形式如下：

```
结构类型 结构变量名={初始化表};
```

对具有嵌套的结构体的初始化如下：

```
struct num{
          float a,b;
        };
struct circle{
            struct num area;
            struct num vol;
           }result={{123.6,6},{159.3,5.6}}
```

结构中可以含有数组，即数组作为结构成员。反过来，数组也可以用结构体变量作为元素，这种由同一结构类型的变量组成的数组称为结构数组。结构数组的定义与不同结构变量相似，只不过结构变量不是一般的变量而是一个数组。

它的一般格式如下：

```
struct 结构名 结构体数组名[元素个数];
```

例如，定义 10 名学生基本情况的结构体数组如下：

```
struct student{
             int num;
             char name[20];
             char sex;
             float score;
            };
struct student stu[10];
```

也可定义为

```
struct student{
                int num;
                char name[20];
                char sex;
                float score;
              }stu[10];
```

这样定义后，每个学生具有相同的基本情况，包括学号、姓名、性别和总分。

与定义结构体一样，结构体数组的定义也有几种方式：先进行结构类型定义，再定义结构体数组，见上例；同时进行结构体类型和结构体数组的定义；直接定义结构体数组而不需要定义结构体类型名。

对结构体数组的引用是先根据下标确定是该数组中哪个元素，再利用结构体运算符“.”访问具体的数据成员。例如，要想知道第 3 个学生的总分，可以采取以下引用方法：

```
stu[2].score
```

当结构体数组有结构嵌套时，例如：

```
struct score{
               int score[5];
               float av;
             };
struct student{
               char name[30];
               struct score stu;
             }st[30];
```

访问第 6 个学生的第 3 门功课的成绩，可以采用以下方法：

```
st[5].stu.score[2]
```

访问第 6 个学生的平均分，可用：

```
st[5].stu.av
```

实际上结构数组相当于一个二维数组，第一维是结构数组元素，每一个元素是一个结构变量，第二维是结构成员。结构数组成员也可以是数组变量。

与普通数组一样，结构数组也可以在定义时进行初始化，其方法是在定义结构数组之后紧跟等号和初始化数据。

它的一般格式如下：

```
struct 结构体类型 结构体数组名[n]={{初值表 1},{初值表 2},…,{初值表 n}};
```

结构数组初始化时，可根据缺省原则将花括号中表示元素的个数的项省略掉。由于结构体是由不同数据类型的数据组成的，所以在初始化时要注意数据的顺序、类型。例如：

```
struct person{
               char name[15];
               int count;
             }leader[4]={{"li",0},{"wang",0},
                         {"cheng",0},{"zhang",0}};
```

例 10.1　编写程序，定义一个含职工姓名、工作年限、工资总额的结构体类型，输入 5 名职工的信息，最后再给工作年限超过 30 年的职工加 100 元工资，然后分别输出工资变化前和变化后的所有职工信息。程序代码如下：

```
#include<stdio.h>
struct{
        char name[10];
        int year;
        float salary;
      }w[20];
main()
{
   int i;
   for(i=0;i<5;i++)
   {
        printf("please input name:");
        scanf("%s",w[i].name);
        printf("please input work year:");
        scanf("%d",&w[i].year);
        printf("please input salary:");
        scanf("%f",&w[i].salary);
   }
   printf("before change:\n");
   for(i=0;i<5;i++)
   {
        printf("name:%s\n",w[i].name);
        printf("year:%d\n",w[i].year);
        printf("salary:%.2f\n",w[i].salary);
        printf("\n");
   }
   for(i=0;i<5;i++)
     if(w[i].year>30)
        w[i].salary+=100;
        printf("after change:\n");
      for(i=0;i<5;i++)
      {
         printf("name:%s\n",w[i].name);
         printf("year:%d\n",w[i].year);
         printf("salary:%.2f\n",w[i].salary);
         printf("\n");
      }
}
```

程序运行结果如下：

```
please input name:bb(回车)
please input work year: 45(回车)
please input salary:800
…
before change:
name:bb
year:45
salary: 800
…
after change:
name:bb
year:45
salary: 900
```

例 10.2　编写程序，输入 A、B 两个人的信息(包括姓名和出生年月日)，按“年龄大

的先输出，年龄小的后输出，两个人年龄相等时先输出 A”的原则，输出他们的全部信息。程序代码如下：

```
#include<stdio.h>
struct data{
        int y;
        int m;
        int d;
};
struct ss{
            char name[20];
            struct data bth;
};
main()
{
    struct ss a,b;
    long btha,bthb;
    printf("inout a:");
    scanf("%s%d%d%d",a.name,&a.bth.y,&a.bth.m,&a.bth.d);
    printf("inout b:");
    scanf("%s%d%d%d",b.name,&b.bth.y,&b.bth.m,&b.bth.d);
    btha=a.bth.y*10000+a.bth.m*100+a.bth.d;
    bthb=b.bth.y*10000+b.bth.m*100+b.bth.d;
    if(btha<=bthb)
    {
        printf("a:%12s%6d%4d%4d\n",a.name,a.bth.y,a.bth.m,a.bth.d);
        printf("b:%12s%6d%4d%4d\n",b.name,b.bth.y,b.bth.m,b.bth.d);
    }
    else
    {
        printf("b:%12s%6d%4d%4d\n",b.name,b.bth.y,b.bth.m,b.bth.d);
        printf("a:%12s%6d%4d%4d\n",a.name,a.bth.y,a.bth.m,a.bth.d);
    }
}
```

例 10.3 假设 A、B 两个选手在马拉松比赛中所用的时间以时、分、秒记录。编写程序输出两人中跑得较快的选手所用的时间。程序代码如下：

```
#include<stdio.h>
struct tm{
            int h;
            int m;
            int s;
          };
main()
{
    struct tm a={2,23,45},b={2,34,6};
    long timea,timeb;
    timea=a.h*3600+a.m*60+a.s;
    timeb=b.h*3600+b.m*60+b.s;
    if(timea>timeb)
        printf("B 选手快，所用时间是：%d   %d  %d\n",b.h,b.m,b.s);
    if(timeb>timea)
        printf("A 选手快，所用时间是：%d   %d  %d\n",a.h,a.m,a.s);
    if(timea==timeb)
        printf("两人所用时间相等：%d   %d  %d\n",b.h,b.m,b.s);
}
```

高等学校应用型特色规划教材

10.2　结构体与函数

和普通变量一样，结构体变量也可以作为函数参数，用于在函数之间传递数据。同时，函数的返回值也可以是结构变量。

10.2.1　结构变量与结构数组作函数的参数

结构变量作函数参数的传递方式与简单变量作函数参数的处理方式完全相同，即采用值传递的方式，形参结构变量中各成员值的改变，对相应实参结构变量不产生任何影响，但在函数定义时需要对其类型进行相应的说明。如：

```
int get_month(x)
struct month x;
{
    …
    x.day=23;
    …
}
```

它说明了形参 x 是 struct month 型结构变量。

在函数调用时，为结构类型的形参分配相应的存储区，并将对应实参变量中的各成员的值赋值到形参中对应的成员中。

例 10.4　编写程序，在屏幕上显示一个倒计时的时钟，以剩余的“分:秒”的格式显示当前时间，如“还剩 58:26”，并依次刷新。程序代码如下：

```
#include<stdio.h.>
#include<conio.h>
#include<dos.h>
#include<windows.h>
struct tim{
            int minute;
            int second;
          };
void show(struct tim t);
main()
{
    struct tim t;
    system("cls");
    printf("\n\n\n\n\n       输入计时时间: ");
    scanf("%d:%d",&t.minute,&t.second);
    show(t);
    printf("\n\n\n\n\n\n     %d 分%d 秒已到。\n",t.minute,t.second);
    getchar();
}
void show(struct tim t)
{    do
    {  system("cls");
       printf("\n\n\n\n\n\n     还剩%2d: %2d",t.minute,t.second);
       sleep(1000);
        if(t.second==0)
          if(t.minute>0)
```

```
            {(t.minute)--;t.second=60;}
         else
        return;
        (t.second)--;
        }while(1);
}
```

程序运行结果如下：

```
输入计时时间：1:5(回车)
还剩 1:5(时间不停地变化至 0:0)
```

最后显示：

```
1 分 5 秒已到
```

结构数组作为函数参数，与数组名作为函数参数的处理方式完全相同，即采用地址传递的方式，把结构体数组的存储首地址作为实参。形参结构变量中各成员值的改变，对相应实参结构变量产生影响。例如：

```
struct student{
       char name[30];
       float ave;
}st[N];
struct student stu[N];
data_input(N,stu);
void data_input(int k,struct student s[])
{
     int i;
     …
}
```

例 10.5 编写一个程序，定义一个含有学生编号与成绩的结构体类型，输出高于平均分的学生数据。程序代码如下：

```
#include <stdio.h>
#define N 16
struct student
{
    char num[10];
    int score;
};
int fun(struct student a[], struct student b[])
{
    int i,j=0;
    float sum=0,ave;
    for(i=0;i<N;i++)
        sum+=a[i].score;
    ave=sum/N;
    for(i=0;i<N;i++)
        if(a[i].score>ave)
            b[j++]=a[i];
    return j;
}
void main()
{
    struct student stu[N]=
    {{"GA005",82},{"GA003",75},{"GA002",85},{"GA004",78},{"GA001",95},{"
```

```
GA007",62},{"GA008",60},{"GA006",85},{"GA015",83},{"GA013",94},{"GA012",
78},{"GA014",97},{"GA011",60},{"GA017",65},{"GA018",60},{"GA016",74}};
    struct student h[N];
    int i, n;
    n=fun(stu,h);
    printf("The highest score:\n");
    for(i=0;i<n;i++)
        printf("%s %4d\n", h[i].num, h[i].score);
    printf("\n");
}
```

10.2.2　结构变量作为函数的返回值

结构变量也可以作为函数的返回值，这时在函数定义时，需要说明返回值的类型为相应的结构类型。例如：

```
struct data func(n)
float n;
{
   struct data f;
       …
   return(f);
}
```

其中，函数名 func 前面的类型说明符就是用于对函数返回值 f 的类型进行说明。

10.3　结构体与指针

结构变量被定义后，编译时就为其在内存中分配一片连续的单元。该内存单元的起始地址就称为该结构变量的指针。可以设立一个指针变量，用来存放这个地址。当把一个结构变量的起始地址赋给一个指针变量时，就称为该指针变量指向这个结构变量。结构体指针变量还可以用来指向结构体数组中的元素。结构体指针与以前介绍过的指针用法一样，结构体指针的运算也按照 C 语言的地址计算规则处理。

10.3.1　结构体变量指针

结构体变量指针是指向结构体变量的指针。

它的一般格式如下：

```
struct 结构体类型名 *结构体变量名;
```

例如：

```
struct student{
                  float ave;
                }stu1;
struct student *pa;
```

定义 stu1 是类型为 struct student 的结构体变量，pa 是可以指向该类型对象的指针变量。但应注意的是：经过上面的定义，此时 pa 尚未指向任何具体对象。为使 pa 指向 stu1，必须把 stu1 的地址赋给 pa：

```
pa=&stu1;
```

注意，在定义了*pa 之后，应该知道：

(1) *pa 不是结构变量，因此不能写成 pa.ave，必须加上圆括号(*pa).ave。为此，C 语言引入一个指向运算符“->”，连接指针变量与其指向的结构体变量的成员。“->”为间接成员运算符，其一般引用的格式如下：

```
指针变量名->结构成员名
```

说明：运算符“->”是由连字符和大于号组成的字符序列，它们要连在一起使用。C 语言把它们作为单个运算符使用。所以可以将(*pa).ave 改写为 pa->ave。

(2) pa 只能指向一个结构体变量，而不能指向结构体变量中的一个成员。

(3) 指向运算符“->”的优先级别最高，如：

pa->ave+1 相当于(pa->ave)+1，即返回 pa->ave 之值加 1 的结果；

pa->ave++相当于(pa->ave)++，即将 pa 所指向的结构体成员的值自增 1。

综上所述，有以下三种方法引用结构体中的成员：

```
结构变量名.成员名
(*结构指针变量名).成员名
结构指针变量名->成员名
```

例如：

```
struct point{
                float x[2];
                struct point *next;
              }fp,lp,*top;
    top=&fp;
    fp.x[0]=3.14;
    fp.next=&lp;
    (*fp.next).x[0]=0.369;
    lp.next=0;
    top->x[1]=2.698;
    top->next->x[1]=5.354;
```

10.3.2　结构体数组指针

数组和指针有密切的关系。同样，结构数组和结构体数组指针也紧密相关。当定义一个结构数组后，还可以定义一个结构指针变量，使该指针变量指向这个数组。那么，程序中既可以利用数组下标访问一个数组元素，也可以通过指针变量的操作来存取结构数组元素。

例如，定义一个结构类型 worker 和结构数组 class：

```
struct worker{
                  char name[20];
                  float salary;
                  int age;
                  int num[12];
                };
struct worker class[10];
struct worker *pa;
pa=&class[0];   /*指针变量 pa 指向结构体数组的首地址*/
```

使用结构体数组指针 pa 时应注意以下几点。

(1) 当执行 pa=&class[0]语句后，指针 pa 指向 class 数组的第一个元素；当执行 pa++后，表示指针 pa 指向下一个元素的起始地址。(++pa)－>age 先将 pa 增 1，然后取得它指向元素中 age 成员的值；若原来 pa 指向 class[0]，则表达式返回 class[1].age 的值，之后 pa 指向 class[1]。(pa ++)－>age 先取得 pa－>age 的值，然后再使 pa 自增 1。若原来 pa 指向 class[0]，则该表达式返回 class[0].age 的值，之后 pa 指向 class[1]。

(2) pa 只能指向该结构体数组中的一个元素，然后再用指向运算符－>取其成员之值，而不是直接指向一个成员。

例 10.6 输入 10 本书的名称和单价，按照单价进行排序后输出。

程序中采用函数 sort 完成排序工作，采用函数 printbook 输入书名和单价。在函数 sort 中，使用插入排序法。插入排序的基本思路是：在数组中，有 n 个已经从小到大排好的元素，要加入一个新的元素时，可以从数组的第一个元素开始，依次与新元素进行比较。当数组中首次出现第 i 个元素的值大于新元素时，则新的元素就应当插在原来数组中的第 i-1 个元素与第 i 个元素之间。此时可以将数组中第 i 个元素之后的所有元素向后移动一个位置，将新元素插入，使它成为第 i 个元素。这样可以得到 n+1 个已经排好序的元素。

程序代码如下：

```
#include<stdio.h>
struct book{
            char name[20];
            float price;
           };
void sort(struct book term,struct book *pbook,int count);
void printbook(struct book *pbook);
main()
{
   struct book term,books[10];
   int count;
   for(count=0;count<10;)
   {
      printf("please enter book name and price%d=",count+1);
      scanf("%s%f",term.name,&term.price);
      sort(term,books,count++);
         /*调用函数,传给结构变量 term 和结构数组 book 数组的首地址*/
     }
   printf("----------BOOK LIST--------------\n");
   for(count=0;count<10;count++)
      printbook (&books[count]);     /*调用函数,传递数组中一个元素的地址*/
   }
void sort(struct book term,struct book *pbook,int count)
/*形式参数,结构变量 term*/
/*指向结构数组首地址的指针 pbook*/{
   int i;
   struct book *q,*m,*pend=pbook;
   for(i=0;i<count;i++,pend++);
   for(;pbook<pend;pbook++)
      if(pbook->price>term.price)
           break;
   for(q=pend-1,m=pend;q>=pbook;q--,m--)
       *m=*q;
```

```
*(q+1)=term;}
void printbook(struct book *pbook)      /*输出指针所指向的结构数组元素的值*/
{
   printf("%-20s%6.0f\n",pbook->name,pbook->price);
}
```

程序运行结果如下：

```
please enter book name and price 1=ada 10
please enter book name and price 2=C 34
please enter book name and price 3=c++ 32
please enter book name and price 4=pascil 12.6
please enter book name and price 5=windows 43
please enter book name and price 6=basic 19
please enter book name and price 7= fortran 163
please enter book name and price 8= dos 26
please enter book name and price 9=ocl 36
please enter book name and price 10=plc 65
```

输出结果如下：

```
----------BOOK LIST--------------
ada           10
pascil       12.6
basic        19
dos           26
c++           32
C            34
ocl           36
windows      43
plc           65
fortran      163
```

10.4 链　　表

链表是 C 语言中很容易实现，而且是非常有用的数据结构，它是动态进行存储分配的一种结构。链表有若干种形式，如单链表、双链表等，每种形式适合于一定的数据存储类型。这些链表的共同点是数据项之间的关联由包含在数据项自身的信息所定义，就是说在每个数据项内部有指向该数据类型的指针变量。本节以单链表为例来说明数据结构操作的基本知识。

10.4.1 链表概述

链表是将若干数据项按照一定规则连接起来的表，链表中的每个数据称为一个结点(也称节点)。即链表是由称为结点的元素组成的，结点的多少根据需要确定。链表连接的规则是：前一个结点指向下一个结点；只有通过前一个结点才能找到下一个结点。因此，每个结点都应包括两方面的内容。

(1) 数据部分，该部分可以根据需要来确定由多少个成员组成，它存放的是需要处理的数据。

(2) 指针部分，该部分存放的是一个结点的地址，链表中的每个结点通过指针连接在一起。

当然一个链表必须知道其表头的头指针。如果一个链表中的结点只有一个指向其他结点的指针，则称为单链表；若结点有两个指向其他结点的指针，则称为双链表。单链表的结构如图 10.1 所示。

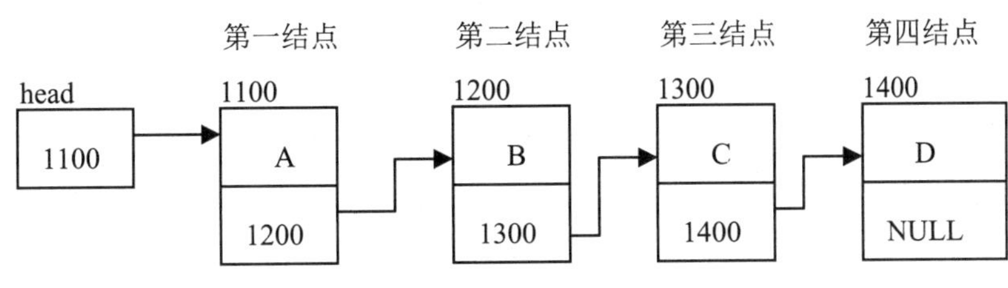

图 10.1　单链表结构

说明：

(1) 头指针变量 head 指向链表的首结点。

(2) 每个结点由两部分组成——数据和指针。

(3) 尾结点的指针域为空 NULL，作为链表结束的标志。

链表与结构数组有相似之处，即都是由相同数据类型的结构变量组成，结构变量间有一定的顺序关系，但它们又有区别。

(1) 结构数组中各元素是连续存放的，而链表中的结点可以是不连续存放的。

(2) 结构数组元素可通过下标或相应的指针变量的移动进行顺序或随机访问；而链表中结点不便于随机访问，只能从链表开头一个结点一个结点地顺序访问。

(3) 结构数组在定义时就确定了元素的个数，不能动态增长；而链表的长度往往是不确定的，可以根据问题求解过程中的实际需要动态地创建结点并为其分配存储空间。

10.4.2　链表的基本操作

对链表的基本操作有建立、查找、插入、删除和修改等。

(1) 建立操作是指从无到有建立一个链表，即往空链表中依次插入一个结点，并保持结点之间的前驱和后继的关系。

(2) 查找操作是指在给定的链表中，查找具有检索条件的结点。

(3) 插入操作是指在某两个结点之间插入一个新的结点。

(4) 删除操作是指在给定的链表中，删除某个特定的结点，也就是插入的逆过程。

(5) 修改操作是指在给定的链表中，首先根据某已知条件，查找到该结点，再修改数据域中的某些数据项。

由于 C 语言允许结构成员可以是本结构类型的指针，所以链表中的每个结点可以用一个结构变量来描述。利用 C 语言处理链表是非常方便的。可将链表中每个结点的结构类型定义如下：

```
struct node{
            int data; /*数据部分*/
            struct node *next;    /*指针部分*/
           };
```

1. 链表的建立

链表的建立往往是由数据驱动来动态进行的。首先，定义两个结构体变量：

```
struct node n1,n2;
```

那么语句：

```
n1.next=&n2;
```

就可以实现在 n1 和 n2 之间建立连接关系，即由 n1 中的指针成员 next 指向结构变量 n2。只要在 n1 和 n2 之间建立了这种连接关系，就可以利用 n1 中的 next 成员来间接访问 n2 中的每一个成员。例如：

```
n2.data=10;
n1.next->data=10;
```

由于链表建立起来后，作为结构变量名的 n2 已不再保留，所以第二赋值语句更为实用。如果再定义一个 struct node 型结构变量 n3，则在 n2 和 n3 之间建立联系可用下面的语句表示：

```
n2.next=&n3;
n1.next->next=&n3;
```

如果要将一个值存入 n3 结点的成员中，可以采用下面语句中的任何一种形式：

```
n3.data=10;
n2.next->data=10;
n1.next->next->data=10;
```

建立链表必须确定头指针，为了处理上的方便，可以为链表设置一个指向第一个结点的指针，即链表头指针。例如：

```
struct node *head;
head=&n1;
```

这时，head 就是链表的头了，它指向链表的首结点 n1。

链表的尾指针通常被设置为 NULL，即把链表的最后一个结点的 next 成员赋值为 NULL 值，今后凡遇到 next 成员是 NULL 值的结点，就表示链表结束。如：

```
n3.next=NULL;
```

表示给 n3 的 next 成员赋予结束标志。

例 10.7 创建一个链表。程序代码如下：

```
#include<stdio.h>
#include<stdlib.h>
struct node{
              int data;
              struct node *next;
           };
void main(){
    int num,i;
    struct node *ptr,*head;
    head=(struct node*)malloc(sizeof(struct node));
    ptr=head;
```

```
    printf("please input 3 number==>\n");
    for(i=0;i<3;i++)
    {     scanf("%d",&num);
          ptr->data=num;
          ptr->next=(struct node*)malloc(sizeof(struct node));
          if(i==2)
              ptr->next=NULL;
          else
              ptr=ptr->next;
    }
    ptr=head;
    while(ptr!=NULL)
    {     printf("the number is ==>%d\n",ptr->data);
          ptr=ptr->next;
    }
}
```

程序运行结果如下：

```
    please input 3 number==>1 2 3(回车)
the number is ==>1
the number is ==>2
the number is ==>3
```

2. 链表的查找

这里的查找运算实现按照序号查找功能进行。按照序号查找就是在单链表 head 中查找序号为 i 的结点。若找到该结点，则返回指针；否则返回 NULL。

具体程序如下：

```
struct node *getnode(struct node *head,int i)
{
     int j;
     struct node *p;
     p=head;    /*从头开始扫描*/
     j=0;
     while(p->next!=NULL&&j<i)
     {
          p=p->next;
          j++;
    }
     if(i==j)    /*找到第 i 个结点*/
          return p;
    else
        return NULL;
}
```

3. 链表的插入和删除

利用链表来管理数据的优点之一是可以很容易地对链表进行修改等操作，例如插入新结点和删除旧结点等。插入的具体步骤如下。

(1) 在链表中，确定新结点要插在哪个结点的后面，则把该结点称为标记结点。

(2) 建立一个结构体，利用 malloc()分配内存空间。

(3) 使新结点中的 next 指向标记结点指向的结点。

(4) 使标记结点中的 next 指针变量指向新结点(由 malloc()返回的地址值)。

实现上述功能的代码：

```
struct node *p;
/*确定标记结点的位置,使 p 指向它*/
new=(struct node *)malloc(sizeof(struct node));
new->next=p->next;
p=->next=new;
```

删除结点分以下几种情况。

(1) 删除链表头结点，那么就把 head 指向链表的第二个结点。删除链表头结点的程序代码如下：

```
struct node *p;
p=head;
head=p->next;
free(p);
```

(2) 删除尾结点，那么就把链尾结点上的一个结点中的 next 变量置为 NULL。删除尾结点的程序代码如下：

```
struct node *p1,*p2;
p1=head;
p2=p1->next;
while(p2->next!=NULL)
{
   p1=p2;
   p2=p1->next;
}
free(p1->next);
p1->next=NULL;
```

(3) 删除其他任一结点，那么就使被删除结点之前的那个结点中的 next 指针变量指向被删除结点之后的结点。当然，为了给程序更多空间，应该释放被删除结点所占的内存。可以用 free()函数来释放内存空间。从链表中删除一个结点的程序代码如下：

```
struct node *p1,*p2;
/*使指向被删除结点之前的那个结点*/
p2=p1->next;
p1->next=p2->next;
free(p2);
```

例 10.8 在一个递减的顺序存储线性表中，删除所有值相等的多余元素。程序代码如下：

```
#define maxlen 30
struct sq{
          int elem[maxlen];
          int last;
         };
void exam(struct sq *l)
{
    int i=0,j=1,k;
    while(i<l->last){
         if(l->elem[j]==l->elem[i])
         {   for(k=j;k<l->last;k++)
```

高等学校应用型特色规划教材

```
                l->elem[k]=l->elem[k+1]
            l->last=l->last-1
            i++;
            j=i+1;
        }
        else  /*相等时,j 增 1,则 i 之后与之值相等的元素个数为 j-i-1*/
            {i++;j++;}
    }
}
```

例 10.9　将一个链表逆序排列，即将链头当链尾，链尾当链头。

分析：为了实现逆置，通常可以通过首尾元素两两交换的方式来完成，但是由于单链表中数据的存取不是随机的，因此这种算法效率太低，我们可以改变指针的指向达到逆置的目的：扫描链表的每个结点，使每个结点指针不再指向它的后继而是指向它的前驱。为了使改变指针指向过程中不出现断链现象，需要使用三个指针，分别是指向当前结点的指针、指向当前结点前驱的结点指针和指向当前结点后驱的结点指针。当扫描结束后，整个逆置操作完成。最后需要使原来的表头结点指向逆置后的链表的第一个结点。

程序代码如下：

```
struct node{
              char c;
              struct node *next;
            };
struct node* create(void);
invert(struct node *first);
print(struct node *h);
main()
{
    struct node* r=create();
    print(r);
    invert(r);
    print(r);
}
struct node* create(void)                          /*构建新的链表*/
{
    struct node *head,*p,*q;
    char ch;
    head=q=(struct node*)malloc(sizeof(struct node));
    ch=getchar();
    while(ch!='#')
    {
        p=(struct node*)malloc(sizeof(struct node));
        p->c=ch;
        q->next=p;
        q=p;
        ch=getchar();
    }
    p->next=0;
    return head;
}
invert(struct node *first)                         /*逆置*/
{
    struct node *p=first->next,*q,*head=first;
    first=first->next;
    first=0;
```

```
    while (p)
    {
        q=p->next; p->next=first;
        first=p;  p=q;
    }
    head->next=first;
    first=head;
}
print(struct node* h)                                    /*打印链表中各元素值*/
{
    struct node *p=h->next;
    while(p!=0)
    {
        printf("%c ",p->c);
        p=p->next;
    }
    printf("\n");
}
```

10.5 共 用 体

在编制程序时，有时会碰到这样的情况：需要把不同数据类型的变量放在同一存储区域。例如，在编制程序的符号表中，常量可以是整常量、浮点常量或指向字符的指针，它们的类型及大小是不同的。为了便于管理，可以把它们放在足够大的同一存储区域，这就用到了共用类型，它也是一种数据类型。

共用体与结构体类型的定义类似。

它的一般格式如下：

```
union 共用类型名{
数据类型 成员名 1;
数据类型 成员名 2;
         ⋮
数据类型 成员名 n;
};
```

可以看出，共用体与结构体的定义在形式上非常相似，只是关键字变为了 union，union 就是定义共用体的标识符。

同样在定义共用体变量时，也可以将类型定义和变量定义分开，或者直接定义共用变量。其常用形式如下：

```
union 共用体类型名 共用体变量;
```

例如：

(1) 直接定义变量(共用体名可以省略)：

```
union num{
            char ch;
            int a;
            float f;
            char c;
            int *p
          }x,y,z,*pa;
```

(2) 先定义类型，再定义变量：

```
union unm x,y,z;
```

(3) 共用体与结构体可以嵌套使用：

```
union stu{
        struct{
               int name[10];
               float ave;
             }st;
        int age;
          char bir[10];
        }stu1;
```

要访问成员 ave，可以用 stu1.st.ave 的形式。

定义好共用体后，对其中成员的引用与结构体一样，满足三种方式。

(1) 共用体变量名.成员名。例如：x.ch、stu1.age。

(2) 共用体指针变量名->成员名。例如：pa->f。

(3) (*共用体指针变量名).成员名。例如：(*pa).c。

尽管共用体与结构体的形式相同，但是它们在内存分配上是有本质区别的。在处理结构体变量时，C 编译系统按照其各个成员所需存储区的总和来分配存储单元，而在处理共用体变量时，C 编译系统按照其占用存储区最大的成员来分配存储单元。如上面的共用体变量 x，系统分配的内存空间为 4 个字节，因为在成员中浮点型变量的空间最大。这一点值得注意。

使用共用体的注意事项如下。

(1) 由于共用体变量中的所有成员共享存储空间，因此变量中的所有成员的首地址相同，而且变量的地址也就是该变量成员的地址。

(2) 由于共用体变量中的所有成员共享存储空间，所以在任意时刻，只能有一种类型的数据存放在共用体变量中。也就是说，任意时刻，只有一个成员有效，其他成员无意义。在引用共用体成员变量时，必须是最后存入的共用体成员变量。例如：执行下面语句：

```
x.ch='a';x.f=3.14;x.c='b';
```

之后，引用变量 x 的成员，只有 x.c 才是有效的。

(3) 共用体变量不能作为函数参数，在定义共用体变量时也不能进行初始化。例如，下面的初始化是非法的：

```
union tea{
          char name[10];
          int age;
       }t={"zhangxin",34};
```

因为对整体初始化只有最后一个成员有效，前面的值都会被覆盖掉。当然可以为成员中的第一个成员进行初始化，例如：

```
union stu{
int age;
float score;
        }x={19},*pa;
```

例 10.10 有以下程序：

```
main()
{
   union{
          unsigned int n;
          unsigned char c;
         }
    u1;
    u1.c='A';
    printf("%c\n",u1.n);
}
```

程序运行结果如下：

```
A
```

本题所定义的共用体中有两个成员 n 和 c，它们占用同一片内存区域，因此它们的首地址相同。给 u1.c 赋“A”时，实际上也给 u1.n 的低字节赋了'A'。当以字符型输出 u1.n 时，实际输出了 u1.n 的低字节，即输出“A”。

10.6 枚举类型

所谓枚举，就是将变量的值一一列举出来，而变量的值只限于在列举出来的值的范围内。枚举是一个有名字的整型常量的集合，该类型变量只能是取集合中列举出来的所有合法值。通常采用下面的形式定义一个枚举数据类型。

```
enum 类型名{取值表};
```

其中，enum 是定义枚举类型的关键字。例如：

```
enum color{read,blue,yellow,black,green,white};
```

color 是枚举类型名，花括号中各个标识符是构成该类型的各个成分，即枚举元素。

下面介绍枚举变量的定义方式。

(1) 在定义枚举类型的同时定义枚举变量。例如：

```
enum color{read,blue,yellow,black,green,white}c1,c2;
```

这里的 c1、c2 都是枚举变量。此时，枚举类型名 color 可以省略。

(2) 先定义枚举类型，再定义枚举变量。例如：

```
enum color c3;
```

注意事项：

① 枚举元素也称枚举常量，每个枚举常量都表示一个整数值(称为序号)，系统默认它们依次是 0,1,…,n-1。例如：

```
enum week{sun,mon,tue,wed,thu,fri,sat}day;
```

在系统默认的情况下，第 1 个枚举常量代表 0，第 2 个枚举常量代表 1，其他常量的值依次递增 1，即 sun=0,mon=1,…。用户也可以自己为枚举常量确定对应的序号，例如：

```
enum week{sun=7,mon=1,tue,wed,thu,fri,sat}day;
```

② 枚举元素是常量而不是变量，因此不能为枚举元素赋值。下面的语句都是不合法的：

```
wed=3;
sat=6;
```

(3) 可以将一个整数经强制转换后赋值给枚举变量。例如：

```
enum color{read,blue,yellow,black,green,white}c1,c2;
c3=(enum color)5;
```

相当于：

```
c3=white;
```

例 10.11 用键盘输入一个整数，显示与该整数对应的枚举常量的英文名。程序代码如下：

```
#include<stdio.h>
main()
{
   enum color{white,black,blue,red,yellow,green};
   enum color c1;
   int i;
   scanf("%d",&i);
   c1=(enum color)i;
   switch(c1)
    {
      case white:printf("white");
               break;
      case black:printf("black");
               break;
      case blue:printf("blue");
               break;
      case red:printf("red");
               break;
      case yellow:printf("yellow");
               break;
      case green:printf("green");
               break;
      default: printf("input error");
               break;
    }
}
```

10.7　typedef 类型声明

C 语言允许用 typedef 说明一种新的数据类型名，它的一般格式如下：

```
typedef 类型名 1 类型名 2;
```

其中，关键字 typedef 用于给已有类型重新定义新的类型名，类型名 1 是系统提供的标准类型名或是已定义过的其他类型名；类型名 2 是用户自定义的新类型名。它往往可以简化程序中变量的类型定义。例如：

```
typedef int WORD;
```

定义 WORD 等价于数据类型 int，此后，就可用 WORD 对变量进行类型说明，如：

```
WORD a,b,c,*pa;
```

实际上，C 语言编译程序把上述变量作为一般的整型变量处理。在这种情况下，变量所表示的含义较为清楚，从而增强了程序的可读性。又如：

```
typedef struct student{
                char name[10];
                int age;
               }Stu;
```

若有以上定义后，便可在程序中用 Stu 来替代 struct student 进行变量定义。例如：

```
Stu a,b,*p;
```

相当于

```
struct student a,b,*p;
```

对 typedef 的使用说明如下。

(1) typedef 不能用于变量的定义，只能对已存在的类型增加新的类型名，而不能定义新的类型。

(2) 从表面上看，typedef 与#define 的使用方式十分相似，但两者的本质不同。

例如：

```
typedef int COUNT
#define COUNT int
```

typedef 定义的是一种新的数据类型，类型名为 COUNT，它是系统标准类型(int)的别名，在预编译时，编译器会将 COUNT 与 int 作为同一个类型来处理。

#define 定义的是一个宏，宏名为 COUNT，在预编译时，编译器将进行宏替换，把字符串 COUNT 替换为字符串 int。

例 10.12 用 typedef 定义一个职工结构类型，然后定义一个该自定义类型的变量，该职工的结构类型包括编号、性别、出生日期和住址(日期包括年、月和日)。

用 typedef 定义如下：

```
typedef struct{
          int num;
          char name[20];
          enum{male,female}sex;
          struct{
                int year;
                int mouth;
                int day;}birthday;
                char addr[20];
                float salary;
                int telnum[12];
             }WORKER;
WORKER w1,w2;
```

10.8 小型案例实训

1. 案例说明

用链表管理一组学生的学籍。

2. 编程思路

我们知道链表用指针表示两个元素之间的先后顺序关系，可以设每个学生的数据为链表的一个结点，在每个学生结点数据中有一个指向同一数据类型的指针，这个指针用来建立元素之间的顺序关系。在使用静态数组保存数据时，要求占用连续的存储空间。它的缺点是需要预先估计记录的大小，如果估计得过大，则浪费空间；如果太小，则不容易扩充。特别是在需要动态变化时，例如插入数据和删除数据等操作需要移动记录数据，容易出错。而使用单链表结构管理学生成绩，不用事先估计学生的人数，方便随时插入和删除学生记录，且不必移动数据，就可实现动态管理。代价是牺牲一部分空间来存放表示结点关系的指针。链表的灵活性也带来了管理的复杂性。

对此程序的编制可采取以下几个步骤。

(1) 结点的定义。要定义一个链表中的结点，首先需要在结构体中增加一个指向同类型的结构体的指针。

(2) 对链表的初始化。单链表需要一个头指针指向表的第一个结点，对单链表的访问是从头指针开始的。

(3) 建立链表。定义好结点的数据结构后，就可以建立链表关系了。建立链表关系的方法是将每个结点中的 next 指针分别赋予它指向的结点的地址。

(4) 对结点成员的引用。可以采用直接引用和间接引用。

(5) 结点的插入和删除。在链表中插入或删除一个结点，只需要修改一对链表指针，而不必像数组那样移动数据本身。

(6) 查找结点。按照姓名查找结点，从头结点开始顺序查找，成功将显示记录信息，失败则显示没找到。姓名是字符串，可利用字符串比较函数 strcmp()来实现。

(7) 排序。对学生成绩管理一个很重要的运算就是将学生按照分数从高到低排名。排序的方法很多，由于学生信息采用的是单链表存储结构，所以选用直接插入算法比较简单。

3. 程序代码

```
#include<stdlib.h>
#include<stdio.h>
#include<string.h>
#include<malloc.h>
struct studtype{                                    /*定义结点*/
            char studname[20];
            long studnum;
            int studage;
            char studsex;
            float studscore;
```

```
            int order;
            struct studtype *next;
            };
struct studtype *init();                                /*初始化函数*/
struct studtype *creat();                               /*创建链表*/
struct studtype *deletemark(struct studtype *h);        /*删除记录*/
void appendnewnode(struct studtype *h);
void search(struct studtype *h);                        /*查找*/
void listall(struct studtype *h);
struct studtype *sort(struct studtype *h);              /*排序*/
struct studtype *h=NULL,*thisnode,*newnode;
void main(void)                                         /*测试程序*/
{
struct studtype *newMember=creat();
char ch;
int flag=1;
while(flag)
{
    printf("\ntype 'E' or 'e' to append new node:\n");
    printf("type 'L', or 'l' to list all:\n");
    printf("type 'D', or 'd' to delete:\n");
    printf("type 'S', or 's' to sort:\n");
    ch=getchar();
    switch(ch)
    {
        case 'e':case 'E':appendnewnode(newMember);
        break;
        case 'l':case 'L':listall(newMember);
        break;
        case 's':case 'S':sort(newMember);
        break;
        case 'd':case 'D':deletemark(newMember);
        break;
        default:flag=0;
    }
}
}
struct studtype *init()                                 /*初始化链表*/
{
printf("初始化链表，输入初始数据:\n");
return creat();
}
struct studtype *creat()
{
/* struct studtype 为指向结构体的指针*/
struct studtype *h=NULL;
struct studtype *info,*p;
for(;;)
{   /*申请空间*/
    info=( struct studtype *)malloc(sizeof(struct studtype));
    if(!info)                                   /*如果指针 inof 为空*/
    {
        printf("\nout of memory");              /*输出内存溢出*/
        return NULL;                            /*返回空指针*/
    }
    printf("enter student name:");
    scanf("%s",info->studname);
```

```
    printf("enter student number:");
    scanf("%l",&info->studnum);
    if(info->studnum==0)
        break;
    printf("enter student age:");
    scanf("%d",&info->studage);
    printf("enter student sex:");
    scanf("%c",&info->studsex);
    printf("enter student score:");
    scanf("%f",&info->studscore);
    info->next=NULL;                    /*使新结点的 next 指向为空*/
    if(h==NULL)                         /*如原表为空表，头结点为新结点*/
        h=info;
    else
    {                                   /*原表不空*/
        p=h;                            /*当前结点为头结点*/
        while(p->next!=NULL)
            p=p->next;
        p->next=info;                   /*指向新结点空间*/
    }

}
return h;
}
struct studtype *deletemark(struct studtype *h)
{
struct studtype *p,*q;
int s;
//clrscr();
printf("please deleted studnum\n");         /*显示提示信息*/
scanf("%d",&s);                             /*输入要删除学生记录的学号*/
q=p=h;
/*当记录的学号不是要找的或指针不为空时*/
while((p->studnum!=s)&&(p!=NULL))
{
    q=p;
    p=p->next;                              /*将指针指向下一条记录*/
}
if(p==NULL)                                 /*若指针不为空,显示找到的记录*/
    printf("\nlist no %s student\n",s);
else
    {printf("student name:%s\n",p->studname);
    printf("student number:%d\n",p->studnum);
    printf("student age:%d\n",p->studage);
    printf("student sex:%d\n",p->studsex);
    printf("student score:%f\n",p->studscore);}
                        /*按任意键开始删除*/
if(p==h)                            /*如果 p==h,说明删除的是头结点*/
    h=p->next;                      /*修改头指针指向下一条记录*/
else
    q->next=p->next;
        /*不是头指针,将 p 的后继结点作为 q 的后继结点*/
free(p);                            /*释放 p 所指向结点的空间*/
printf("\nhave deleted No %s student\n",s);
return (h);                         /*返回头指针*/
}
```

```
void search(struct studtype *h)
{
struct studtype *p;                               /*移动指针*/
char s[15];                                       /*存放姓名的字符数组*/
//clrscr();
printf("please input studname for search\n");
scanf("%s",s);                                    /*输入姓名*/
p=h;                                              /*将头指针赋给 p*/
/*当记录的姓名不存在时或指针不为空时*/
while(strcmp(p-> studname,s)&&p!=NULL)
    p=p->next;                                    /*移动指针到下一个结点*/
if(p==NULL)                                       /*如果指针为空*/
    printf("\nlist no %s student\n",s);/*显示没有该学生*/
else                                              /*显示找到的记录信息*/
{
    printf("student name:%s\n",p->studname);
    printf("student number:%s\n",p->studnum);
    printf("student age:%s\n",p->studage);
    printf("student sex:%s\n",p->studsex);
    printf("student score:%s\n",p->studscore);
}
}
struct studtype *sort(struct studtype *h)/*排序*/
{
int i=0;                                          /*保存名次*/
struct studtype *p,*q,*t,*h1;                     /*定义临时指针*/
h1=h->next;                                       /*将原表头指针指向的下一个结点作为头指针*/
h->next=NULL;                                     /*第一个结点为新的头结点*/
while(h1!=NULL)                                   /*当原表不为空时,进行排序*/
{
    t=h1;                                         /*取原表的头结点*/
    h1=h1->next;                                  /*原表的头结点指针后移*/
    p=h;                                          /*设定移动指针 p,从头指针开始*/
    q=h;
}
while(t->studscore<p->studscore)/*进行分值比较*/
    {
        q=p;                                      /*待排序点值小,则新表头后移*/
        p=p->next;
    }
    if(p==q)                                      /* p==q,说明待排序点值大,应排在首位*/
    {
        t->next=p;                                /*待排序点的后继为 p*/
        h=t;                                      /*新结点为待排序点*/
    }
    else              /*待排序点应插入中间某个位置 p 和 q 之间,如果 p 为空则是尾部*/
    {
        t->next=p;                                /*t 的后继结点为 p*/
        q->next=t;                                /*q 的后继结点为 t*/
    }
    p=h;                                          /*已排好序的头指针赋给 p*/
    while(p!=NULL)                                /*当 p 不为空时，进行下列操作*/
    {
        i++;                                      /*结点序号*/
```

高等学校应用型特色规划教材

```
        p->order=i;                     /*将名次赋值*/
        p=p->next;                      /*指针后移*/
    }
printf("sort success!!!\n");            /*排序成功*/
return h;                               /*返回头指针*/
}
void appendnewnode(struct studtype *h) /*添加新的结点*/
{
struct studtype *head=h;
char numstr[20];                        /*定义一个临时变量*/
newnode=(struct studtype *)malloc(sizeof(struct studtype));
                                        /*申请新结点存储空间*/
thisnode=newnode;
printf("enter student name:");
scanf("%s",thisnode->studname);
printf("enter student number:");
scanf("%l",&thisnode->studnum);
printf("enter student age:");
scanf("%d",&thisnode->studage);
printf("enter student sex:");
scanf("%c",&thisnode->studsex);
printf("enter student score:");
scanf("%f",&thisnode->studscore);
thisnode->next=NULL;                    /*使新结点的 next 指向为空*/
if(head==NULL)                          /*如原表为空表，头结点为新结点*/
    head=newnode;
else
{                                       /*原表不空*/
    thisnode=head;                      /*当前结点为头结点*/
    while(thisnode->next!=NULL)
    thisnode=thisnode->next;
    thisnode->next=newnode;             /*指向新结点空间*/
}

}
void listall(struct studtype *h)                      /*全部数据列表*/
{
struct studtype *head=h;
int i=0;
if(h==NULL)
{
    printf("\nempty list.\n");
    return;
}
thisnode=head;
do{
    printf("\nrecord number:%d\n",++i);
    printf("student name:%s\n",thisnode->studname);
    printf("student number:%s\n",thisnode->studnum);
    printf("student age:%s\n",thisnode->studage);
    printf("student sex:%s\n",thisnode->studsex);
    printf("student score:%s\n",thisnode->studscore);
    thisnode=thisnode->next;
    }while(thisnode!=NULL);
}
```

4. 输出结果

```
type 'E' or 'e' to append new node,"type 'L', or 'l' to list all:e
enter student name:liuli
enter student number:05001
enter student age:20
enter student sex:f
enter student score:82

type 'E' or 'e' to append new node,"type 'L', or 'l' to list all:e
enter student name:zhanghua
enter student number:05045
enter student age:23
enter student sex:m
enter student score:96

type 'E' or 'e' to append new node,"type 'L', or 'l' to list all:e
enter student name:wangcheng
enter student number:05023
enter student age:21
enter student sex:f
enter student score:89

record number:1
name:zhanghua
number:05045
age:23
sex:m
score:96

record number:2
name:wangcheng
number:05023
age:21
sex:f
score:89

record number:3
name: liuli
number: 05001
age:20
sex:f
score:82
```

说明：在函数 appendnewnode()中，要添加新结点，需要使用 malloc()函数，为之申请一个相应的存储空间。这些结点空间将在删除结点时使用 free()函数释放。

10.9　学习加油站

10.9.1　重点整理

(1) 结构体是由不同数据类型的数据组成的集合体，这是与数组的差别。结构体中所有成员的数量和大小必须是确定的，即结构不能随意改变大小，这一点与数组类似。

结构体由不同的数据类型组成，组成结构体的每个成员称为该结构体的成员项。在程序中使用结构体时，首先要对结构体的组成进行描述，这称为对结构体的定义。

它的一般格式如下：

```
struct 结构体名{
数据类型 成员名 1;
数据类型 成员名 2;
         ⋮
数据类型 成员名 n;
};
```

其中，struct 是用来说明类型为结构体的关键字，其后是说明的结构体名，它们两者组成了定义结构体数据类型的标识符。

(2) 定义结构体变量常用的方法如下。

① 先定义结构体，再定义结构体变量。运用此方法时，关键字 struct 和结构体名必须同时出现。

② 在定义结构体的同时定义结构体变量。这样既定义了结构类型，又定义了结构变量。

③ 省略结构类型定义变量，也叫无名结构类型定义变量。在关键字 struct 与“{”之间没有结构名。对于这种没有结构名的结构类型，不采用先定义结构类型，再定义结构变量的方法。

(3) 对结构体成员的引用，有以下三种方法。

① 结构变量名.成员名

② (*结构指针变量名).成员名

③ 结构指针变量名->成员名

(4) 结构体与函数的关系如下。

① 结构变量作函数参数的传递方式与简单变量作函数参数的传递方式完全相同。即采用值传递的方式，形参结构变量中各成员值的改变，对相应实参结构变量不产生任何影响。但在函数定义时需要对其类型进行相应的说明。

② 结构变量也可以作为函数的返回值，这时在函数定义时，需要说明返回值的类型为相应的结构类型。

(5) 链表是将若干数据项按照一定规则连接起来的表。链表中的每个数据称为一个结点。即链表是由称为结点的元素组成的，结点的多少根据需要确定。每个结点都应包括两方面的内容。

① 数据部分，该部分可以根据需要决定由多少个成员组成，它存放的是需要处理的数据。

② 指针部分，该部分存放的是一个结点的地址，链表中的每个结点通过指针连接在一起。

(6) 对链表的基本操作包括：

① 建立操作是指从无到有建立一个链表，即往空链表中依次插入一个结点，并保持结点之间的前驱和后继的关系。

② 查找操作是指在给定的链表中，查找具有检索条件的结点。

③ 插入操作是指在某两个结点之间插入一个新的结点。

④ 删除操作是指在给定的链表中，删除某个特定的结点，也就是插入的逆过程。

⑤ 修改操作是指在给定的链表中，首先根据某已知的条件，查找到该结点，再修改数据域中的某些数据项。

(7) 为了便于管理，可以把不同数据类型的变量放在足够大的同一存储区域，这就用到了共用类型。共用类型也是一种数据类型，与结构体类型的定义类似，它的一般格式如下：

```
union 共用类型名{
数据类型 成员名1;
数据类型 成员名2;
     ⋮
数据类型 成员名n;
};
```

可以看出，共用体与结构体的定义在形式上非常相似，只是关键字变为 union，union 就是定义共用体的标识符。共用体变量的使用与结构体也类似。

尽管共用体与结构体形式相同，但是它们在内存分配上是有本质区别的：在处理结构变量时，C 语言编译系统按照其各个成员所需存储区的总和来分配存储单元，而在处理共用体变量时，C 语言编译系统按照其占用存储区最大的成员来分配存储单元。

(8) 所谓枚举，就是将变量的值一一列举出来，而变量的值只限于在列举出来的值的范围内。枚举是一个有名字的整型常量的集合，该类型变量只能是取集合中列举出来的所有合法值。

(9) C 语言允许用 typedef 说明一种新的数据类型名，关键字 typedef 用于给已有类型重新定义新的类型名。注意只是定义新类型名，而不是定义一个新的类型。

10.9.2 典型题解

【典型题 10-1】有以下程序：

```
struct S{int n;int a[20];};
    void f(int *a,int n )
    {  int i;
       for(i=0;i<n-1;i++) a[i]+=i;
    }
    main()
    {  int i;struct S s={10,{2,3,1,6,8,7,5,4,10,9}};
       f(s.a,s.n);
   for(i=0;i<s.n;i++)
      printf("%d",s.a[i]);
}
```

程序运行后的输出结果是________。

A. 2,4,3,9,12,12,11,11,18,9　　B. 3,4,2,7,9,8,6,5,11,10

C. 2,3,1,6,8,7,5,4,10,9　　D. 1,2,3,6,8,7,5,4,10,9

解析：本题中，在调用函数时将结构体变量的两个成员作为实参，其中的成员数组 a 实际向函数 f()传递的是该数组的地址，因此在函数 f()中所对应的形参发生改变时，该数组内的数据也会发生改变。函数 f()实现的功能是将成员数组中的前 9 个元素分别加上该元素的下标，作为新的元素。

答案：A

【典型题 10-2】设有如下说明：

```
struct DATE{int year;int month; int day;};
```

请写出一条定义语句，该语句定义 d 为上述结构体变量，并同时为其成员 year、month、day 依次赋初值 2006、10、1。

________;

解析：本题考查结构体变量初始化的问题。

答案：struct DATE d={2006,10,1}

【典型题 10-3】有以下程序段：

```
typedef struct node(int data;struct node *next;) *NODE;
NODE p;
```

以下叙述中正确的是________。

A. p 是指向 struct node 结构变量的指针的指针

B. “NODE p;”语句出错

C. p 是指向 struct node 结构变量的指针

D. p 是 struct node 结构变量

解析：在 C 语言中，typedef 用于说明一种新的类型名，本题中的 node 被定义为一种结构体类型，NODE 被定义为指向这种结构体变量的指针，可以用它来定义指向 node 类型结构体变量的指针。

答案：C

【典型题 10-4】有以下程序：

```
#include <stdio.h>
    #include<string.h>
    typedef struct
    {   char name[9];
        char sex;
        float score[2];
    } STU;
    STU f(STU a)
    {   STU b={"Zhao",'m',85.0,90.0};   int i;
        strcpy(a.name, b.name);
        a.sex=b.sex;
        for(i=0; i,2; i++)
            a.score[i]=b.score[i];
        return a;
    }
    main()
    {   STU c={"Qian",'f',95.0,92.0},d;
        d=f(c);
        printf("%s,%c,%2.0f%2.0f\n",d.name,d.sex,d.score[0],d.score[1]);
}
```

程序运行的输出结果是________。

A. Qian,f,95,92　　　　B. Qian,85,90

C. Zhao,m,85,90　　　　D. Zhao,f,95,92

解析：“typedef struct{char name[9]; char sex; float score[2];} STU;”声明了一个类型，这个类型是一个结构体，STU f(STU a) 是一个函数，这个函数的参数类型是 STU，返回值也是 STU，此函数的作用是先赋值给 a，然后将 a 的值返回。在主程序中，d=f(c)先将("Zhao","m",85,90)赋值给 c，然后将 c 赋值给 d。

答案：C

【典型题 10-5】有以下结构体说明、变量定义和赋值语句：

```
struct  STD
    {   char  name[10];
        int age; char sex;
    }s[5],*ps;
ps =&s[0];
```

以下 scanf 函数调用语句中错误引用结构体变量成员的是________。

A. scanf("%s",s[0].name);　　B. scanf("%d",&s[0].age);

C. scanf("%c",&(ps->sex));　　D. scanf("%",ps->age);

解析：结构体定义的一般形式为：“struct 结构体名 {成员列表} 变量名列表”，ps 定义为指向结构体变量的指针，“结构体变量.成员名”“(*ps) .成员名”“ps->成员名”3 种形式是等价的。

答案：D

【典型题 10-6】若有以下定义和语句：

```
union data
    {   int i; char c;  float  f;
    } x;
    int y;
```

则以下语句正确的是________。

A. x=10.5;　　B. x.c=101;　　C. y=x;　　D. printf("%d\n",x);

解析：联合体实现将几种不同类型的变量存放到同一段内存单元中。不能直接引用共同体变量。

答案：B

【典型题 10-7】程序中已构成如图 10.2 所示的不带点的单向链表结构，指针变量 s、p、q 均已正确定义，并用于指向链表结点，指针变量 s 总是作为头指针指向链表的第一个结点。

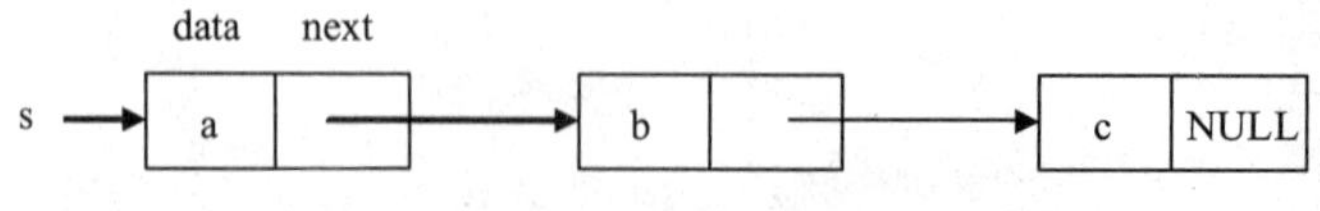

图 10.2　单向链表

有以下程序：

```
q=s;  s=s->next;  p=s;
    while(p->next)
        p=p->next;
p->next=q;
q->next=NULL;
```

该程序实现的功能是________。

A. 首结点成为尾结点　　　　B. 尾结点成为首结点

C. 删除首结点　　　　　　　D. 删除尾结点

解析：执行“while(p->next) p=p->next;”，指针变量 p 将指向链表的尾结点，而指针变量 q 指向链表的首结点；“p->next=q; q->next=NULL;”将实现首结点成为尾结点。

答案：A

【典型题 10-8】下面程序的功能是建立一个有 3 个结点的单循环链表，如图 10.3 所示，然后求各个结点数值域 data 中数据的和，请填空。

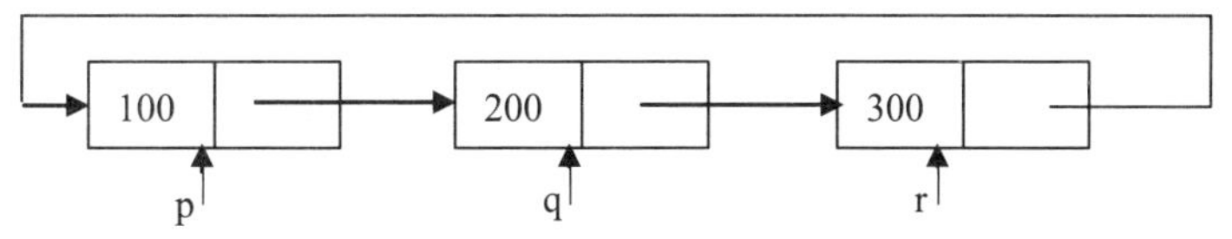

图 10.3　单循环链表

```
#include   <stdio.h>
#include   <stdlib.h>
struct NODE
{   int  data;
    struct  NODE *next;
};
main()
{   stuct  NODE   *p,*q,*r;
    int sum=0;
    p=(struct  NODE*)malloc(sizeof(struct  NODE));
    q=(struct  NODE*)malloc(sizeof(struct  NODE));
    r=(struct  NODE*)malloc(sizeof(struct  NODE));
    p->data=100;  q->data=200;  r->data=300;
    sum=p->data+p->next->data+r->next->next_______;
    printf("%d\n",sum);
}
```

解析：本题主要考查单循环链表，求和表达式中 p->next->data 等价于 q->data，r->data 等价于 q->next ->data，p->next->next ->data 等价于 r->next ->next->next ->data。

答案：->next->data

【典型题 10-9】现有以下结构体说明和变量定义，指针 p、q、r 分别指向一个链表中连续的 3 个结点，如图 10.4 所示。

```
struct node
    {   char data;
        struct node *next;
}*p,*q,*r;
```

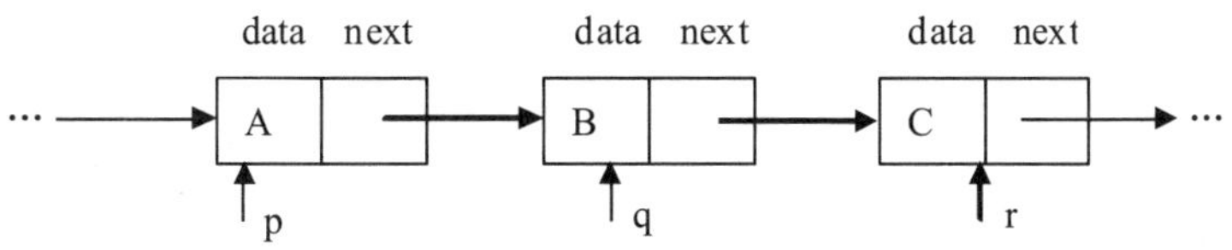

图 10.4　示意图

现要将 q 和 r 所指结点交换前后位置，同时要保持链表的连续，以下不能完成此操作的语句是______。

A. q->next=r->next; p->next=r; r->next=q;

B. p->next=r; q->next=r->next; r->next=q;

C. q->next=r->next; r->next=q; p->next=r;

D. r->next=q; p-next=r; q-next=r->next;

解析：D 中的操作将会丢失 r 后面的链表结构，不能保持链表的连续。

答案：D

【典型题 10-10】函数 main()的功能是在带头结点的单链表中查找数据域中最小值的结点。请填空。

```
#include <stdio.h>
    struct node
    {   int data;
        struct node *next;
    }
    int main(struct node *first) /*指针 first 为链表头指针*/
    {   struct node *p;
        int m;
        p=first->next;
        m=p->data;    p=p->next;
        for(; p!=NULL; p=  _____  )
            if(p->data<m)   m=p->data;
        return m;
    }
```

解析：for 语句利用关系运算表达式 p!=NULL 判断指针是否已指向单向链表的结尾，如果未到结尾，就比较 data 中数据的大小并取出小的结点。而后指针指向下一个结点，即 p->next，继续下一个结点的判断。

答案：p->next

10.10 上机实验

1. 实验目的

掌握结构体类型变量的定义和使用方法。

掌握结构体类型数组的概念和使用方法。

学会使用结构体指针变量。

熟悉共用体的概念与使用方法。

2. 实验内容

(1) 编写一个函数 print，打印一个学生的成绩数组，该数组中有 5 个学生的数据记录，每个记录包括 num(学号)、name(姓名)、score[3](用于保存数学、英语、物理三门课的成绩)，用主函数输入这些记录，用 print 函数输出这些记录。

(2) 假如以单链表表示两个集合，每个单链表中不存在重复的元素。求这两个集合的差。

10.11 习　　题

1. 选择题

(1) 有如下说明：

```
typedef struct
{   int n;
    Char c;
double x;
}STD;
```

则以下选项中，能正确定义结构体数组并赋初值的语句是________。

A. STD tt[2]={{1,'A',62},{2, 'B',75}};

B. STD tt[2]={1,"A",62},{2, "B",75};

C. struct tt[2]={{1,'A'},{2, 'B'}};

D. struct tt[2]={{1,"A",62.5},{2, "B",75.0}};

(2) 若要说明一个类型名 STP，使得定义语句 STP s 等价于 char *s，以下选项中正确的是________。

A. typedef STP char *s;　　B. typedef *char STP;

C. typedef stp *char;　　D. typedef char* STP;

(3) 若有以下说明和定义：

```
typedef int *INTEGER;
INTEGER p,*q;
```

以下叙述中正确的是________。

A. p 是 int 型变量

B. p 是基类型为 int 的指针变量

C. q 是基类型为 int 的指针变量

D. 程序中可用 INTEGER 代替 int 类型名

(4) 有以下说明语句：

```
typedef  struct
    {   int  n;
        char  ch[8];
}PER;
```

则下面叙述中正确的是________。

A. PER 是结构体变量名　　B. PER 是结构体类型名

C. typedef struct 是结构体类型　　D. struct 是结构体类型名

(5) 以下说明和定义：

```
struct test
    {   int  m1; char  m2;  float  m3;
        union uu {char u1[5]; int  u2[2];} ua;
}   myaa;
```

则 sizeof(struct test)的值是________。

A. 12　　B. 16　　C. 14　　D. 9

(6) 有以下定义：

```
struct  link
    {  int  data;
       struck  link  *next;
}a,b,c,*p,*q;
```

且变量 a 和 b 之间已有的链表结构，如图 10.5 所示。

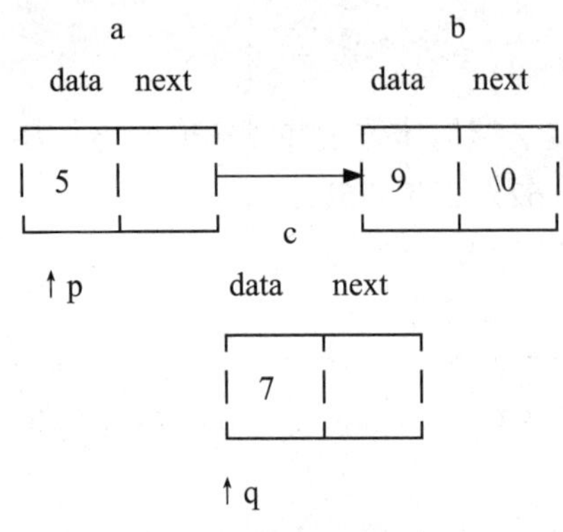

图 10.5　链表结构

指针 p 指向变量 a，q 指向变量 c，则能够把 c 插入到 a 和 b 之间并形成新的链表的语句组是________。

A. a.next=c;　c.next=b;　　B. p.next=q;　q.next=p.next;

C. p->next=&c; q->next=p->next;　　D. (*p).next=q;　(*q).next=&b;

(7) 有以下定义：

```
struct sk
    {  int a;
       float b;
    }data;
int *p;
```

若要使 p 指向 data 中的 a 域，正确的赋值语句是________。

A. p=&a;　　B. p=data.a;　　C. p=&data.a;　　D. *p=data.a;

(8) 以下程序运行后的输出结果是________。

```
struct STU{   char num[10];  float score[3];};
    main()
    {   struct STU s[3]={{"20021",90,95,85},{"20022",95,80,75},
    {"20023",100,95,90}},*p=s;
        int i;   float sum=0;
        for(i=0;i<3;i++) sum=sum+p->score[i];
        printf("%6.2f\n",sum);
}
```

A. 260.00　　B. 270.00　　C. 280.00　　D. 285.00

(9) 以下对结构体类型变量 td 的定义中错误的是________。

A. typedef struct aa
```
{   int n;
    float m;
}AA;
 AA   td;
```
B. struct aa
```
{   int n;
    float m;
}td;
        struct   aa   td;
```
C. struct
```
{   int n;
    float m;
}aa;
    struct   aa    td;
```
D. struct
```
{   int n;
    float m;
};
```

(10) 有以下结构体说明和变量定义，如图 10.6 所示，指针 p、q、r 分别指向此链表中的 3 个连续结点。

```
struct node
{   int data;
    struct node *next;
}*p,*q,*r;
```

现要将 q 所指结点从链表中删除，同时要保持链表的连续，以下不能完成指定操作的语句是________。

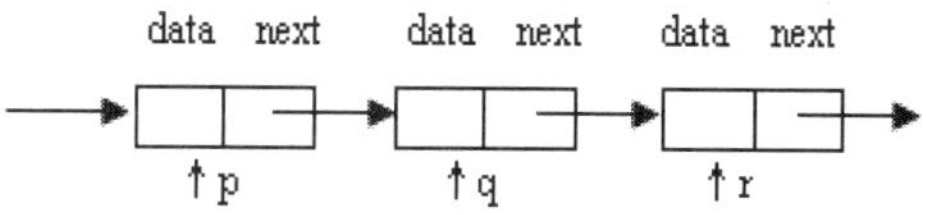

data next　data next　data next

p　q　r

图 10.6　链表

A. p->next=q->next;　　B. p->next=p->next->next;

C. p->next=r;　　D. p=q->next;

2. 填空题

(1) 以下程序运行后的输出结果是________。

```
typedef  union student
    {   char name[10];
        long sno;
        char sex;
        float score[4];
    }STU;
    main()
    {   STU  a[5];
        printf("%d\n",sizeof(a));
}
```

(2) 有以下定义：

```
struct node
    {   int data;
        struct node *next;
}*p;
```

以下语句调用 malloc 函数，使指针 p 指向一个具有 struct node 类型的动态存储空间。请填空。

```
p=(struct node*)malloc(______);
```

(3) 有以下定义：

```
struct ss
{   int info;struct ss *link;
}x,y,z;
```

且已建立链表结构，如图 10.7 所示。

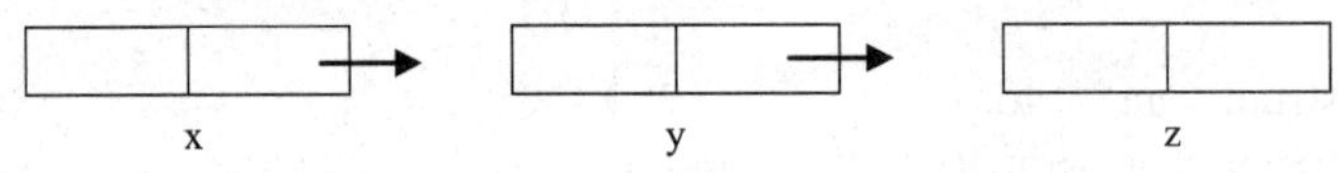

图 10.7　链表

请写出删除点 y 的赋值语句__________。

(4) 以下定义的结构体类型拟包含两个成员，其中成员变量 info 用来存入整型数据；成员变量 link 是指向自身结构体的指针。请将定义补充完整。

```
struct  node
{   int  info;
        _______  link;
}
```

(5) 以下程序运行后的输出结果是__________。

```
struct NODE
{   int k;
    struct NODE *link;
};
main()
{   struct NODE m[5],*p=m,*q=m+4;
    int i=0;
    while(p!=q)
    {   p->k=++i;    p++;
        q->k=i++;    q--;
    }
    q->k=i;
    for(i=0;i<5;i++)
        printf("%d",m[i].k);
    printf("\n");
}
```

第 11 章　文　　件

本章要点

☑　文件的基本概念
☑　文件类型指针
☑　文件的基本操作
☑　文件的定位函数
☑　文件出错检测函数

本章难点

对文件进行不同操作的函数的功能及其用法

文件是程序设计中的一个重要概念，所谓文件，一般是指存储在计算机外部介质上的一组相关数据的集合。例如存储在磁盘上的程序就是一种磁盘文件。在程序运行时，程序和数据一般存在内存中。当程序运行结束时，存放在内存中的数据，包括结果就被释放。如果需要长期保存程序运行所需要的原始数据，或程序运行产生的结果，就必须以文件形式存储在外存介质上。

11.1　文件概述

文件是指存储在外部介质上的数据集合。这些介质通常是指硬盘、磁盘等，可以永久性地存储数据而不丢失。在这类介质上存储数据的基本单位就是文件，为了区分不同的数据，就要为数据取名，这就是文件名。将输入的程序以某个文件名存放在硬盘上，就是程序文件。为标识一个文件，每个文件必须有一个文件名。

它的一般格式如下：

```
文件名.[扩展名]
```

其中，扩展名是可选的，并按类别命名。C 语言规定源程序的扩展名为 c，可执行文件的扩展名为.EXE，等等。

C 语言把文件看成是一个字符序列，即由一个一个字符顺序组成。根据数据的组织形式，把文件分为文本文件和二进制文件。

(1)　文本文件又称为 ASCII 文件，一般文本文件与文本数据流相对应。文本数据流是字符的有序序列，每一行由 0 个或多个字符再加上最后的换行符组成。

(2)　二进制文件是指数据按存储原样组成的文件，二进制文件与二进制数据流相对应。二进制数据流抽象成一个线性字节序列，从其中读出的内容总与上次写进去的内容一样，也就是说，当把二进制数据流从内存单元中写到磁盘上存放时，二者的存储形式保持一致。从二进制文件中读入数据时，不像文本文件那样需要将回车换行符转为换行符，而直接将读入的数据存入变量所占内存空间。由此可见，因为不存在转换操作，从而提高了文件输入输出的速度。

在实际使用时，经常用文件这个词代替数据流，数据流和文件内外有别。对数据流进行操作的函数不需要知道它们是对哪种数据流进行操作，但程序员必须知道是对哪种数据流进行操作，是作为文本行读取文件还是作为二进制的数据，当移植不同系统上的代码时，这种差别很重要。

11.2 文件类型指针

C 语言没有提供对文件进行操作的语句，所有的文件操作都是利用 C 语言编译系统所提供的库函数来实现的。C 语言编译系统提供了两种文件处理方式：缓冲文件系统和非缓冲文件系统。

缓冲文件系统又被称为高级文件系统，它是通过自动开辟一个内存缓冲区来输入输出数据的，当向外部存储器的文件输出数据时，首先将数据送到内存缓冲区中，当缓冲区充满之后，再输出到磁盘文件中；当从磁盘文件读数据时，它首先读入一批数据到内存缓冲区中，然后再逐个传递到程序数据区中，这一处理过程对用户是完全透明的。

非缓冲文件系统又称为低级文件系统，它提供的文件输入输出函数更接近操作系统，在输入输出数据时，它并不自动开辟一个内存缓冲区，而是用户根据所处理数据的大小在程序中设置数据缓冲区。

注意： 无论使用哪种文件系统，在对文件进行操作时，都必须按照打开文件、文件处理和文件关闭这个步骤进行。只有文件在打开的状态下才能对其进行读写等操作，而操作完后必须关闭它。

文件指针是指向一个结构体的指针变量。这个结构体中包含缓冲区地址、缓冲区中当前存取的字符的位置、对文件是读还是写等信息。所有一切信息都在头文件 stdio.h 中定义。

在缓冲文件系统中定义文件指针的一般格式如下：

```
FILE *指针变量名;
```

例如：

```
FILE *fp;
```

其中，FILE 是由编译系统定义的一种结构类型，fp 是指向 FILE 结构类的指针变量。

头文件 stdio.h 的具体声明如下：

```
typedef struct{
short level;                    /*缓冲区满或空*/
unsigned char hold;             /*无缓冲区*/
unsigned flages;                /*文件状态标志*/
char fd;                        /*文件名*/
short bsize;                    /*缓冲区大小*/
unsigned char *buffer;          /数据传送缓冲区*/
unsigned char *curp;            /*当前指针*/
```

高等学校应用型特色规划教材

```
unsigned istemp;
short token                    /*有效校验*/
}FILE;
```

11.3　文件的基本操作

对文件的基本操作主要包括文件的打开、文件的关闭、文件的读函数与文件的写函数等。

11.3.1　文件的打开

对文件操作以前，必须先打开该文件。打开文件是使一个文件指针变量指向被打开文件的结构变量，以便通过该指针变量访问打开的文件。在 C 语言中，用 fopen 函数完成对文件的打开操作。其一般调用形式如下：

```
fopen("文件名","操作方式");
```

也常用下面的方式：

```
FILE *fp;
fp=fopen("文件名","操作方式");
```

其中，文件名是要打开的文件的名字，它是一个字符串，应包含路径说明；操作方式是指对打开文件的访问方式。文件操作方式及含义见表 11.1。

表 11.1　文件操作方式及含义

操作方式	处理方式	打开文件不存在时	打开文件存在时
r	只读(文本文件)	出错	正常打开
w	只写(文本文件)	建立新文件	文件原有内容丢失
a	追加(文本文件)	建立新文件	在文件原有内容后面追加
rb	只读(二进制文件)	出错	正常打开
wb	只写(二进制文件)	建立新文件	文件原有内容丢失
ab	追加(二进制文件)	建立新文件	在文件原有内容后面追加
r+	读/写(文本文件)	出错	正常打开
w+	写/读(文本文件)	建立新文件	文件原有内容丢失
a+	读/追加(文本文件)	建立新文件	在文件原有内容后面追加
rb+	读/写(二进制文件)	出错	正常打开
wb+	写/读(二进制文件)	建立新文件	文件原有内容丢失
ab+	读/追加(二进制文件)	建立新文件	在文件原有内容后面追加

说明：r、w 和 a 是三种基本的操作方式，分别表示读、写和追加。+表示既可读，又可写，b 表示指定二进制文件，缺省时表示指定的是文本文件。

可根据需要选用某种方式来调用文件。例如以只读方式打开文本文件 file.txt。

```
FILE *fp;
fp=fopen("file.txt","r");
```

例 11.1 编写一个程序，打开文本文件 file.txt 用于文件读操作。程序代码如下：

```
#include <stdio.h>
void main()
{
    FILE *fp;
    if((fp=fopen("file.txt","r"))==NULL)
    {  printf("it can not open the file\n");
        return;
    }
}
```

应该注意，如果执行打开函数的过程中出现错误，则返回 NULL。返回 NULL 值有以下几种情况。

(1) 文件名不存在或文件名错误。

(2) 文件名所在磁盘未准备好。

(3) 给定的目录或者磁盘上没有这个文件。

(4) 试图以不正确的操作方式打开一个文件。

所以，使用打开函数时需要检查一下文件打开是否成功。

11.3.2 文件的关闭

关闭文件是把输出缓冲区的数据输出到磁盘文件中，同时释放文件指针变量，使文件指针变量不再指向该文件，此后，不能再通过该文件指针变量来访问该文件，除非再次打开该文件。

关闭文件用 close()函数来实现，其一般调用形式如下：

```
fclose(fp);
```

fp 为文件指针类型，它是在打开文件时获得的。执行本函数时，如文件关闭成功，返回 0；否则返回-1。对文件进行关闭操作后，如想再次使用该文件，必须重新打开该文件，才能执行操作。

如果文件使用后不关闭将会出现以下问题。

(1) 可能丢失暂存在文件缓冲区中的数据，所以，需要执行关闭函数，由关闭函数将文件缓冲区中的数据写入磁盘中，并释放文件缓冲区。

(2) 可能影响对其他文件的打开操作。由于每个系统允许打开的文件个数是有限的，所以当一个文件使用完之后，应立即关闭。

C 语言提供了文件结束检测函数 feof()。其一般格式如下：

```
feof(*fp);
```

其中，文件指针是已经打开的文件指针。执行本函数时，若文件结束即文件指针指向文件末尾，则返回一个非 0 值；否则返回 0 值。

例 11.2 编写程序，关闭一个已经打开的文件。程序代码如下：

```
#include <stdio.h>
main()
{
   FILE *fp;
   int i;
   fp=fopen("file1","rb"); /*以只读方式打开当前目录名为 file 的文件*/
   if(fp==NULL)
      puts("file open error");
   i=fclose(fp);   /*关闭打开的文件*/
   if(i==0)
      printf("OK");
   else
      puts("file close error");
}
```

11.3.3　文件的读函数

文件的读操作是指从磁盘文件中向程序输入数据的过程。每调用一次相应的读函数，文件的读指针会自动移动到下一次读的位置。文件的读函数包括 fgetc()函数、fgets()函数、fscanf()函数和 fread()函数。

1. fgetc()函数

fgetc()函数的功能是从指定的文件中读入一个字符，其一般调用形式如下：

```
fgetc(FILE *fp);
```

注意：这种方式要求文件的打开方式为只读的或可读可写的文本文件，并且文件必须存在。函数返回一个字符，如果读到文件尾，则返回的是文件结束标志 EOF。出错时也返回 EOF。EOF 是 stdio.h 中定义的符号常量，值为-1。EOF 也是文件的结束标志。

例如：

```
char ch;
ch=fgetc(fp);
```

其中，fp 是已定义过的文件指针，此函数从 fp 所指向的文件中读取一个字符赋值给字符变量 ch。

2. fgets()函数

fgets()函数的函数原型为

```
char *fgets(char *string,int n,FILE *fp)
```

其功能是从文件指针 fp 所指向的文件中，读字符到字符串 string 中，当读到 n-1 个字符或遇到换行符时，停止读过程，并在字符串 string 的最后加上一个字符串结束标志'\0'。需要注意的是，在遇到换行符时，fgets()函数将保留换行符。

fgets()函数返回的值是 string 的首地址。若读到文件尾或出错，则返回空指针 NULL。

例 11.3　编写程序，加行号显示指定的文本文件内容。采用字符串读函数。程序代码如下：

```
#include <stdio.h>
void main()
{
   char buffer[256],fname[20];
   FILE *fp;
   int lcnt=1;
   printf("输入文件名: ")
   gets(fname);
   if((fp=fopen(fname,"r"))==NULL){
      printf("can not open %s the file!\n",fname);
      return;
    }
   while(fgets(buffer,256,fp)!=NULL){
      printf("%3d:%s",lcnt,buffer);
   if(lcnt%20==0){
      printf("continue");
         getchar();
      }
   lcnt++;
}
   fclose(fp);
}
```

采用 fgets()函数从文本文件取出一行一行的字符并输出。

3. fscanf()函数

fscanf()函数为格式化输入函数。其功能是从指定的文件中读取指定格式的数据。其函数原型为

```
int fscanf(FILE *fp,char *format[,argument,…])
```

可以看出，该函数是从文件指针 fp 所指文件中按 format 规定的格式把数据读入参数 argument 中，此参数是存放数据变量的地址。其中 format 参数的含义与第 3 章中介绍的 scanf()函数中的格式控制参数是相同的。实际上 fscanf()函数和 scanf()函数在用法上是基本相同的，区别在于 scanf()函数从控制台读入数据，而 fscanf()函数从文件中读入数据。

例如，若磁盘文件上有如下字符串：

```
'a',59.3,29
```

则语句

```
char c;
int b;
float f;
fscanf(fp,"%c,%d,%f",&c,&f,&b);
```

的功能是将 a 存入变量 c 中，59.3 存入变量 f 中，29 存入变量 b 中。

注意：在利用 fscanf()函数在文件中进行格式化输入时，一定要保证格式说明符所对应的数据的一致性。否则，将会出现错误。通常的做法是用什么格式写入数据，就应该用什么格式来读出。

例 11.4 利用 fscanf()函数从文件中读取格式化数据。程序代码如下：

```
#include <stdlib.h.>
#include <stdio.h>
void main()
{
   FILE *fp;
   float value[5];
   char filename[20];
   printf("输入文件名: \n");
   scanf("%s",filename);
   if((fp=fopen(filename,"r"))==NULL)
   {  printf("error opening file.\n");
      exit(1);
      }
   fscanf(fp,"%f %f %f %f %f",(value), (value+1), (value+2),
                                (value+3), (value+4));
   printf("the values are %f,%f,%f,%f,%f\n",
         value[0],value[1],value[2],value[3],value[4]);
   fclose(fp);
}
```

如果文件名为 data.txt，且文件中的内容为：

```
1.580000 3.151369 3.269857 269.587961 2.698125
```

程序运行结果如下：

```
输入文件名: data.txt(当前目录)
the values are: 1.580000,3.151369,3.269857,269.587961,2.698125
```

说明：当文件出现错误时，为了避免数据丢失，能正常返回操作系统，可以调用过程控制函数 exit 关闭文件，终止程序的执行。其一般调入形式如下：

```
exit([status]);
```

说明：参数 status 为状态值，它被传递到调用函数。status 取 0 值，表示程序正常运行，若缺省将无返回值。

4. fread()函数

fread()函数的功能是从指定文件中读入一组数据。其一般调用形式如下：

```
fread(buffer,size,count,fp);
```

其中，buffer 是用于存放读入数据的缓冲区的首地址(指针)，size 是读入的每个数据项的字节数，count 是要读入多少个 size 字节的数据项，fp 当然也就是文件类型指针。

执行本函数，成功时返回读出的数据块个数；出错时或遇到文件末尾时返回 NULL。

说明：size 不是任意的值，而是读写数据所属数据类型占用字节的长度。对 int 型而言 size 为 2，对 char 型而言 size 为 1 等。例如，要利用 fread()函数，从 fp 指定的文件中读入 4 个字节的整型数据，则 fread()函数中的参数可设置为

```
int x[4];
fread(x,2,4,fp)
```

其中，第 2 个参数 2 是指一个整数占 2 个字节，所读入的数据存放到 x 数组中。

例 11.5　使用 fread()函数从文件中读取数据，然后输出这些数据。程序代码如下：

```
#include <stdio.h>
void main()
{
   FILE *fp;
   struct student{char name[19];
   int score;
   }stud[4]={{"zhangying",60},{"liucheng",91},
            {"wengyang",78},{"liufa",98}};
   int i;
   if((fp=fopen("stud.bin","rb"))==NULL){
      printf("can not read the file!");
      return;
   }
   printf("name   score\n");
   printf("----------------------\n");
   for(i=0;i<4;i++)
      {if(fread(&stud[i],sizeof(struct student),1,fp)!=-1)
         printf("%s  %d\n",stud[i].name,stud[i].score);
      }
   fclose(fp);
}
```

程序运行结果如下：

```
name   score
-----------------------
zhangying   60
liucheng   91
wengyang   78
liufa       98
```

11.3.4 文件的写函数

文件的写操作是指将程序中的数据输出到磁盘文件中。每调用完相应的写函数，文件的写指针将自动移到下一次写的位置上。有关写操作的函数主要有 fputc()函数、fptus()函数、fprintf()函数和 fwrite()函数。

1. fputc()函数

fputc()函数的功能是把单个字符写到指定文件中，其函数原型为

```
int fputc (char c,FILE *fp);
```

其功能将字符 c 的内容写入文件指针 fp 所指向的文件中。

注意：如果要进行写操作，必须是以“w”或“w+”的方式打开文件。顺序写总是从文件首部开始，随机写则从文件中指定位置开始写，写完一个字符，文件指针下移一个字节的位置。fputc()函数可以返回一个字符，如成功则返回写的字符；若出错则返回 EOF。

例 11.6 利用 fputc()函数输出字符。程序代码如下：

```
#include <stdio.h>
void fun(char *fname,char *st)
```

```
{
    FILE *fp;
    int i;
    fp=fopen(fname,"w" );
    for(i=0;i<strlen(st);i++)
        fputc(st[i],fp);
    fclose(fp);
}
main()
{
    fun("test","new world");
    fun("test","hello");
}
```

本例运用的是 fputc()函数。主函数中调用了 fun()函数两次，第一次调用 fun()函数时，指针 fname 指向 test 字符串，通过 fopen()函数以 w 方式打开 test 文件，fputc()函数将 st 指针所指向的字符串的内容写入文件指针所指向的 test 文件，即将 new world 写入文件中，然后关闭文件。第二次调用函数时，仍然是打开 test 文件进行写操作，虽然 test 文件中已有数据，但这次写操作将把以前的内容覆盖，所以 test 文件中的内容是 hello。

例 11.7　用键盘输入一行字符串，将其中的小写字母全部转换成大写字母，然后保存到一个磁盘文件 test.txt 中。输入的字符串以!结束。程序代码如下：

```
#include <stdio.h>
main()
{
    FILE *fp;
    char str[100],filename[10];
    int i;
    if((fp=fopen("test.txt","w"))==NULL)   /*以写方式打开文本文件*/
    {
        printf("can not open file.\n");
        exit(0);
    }
    printf("Input a string:\n");
    gets(str);                            /*读入字符串*/
    for(i=0;str[i];i++)                   /*处理该行中的每一个字符*/
    {
        if(str[i]>='a'&&str[i]<='z')
            str[i]-='a'-'A';                  /*将小写字母转换为大写字母*/
        fputc(str[i],fp);                 /*将转换后的字符写入文件*/
    }
    fclose(fp);                           /*关闭文件*/
    fp=fopen("test.txt","r");             /*以读方式打开文本文件*/
    fgets(str,100,fp);                    /*从文件中读入字符串到 str 数组中*/
    printf("%s\n",str);
    fclose(fp);
}
```

程序运行结果如下：

```
Input a string:
this is a big world!
THIS IS A BIG WORLD!
```

运行后，除了在屏幕上显示上述结果外，同时在当前目录的 test.txt 文件中写入 THIS IS A BIG WORLD!

2. fputs()函数

fputs()函数的函数原型为

```
int *fputs(char *string,int n,FILE *fp)
```

其功能是将字符串 string 写入文件指针 fp 所指的文件中。fputs()函数带返回值。如输出成功，返回值为 0；否则返回文件结束标志 EOF，其值为-1。

注意：字符串结束符将不被写入文件。为了读取数据的方便，应设法使字符串分开，因此，往往用“fputs(“\n”,fp);”语句在每个字符串后加一个换行符(\n)，一起存入文件中。

例 11.8 若有一个文本文件 text1.dat，编写程序，将该文件中的每一行字符颠倒顺序后复制到另一个文件 text2.dat 中。程序代码如下：

```
#include <stdio.h>
#include <malloc.h>
#include <string.h>
char *rev(char *s)
{
    int len=strlen(s),i;
    char *revs;
    revs=(char *)malloc(len);
    for(i=0;i<len;i++)
       revs[len-i-1]=s[i];
    revs[len]='\0';
    return revs;
}
void main()
{
    char buffer[256];
    FILE *fp1,*fp2;
    if((fp1=fopen("text1.dat","r"))==NULL){
       printf("can not open %s the file1!\n");
       return;
      }
    if((fp2=fopen("text2.dat","w"))==NULL){
       printf("can not open %s the file2!\n");
       return;
      }
    while(fgets(buffer,256,fp1)!=NULL){
       fputs(rev(buff),fp2);
       fputc('\n',fp2);
       }
    fclose(fp1);
    fclose(fp2);

}
```

先以读方式打开 text1.dat 文件，再以写方式打开 text2.dat 文件。从前者中读出一行字符 buff，调用 rev()函数将其颠倒后写入后者中，之后再写入一个换行符，继续这一过程，直到前一个文件读完为止。

3. fprintf()函数

fprintf()函数为格式化输出函数，其功能是把输出数据发送到指定文件中。其函数原型为

```
int fprintf(FILE *fp,char *format[,argument,…])
```

可以看出，该函数是按 format 规定的格式把数据写入文件指针 fp 所指的文件中，其中 format 参数的含义与 fprintf()函数相同。实际上，fprintf()函数和 printf()函数在用法上基本相同，区别在于 printf()函数向控制台输出数据，而 fprintf()函数向文件中输出数据。

例如：下面的语句将变量 x 和 y 的值分别按%d 和%f 的格式输出到由 fp 所指定的文件中。

```
int x=3;
float y=3.14;
fprintf(fp,"%d,%f",x,y);
```

一般来讲，由 fprintf()函数写入磁盘文件中的数据，应由 fscanf()函数以相同的格式从磁盘中读出来使用。

例 11.9　假设学生信息包括学号、姓名、数学成绩、英语成绩，这些信息存放在 data.dat 文件中。编写程序，从文件中删除数学和英语成绩均不及格的学生。程序代码如下：

```
#include <string.h.>
#include <stdio.h>
struct stu{
           int num;
           char name[19];
           int m;
           int e;
          };
void main()
{
   int i=0,k;
   struct stu st[100],t;
   FILE *fp;
   if(fp=(fopen("data.dat"),"r"))==NULL)
       {
         printf("error opening file.\n");
         exit(0);
       }
   while(feof(fp)==0)
   {
      fscanf(fp,"%d%s%d%d",&t.num,t.name,&t.m,&t.e);
      if(t.m>=60||t.e>=60)
          {
           st[i].num=t.num;
           strcpy(st[i].name,t.name);
           st[i].m=t.m;
           st[i].e=t.e;
           i++;
           }
     }
   fclose(fp);
   fp=fopen("data.dat","w");
```

```
    if(fp==NULL)
      {
         printf("error opening file.\n");
         exit(0);
      }
    for(k=0;k<i;k++)
       fprintf(fp,"%d%s%d%d\n",st[k].num,st[k].name,st[k].m,st[k].e);
      fclose(fp);
}
```

4. fwrite()函数

其一般调用形式如下：

```
fwrite(buffer,size,count,fp);
```

其中，buffer 是用于存放输出数据的缓冲区的首地址(指针)，size 是输出的每个数据项的字节数，count 是要输出多少个 size 字节的数据项，fp 当然也就是文件类型指针。

fwrite()函数的功能是将 buffer 所指向的内存区域中的数据写入文件指针 fp 所指的文件中，这些数据共有 count 项，每项长度为 size 个字节，因此字节总数为 count*size。

执行本函数，成功时返回读出的数据块个数；出错时或遇到文件末尾时返回 NULL。

例如，要输入 500 个整型项数据，则 size 就为 2，总输出量为 500×2=1000(个)，对应的语句如下：

```
int x[500];
fread(x,2,500,fp);
```

其中，x 是要输出数据的起始地址。如果语句执行成功则返回 500。

例 11.10 编写一个程序，用键盘输入 100 个整数，并存入 file.dat 文件中。程序代码如下：

```
#include<stdio.h>
main()
{
    FILE *fp;
    int data[100],i;
    for(i=0;i<100;i++)
       scanf("%d",&data[i]);
    if((fp=fopen("file.dat","w+"))==NULL)
       printf("can not open the file!");
    else
    {
          fwrite(data,2,100,fp);
          fclose(fp);
    }
}
```

11.4 文件的定位函数

在对文件进行读写操作时，有一个指明当前读写位置的指针，称为位置指针。在使用 fopen()函数打开一个文件时，该指针指向文件的开头，每进行一次读写操作，位置指针自动发生变化，程序设计人员可以利用 C 语言提供的库函数改变文件的读写位置，这种函数被称为文件定位函数。本节主要介绍 rewind()函数、fseek()函数和 ftell()函数。

1. rewind()函数

rewind()函数也叫重置位置指针函数。其函数原型为

```
void rewind(FILE *fp);
```

rewind()函数的功能是，使文件的读写位置指针移到文件开头。在实际应用中，若对某一文件进行多次读写操作后，需要采用关闭文件再打开文件的方式重新读写该文件。而使用 rewind()函数可以在不关闭文件的情况下将位置指针返回到文件开头，达到重新读取文件的目的，显然这样更简单方便且效率更高。

例 11.11 有一个磁盘文件，第一次将它的内容显示在屏幕上，第二次把它复制到另外一个文件中。程序代码如下：

```
#include<stdio.h>
main()
{
    FILE *fp1,*fp2;
    fp1=fopen("file1.c","r");
    fp2=fopen("file2.c","w");
    while(!feof(fp1))
         putchar(fgetc(fp1));
         rewind(fp1);
    while(!feof(fp1))
         fputc(fgetc(fp1),fp2);
    fclose(fp1);
    fclose(fp2);
}
```

在第一次将文件的内容显示在屏幕上时，文件 file1.c 的位置指针已经指到文件的末尾，执行 rewind()函数，使文件指针的位置重新定位于文件开头。

2. fseek()函数

fseek()函数即随机定位函数，其函数原型为

```
int fseek(FILE *fp,long offset,int origin);
```

其中，fp 是已经打开文件的指针，offset 是以字节为单位的位移量，origin 指示位移量 offset 是以什么位置作为基点开始计算的。对于二进制文件，新的文件位置是在 origin 所指示的基点加上 offset 个字符。origin 可以取的值如下。

(1) SEEK_SET：以文件开始计算，此时 origin 代表的值为 0。

(2) SEEK_CUP：以文件的当前位置计算，此时 origin 代表的值为 1。

(3) SEEK_END：以文件的末尾开始计算，此时 origin 代表的值为 2。

对于文本文件，origin 应该是 SEEK_SET，offset 应是 0。如果 fseek()函数执行成功，则返回值为 0；否则，返回一个非 0 值。

可见，通过 fseek()函数可以对文件进行随机定位，即可以将位置指针移至文件中的任意位置，保证了对文件随机读写的可能性。例如，需要将读写文件指针移到文件开头 1800B 的位置，语句如下：

```
fseek(fp,1800L,SEEK_SET);
```

又如，将读写指针移到距当前位置 100B 的位置：

```
fseek(fp,100L,SEEK_CUP);
```

如果将读写指针向后退到距文件末尾 50B 的位置：

```
fseek(fp,-50L,SEEK_END);
```

注意： 在对文件进行随机读写时，读写操作的位置与文件打开时选用的操作方式有关，用 fopen()函数打开文件，当使用 w、r、w+或 r+时，在读写操作进行前，文件的位置指针在文件的开始位置。对于 r 和 r+而言，这个文件的起始位置是文件开头；而对于 w 和 w+，文件的起始位置是文件的末尾。在此之前，可以使用 fseek()函数指定一个位置，开始进行读取或写入操作。当使用 r+和 w+对文件又读又写时，由于文件位置指针只能指示一个位置，所以在进行读取和写入操作切换时，必须使用 fseek()函数指定读取或写入的位置。当以 a 或 a+追加方式打开文件时，文件读写中所有的写入操作都是从文件末尾开始的，尽管可以用 fseek()函数把文件位置指针置于文件中的某个位置，但进行写入操作时，系统自动把文件位置指针移动到文件末尾，而不能在任意位置写入。

例 11.12　fseek()函数应用实例。程序代码如下：

```
#include <stdio.h>
void main()
{
    char c;
    FILE *fp;
    if((fp=fopen("test.txt","r"))==NULL)
    {
        printf("can not open the file!\n");
        exit(-1);
    }
    fseek(fp,0L,2);
    while((fseek(fp,-1L,1))!=-1)
    {
        c=fgetc(fp);
        putchar(c);
        if(c=='\n')
            fseek(fp,-2L,1);
        else
            fseek(fp,-1,1);
    }
    fclose(fp);
}
```

本例实现对一个文本文件中内容的反向显示。程序先利用读方式打开该文本文件，定位到文件尾，再从文件尾向前定位，定位成功则读取一个字符并显示，达到反向显示的目的。如果文件名为 test.txt 的内容为：

```
abc
123
```

程序运行结果如下：

```
321
cba
```

3. ftell()函数

ftell()函数又叫定位当前位置指针的函数，其函数原型为

```
long ftell(FILE *fp);
```

其一般调用形式如下：

```
len=ftell(fp);
```

ftell()函数的功能是返回当前文件位置指针的位置，常用于保存当前文件指针位置。需要注意的是，该函数对于文本文件往往会出错，如出错则返回-1L。

例 11.13　假设在文件 file.dat 中存放的记录个数是不确定的，编写一个程序输出学生的名次。注意，相同成绩者名次相同。要求程序执行时尽量节省空间。

分析：为了尽量节省空间，先求出文件中记录的个数，再根据记录个数动态分配相应的内存空间。

程序代码如下：

```
#include<stdio.h>
#include<malloc.h>
typedef struct{
                int num;
                char name[10];
                int score;
                }student;
void main()
{
   FILE *fp;
   student *sp,temp;
   int m,n,len,i,j;
   if((fp=fopen("file.dat","rb"))==NULL){
      printf("can not open the file!\n");
   return;
     }
   fseek(fp,0,SEEK_END);
   len=ftell(fp);
   n=len/sizeof(student);
   sp=(student *)malloc(sizeof(student)*n);
   rewind(fp);
   fread(sp,sizeof(student),n,fp);
   fclose(fp);
   for(i=0;i<n;i++)
      for(j=0;j<n-i-1;j++)
         if(sp[j].score<sp[j+1].score)
         {
            temp=sp[j];
            sp[j]=sp[j+1];
            sp[j+1]=temp;
         }
   m=1;
   printf("sort in following:");
   for(i=0;i<n;i++)
```

```
        {if(i>0&&sp[i].score!=sp[i-1].score)
           m++;
           printf("the %d number:%d score:%d\n",
              m,sp[i].num,sp[i].name,sp[i].score);
        }
    }
```

11.5 文件出错检测函数

C 语言提供了一些函数来检测输入输出函数调用中的错误。本节主要介绍 ferror()函数和 clearer()函数。

1. ferror()函数

ferror()函数用来确定文件操作系统中是否出错。其函数原型为

```
int ferror(FILE *fp);
```

如果 ferror()函数的返回值为 0，则表示此前的文件操作成功；若返回非 0 值，则表示最近一次文件操作出错。由于对文件的每次 I/O 操作都会形成新的出错码，所以在每次文件操作后应立即调用 ferror()函数查看此次操作是否成功，否则会丢失信息。

表示上述功能常用的语句是：

```
if(ferror(fp))
{
   printf("file can not I/O\n");
   fclose(fp);
   exit(0);
}
```

2. clearer()函数

clearer()函数的原型为

```
void clearer(FILE *fp);
```

其功能是清除文件结束标志和文件出错标志(设置为 0)。本函数没有返回值。

11.6 小型案例实训

1. 案例说明

编程建立一个通讯簿，其中存放有姓名、电话号码、住址，然后对通讯簿进行查找、添加、修改及删除等操作。这个程序虽然简单，但涉及文件操作的很多知识，例如文件的打开、关闭、位置指针的定位、读/写等。

2. 编程思路

为了实现通讯簿的功能，将要编制的各个功能块的功能介绍如下。

(1) 数据结构。结构体 person 是通讯簿程序的主要数据结构，它有 3 个成员，name 是记录姓名的，最大可以是 8 个字节；tel 用来记录输入的电话号码；adr 用来记录对应的通信地址。

(2) 创建函数 creat()。通过这个函数可以建立一个通讯簿。程序首先提示输入通讯簿的名字，然后调用 fopen()函数建立一个文件来存放这个通讯簿。并且把姓名、电话号码和地址通过 fprintf()函数写到文件中。最后提示用户输入记录，程序将用户的输入还是通过 fprintf()函数写到文件中。

(3) 输出函数 output()。这个函数用来输出整个通讯簿。程序首先用 fopen()函数以只读方式打开指定的通讯簿文件，如果成功，就格式化输出通讯簿的内容。在 while 循环中调用 feof()函数来检测是否已经全部访问完成。如果没有，就把文件中存放的一条记录读到 one 这个 struct person 类型的变量中，并用 fprintf()函数格式化输出。最后调用关闭函数 fclose()。

(4) 查找函数 search()。这个查找函数使用的是从头到尾的线性查找法，这样的查找效率在数据量很大时是无法容忍的。但因为涉及的数据量小，使用查找对系统性能影响不大。

(5) 插入函数 append()。此函数的功能是把一条记录插入到通讯簿中。

(6) 修改函数 modify()。程序提示用户输入要修改的记录人名，使用线性查找法查找对应的记录。如果找到，则提示输入新的姓名、电话和地址。

(7) 删除函数 deletef()。程序提示用户输入要删除的记录人名，使用线性查找的方法查找对应的记录，如果找到，提示用户确认删除操作。

(8) 保存函数 save()。保存记录到文件中。

(9) 主函数 main()。各个功能函数的定义都在主函数中。

3. 程序代码

```
#include <stdio.h>
#include <stdlib.h>
#include <string.h>
struct person{                /*定义结构体*/
              char name[8];
              char tel[17];
              char addr[50];
            };
char filename[20];
FILE *fp;
void creat();                 /*创建函数*/
void output();                /*输出函数*/
void search();                /*查找函数*/
void append();                /*插入函数*/
void deletef();               /*删除函数*/
void modify();                /*修改函数*/
main()
{
   int m;
   creat();
   while(1)
   {
      printf("\n\n添加，请按 1");
```

```
        printf("\n 查找, 请按 2");
        printf("\n 修改, 请按 3");
        printf("\n 删除, 请按 4");
        printf("\n 输出, 请按 5");
        printf("\n 退出, 请按 0\n");
        scanf("%d",&m);
        if(m>=0&&m<=5)
        {
          switch(m)
          {
            case 1:append();
                    break;
            case 2:search();
                    break;
            case 3:modify();
                    break;
            case 4:deletef();
                    break;
            case 5:output();
                    break;
            case 0:exit(1);
          }
    printf("\n\n 操作完毕,请再次选择! ");
      }
            else
                printf("\n\n 选择错误,请再次选择! ");
        }
}
void creat()          /*创建函数功能模块*/
{
    struct person one;
    printf("\n 请输入通讯簿名: ");
    scanf("%s",filename);
    if((fp=fopen(filename,"w"))==NULL)
    {
        printf("\n 不能建立通讯簿! ");
        exit(1);
    }
    fprintf(fp,"%-10s%-20s%-50s\n","姓名","电话号码","住址");
    printf("\n 请输入姓名、电话号码和地址\n");
    scanf("%s",one.name);
    while(strcmp(one.name,"@"))
    {
        scanf("%s%s",one.tel,one.addr);
        fprintf(fp," %-10s%-20s%-50s\n",one.name,one.tel,one.addr);
        scanf("%s",one.name);
    }
    fclose(fp);
}
void output()       /*输出子函数功能模块*/
{
    struct person one;
    if((fp=fopen(filename,"r"))==NULL)
    {
        printf("\n 不能打开通讯簿! ");
        exit(1);
```

```
    }
    printf("\n\n%20s\n","通讯簿");
    while(!feof(fp))
    {
        fscanf(fp,"%s%s%s\n",one.name,one.tel,one.addr);
        printf("%-10s%-18s%-50s\n",one.name,one.tel,one.addr);
    }
    fclose(fp);
}
void append()     /*插入子函数功能模块*/
{
    struct person one;
    if((fp=fopen(filename,"a"))==NULL)
    {
        printf("\n 不能打开通讯簿! ");
        exit(1);
    }
    printf("\n 请输入添加的姓名、电话号码和地址\n");
    scanf("%s%s%s",one.name,one.tel,one.addr);
    fprintf(fp," %-10s%-20s%-50s\n",one.name,one.tel,one.addr);
    fclose(fp);
}
void search()         /*寻找子函数功能模块*/
{
    int k=0;
    char namekey[18];
    struct person one;
    printf("\n 请输入姓名: ");
    scanf("%s",namekey);
    if((fp=fopen(filename,"rb"))==NULL)
    {
        printf("\n 不能打开通讯簿! ");
        exit(1);
    }
    while(!feof(fp))
    {
        fscanf(fp,"%s%s%s\n", one.name,one.tel,one.addr);
        if(!strcmp(namekey,one.name))
        {
            printf("\n\n 已查到, 记录为: ");
            printf("\n%-10s%-18s%-50s\n",one.name,one.tel,one.addr);
            k=1;
        }
    }
    if(!k)
        printf("\n\n 对不起,通讯簿中没有此人的记录。");
        fclose(fp);
    }
void modify()       /*修改子函数功能模块*/
{
    int k=0;
    long offset;
    char namekey[8];
    struct person one;
    printf("\n 请输入姓名: ");
    scanf("%s",namekey);
    if((fp=fopen(filename,"r+"))==NULL)
```

```
    {
        printf("\n不能打开通讯簿! ");
        exit(1);
    }
    while(!feof(fp))
    {
        offset=ftell(fp);
        fscanf(fp,"%s%s%s\n", one.name,one.tel,one.addr);
        if(!strcmp(namekey,one.name))
        {
          k=1;
          break;
        }
    }
    if(k)
    {
        printf("\n已查到,记录为: ");
        printf("\n%-10s%-20s%-50s\n",one.name,one.tel,one.addr);
        printf("\n请输入姓名、电话号码和地址: ");
        scanf("%s%s%s",one.name,one.tel,one.addr);
        fseek(fp,offset,SEEK_SET);
        printf("%ld",ftell(fp));
        fprintf(fp,"%-10s%-20s%-50s\n",one.name,one.tel,one.addr);
    }
    else
        printf("\n对不起,通讯簿中没有此人的记录。");
        fclose(fp);
    }
void deletef()          /*删除子函数功能模块*/
{
    int m,k=0;
    long offset1;
    char namekey[8];
    struct person one;
    printf("\n请输入姓名: ");
    scanf("%s",namekey);
    if((fp=fopen(filename,"r+"))==NULL)
    {
        printf("\n不能打开通讯簿! ");
        exit(1);
    }
    while(!feof(fp))
    {
        offset1=ftell(fp);
        fscanf(fp,"%s%s%s\n", one.name,one.tel,one.addr);
        if(!strcmp(namekey,one.name))
        {
            k=1;
            break;
        }
      }
    if(k)
    {
        printf("\n已查到, 记录为: ");
        printf("\n%-10s%-18s%-50s\n",one.name,one.tel,one.addr);
        printf("\n确实要删除, 按1; 不删除, 按0: ");
        scanf("%d",&m);
```

```
    if(m)
    {
        fseek(fp,offset1,SEEK_SET);
        fprintf(fp,"%-10s%-20s%-50s\n","","","");
    }
    }
    else
        printf("\n 对不起,通讯簿中没有此人的记录。");
        fclose(fp);
}
```

11.7　学习加油站

11.7.1　重点整理

(1) 文件是指存储在外部介质上的数据集合。文件指针是指向一个结构体的指针变量，这个结构体中包含缓冲区地址、缓冲区中当前存取的字符的位置、对文件是读还是写等信息。所有信息都在头文件 stdio.h 中定义。

(2) 对文件的操作包括文件的打开、关闭、读、写，文件的定位和出错的检验等，分别介绍如下。

① 在 C 语言中使用 fopen()函数完成对文件的打开操作。其一般调用形式为

```
fopen("文件名","操作方式");
```

其中，文件名是要打开的文件的名字，它是一个字符串，应该包含路径说明；操作方式是指对打开文件的访问方式。

② 关闭文件用 fclose()函数来实现，其一般调用形式为

```
fclose(fp);
```

其中，fp 为文件指针类型，它是在打开文件时获得的。执行本函数时，如文件关闭成功，返回 0；否则返回-1。

③ 文件的读函数包括 fgetc()函数、fgets()函数、fscanf()函数和 fread()函数。

- fgetc()函数的功能是从指定的文件中读入一个字符。
- fgets()函数的功能是从文件指针所指向的文件中，读入一个字符串。需要注意的是，在遇到换行符时，fgets()函数将保留换行符。若读到文件尾或出错，则返回空指针 NULL。
- fscanf()函数为格式化输入函数，其功能是从指定的文件中读取指定格式的数据。
- fread()函数的功能是从指定文件中读入一组数据。

④ 文件的写操作是指将程序中的数据输出到磁盘文件中。有关写操作的函数主要有 fputc()函数、fputs()函数、fprintf()函数和 fwrite()函数。

- fputc()函数的功能是把单个字符写到指定文件中。
- fputs()函数的功能是将字符串写入文件指针所指的文件中。fputs()函数带返回值。如输出成功，返回值为 0；否则返回文件结束标志 EOF，其值为-1。
- fprintf()函数为格式化输出函数，其功能是把输出数据发送到指定文件中。该函数

是按规定的格式把数据写入文件指针所指的文件中。

- fwrite()函数的功能是将 buffer 所指向的内存区域中的数据写入文件指针 fp 所指的文件中，这些数据共有 count 项，每项长度为 size 个字节，因此字节总数为 count*size。执行本函数，成功时返回读出的数据块个数；出错时或遇到文件末尾时返回 NULL。

⑤ 文件定位函数主要介绍了 rewind()函数、fseek()函数和 ftell()函数。

- rewind()函数，也叫重置位置指针函数。该函数的功能是，使文件的读写位置指针移到文件的开头。使用 rewind()函数可以在不关闭文件的情况下将位置指针返回到文件的开头。
- fseek()函数，即随机定位函数，其函数原型为

```
int fseek(FILE *fp,long offset,int origin);
```

其中，fp 是已经打开文件的指针，offset 是以字节为单位的位移量，origin 指示位移量 offset 是以什么位置作为基点开始计算的。对于二进制文件，新的文件位置是在 origin 所指示的基点加上 offset 个字符。通过该函数可以对文件进行随机定位，即可以将位置指针移至文件中的任意位置，保证了对文件随机读写的可能性。

- ftell()函数，又叫定位当前位置指针的函数，ftell()函数的功能是返回当前文件位置指针的位置，常用于保存当前文件指针位置。要注意的是，该函数对于文本文件往往会出错，如出错返回-1L。

⑥ 对于出错的检验函数，主要介绍了 ferror()函数和 clearer()函数。

- ferror()函数用来确定文件操作系统是否出错。如果 ferror()函数的返回值为 0，则表示此前的文件操作成功；若返回非 0 值，则表示最近一次文件操作出错。
- clearer()函数的功能是清除文件结束标志和文件出错标志(设置为 0)。本函数没有返回值。

11.7.2 典型题解

【典型题 11-1】有以下程序：

```
#include    <stdio.h>
    main()
    {   FILE *fp;    int  i,a[6]={1,2,3,4,5,6},k,n;
        fp=fopen("d2.dat","w");
        fprintf(fp,"%d%d%d\n",a[0],a[1],a[2]);
        fprintf(fp,"%d%d%d\n",a[3],a[4],a[5]);
        fclose(fp);
        fp=fopen("d2.dat","r");
        fscanf(fp,"%d%d\n",&k,&n);      printf("%d   %d\n",k,n);
        fclose(fp);
}
```

程序运行后的输出结果是________。

A. 1　2　　B. 1　4　　C. 123　4　　D. 123　456

解析：将有 6 个元素的整型数组分两行输出到一个文件中，因为输出的都是数字并且每行都没有分隔符，所以当再对其进行读取操作时，每一行都会被认为是一个完整的数，

而换行符则作为它们的分隔符。

答案：D

【典型题 11-2】有以下程序：

```
#include   <stdio.h>
main ()
{   FILE  *fp;   int  i,a[6]={1,2,3,4,5,6};
    fp=fopen("d3.dat","w+b");
    fwrite(a,size(int),6,fp);
    /*该语句使读文件的位置指针从文件头向后移动 3 个 int 型数据*/
    fseek(fp,sizeof(int)*3,SEEK_SET);
    fread(a,sizeof(int),3,fp);      fclose(fp);
    for(i=0;i<6;i++)     printf("%d,",a[i]);
}
```

程序运行后的输出结果是________。

A. 4,5,6,4,5,6　　B. 1,2,3,4,5,6　　C. 4,5,6,1,2,3　　D. 6,5,4,3,2,1

解析：首先利用 fwrite 函数将数组 a 中的数据写到文件中，接着用 fseek 函数读文件的位置。指针从文件头向后移动 3 个 int 型数据，这时文件位置指针指向的是文件中的第 4 个 int 数据“4”。然后 fread 函数将文件 fp 中的后 3 个数据 4、5、6 读到数组 a 中。这样就覆盖了数组中原来的前 3 项数据。最后数组中的数据就成了{4,5,6,4,5,6,}。

答案：A

【典型题 11-3】以下叙述中正确的是________。

A. C 语言中的文件是流式文件，因此只能顺序存取数据

B. 打开一个已存在的文件并进行写操作后，原有文件中的全部数据必定被覆盖

C. 在一个程序中对文件进行了写操作后，必须先关闭该文件再打开，才能读到第一个数据

D. 当对文件的读(写)操作完成之后，必须将它关闭，否则可能导致数据丢失

解析：C 语言中的文件有两种存取方式：顺序存取和直接存取。文件打开之后，就可以进行读写操作。读写操作函数可以指定文件的使用方式。在使用完一个文件后应将其关闭，以防误操作。

答案：D

【典型题 11-4】有以下程序：

```
#include <stdio.h>
main()
{   FILE *fp;   int   i;
    char   ch[]="abcd",t;
    fp=fopen("abc.dat","wb+");
    for(i=0;i<4;i++) fwrite(&ch[i],1,1,fp);
    fseek(fp,-2L,SEEK_END);
    fread(&t,1,1,fp);
    fclose(fp);
    printf("%c\n",t);
}
```

程序执行后的输出结果是________。

A. d　　B. c　　C. b　　D. a

解析：本题主要考查文件打开函数 fopen(文件名,使用文件方式)、文件关闭函数 fclose(文件指针)、文件读写操作函数和文件定位函数 fseek(文件类型指针，位移量，起始点)。

答案：B

【典型题 11-5】有以下程序，其功能是以二进制“写”方式打开文件 d1.dat，写入 1～100 这 100 个整数后关闭文件，再以二进制“读”方式打开文件 d1.dat，将这 100 个整数读入到另一个数组 b 中，并打印输出。请填空。

```
#include   <stdio.h>
main()
{   FILE   *fp;
    int  i,a[100], b[100];
    fp=fopen("d1.dat","wb");
    for(i=0,i<100;i++)  a[i]=i+1;
    fwrite(a,sizeof(int),100,fp);
    fclose(fp);
    fp=fopen("d1.dat",________);
    fread(b,sizeof(int),100,fp);
    fclose(f);
    for(i=0;i<100;i++)  printf("%d\n",bi));
}
```

解析：fopen 函数的一般调用形式为 fopen(文件名,操作方式)；rb 表示以只读方式打开一个二进制文件，其余功能与以 r 方式打开文件相同。

答案："rb"

【典型题 11-6】读取二进制文件的函数调用形式为：“fread(buffer, size, count,pf);”，其中 buffer 代表的是________。

A. 一个文件指针，指向待读取的文件

B. 一个整型变量，代表待读取的数据的字节数

C. 一个内存块的首地址，代表读入数据存放的地址

D. 一个内存块的字节数

解析：fread 函数是从输入流中读取 n 项数据，每一项数据的长度为 size 字节，放入地址 buffer 中。buffer 是数据块的指针，对 fread 来说是内存块的首地址。

答案：C

【典型题 11-7】执行以下程序后，test.txt 文件的内容是(若文件能正常打开)________。

```
#include
main()
{   FILE *fp;
    char *s1="Fortran",*s2="Basic";
    if((fp=fopen("test.txt","wb"))==NULL)
    {   printf("Can't open test.txt file\n"); exit(1);
    }
    fwrite(s1,7,1,fp);        /*把从地址 s1 开始的 7 个字符写到 fp 所指文件中*/
    fseek(fp,0L,SEEK_SET);    /*文件位置指针移到文件开头*/
    fwrite(s2,5,1,fp);
    fclose(fp);
}
```

A. Basican　　B. BasicFortran　　C. Basic　　D. FortranBasic

解析：fseek 函数用来移动文件位置指针到指定位置，接着的读或写操作将从此位置开始，函数的一般调用形式为 fseek(pf, offset, origin)，pf 为文件指针，offset 是以字节为单位的位移量，origin 是起始点，SEEK_SET 表示文件开始，故第二次写操作"fwrite(s2,5,1,fp);"将覆盖 Fortran 的前 5 个字符。

答案：A

【典型题 11-8】建立一个文本文件，保存 5 个字符串、两个整型数据和 3 个双精度型数据。

解析：将这个文件的名字确定为 file.dat，并放在 C 盘目录下。用 fputs()函数将 5 个字符串写入文件。但为了以后用函数 fgets()读出，我们必须在每次使用 fputs()函数将字符串写入文件后，再用 fprintf()函数写入'\0'，以便使两个串之间有个分隔符。

对于整型数据和双精度数据，采用与 printf()函数相似的 fprintf()函数写入文件，但也要注意在数据之间加分隔符。程序代码如下：

```
#include<stdio.h >
main()
{
    int a=15,b=-23;
    int k;
    double dbldata;
    char str[80];
    FILE *pf;
    pf=fopen("c:\\file.dat","w");
    if(pf==NULL)
    {
        fprintf(stdout,"file can not be created.");
        exit(1);
    }
    for(k=0;k<5;k++)
    {
        fprintf(stdout,"\ninput % dth string:",k+1);
        gets(str);
        fputs(str,pf);
        fprintf(pf,"\n");
    }
    fprintf(pf,"%d\n%d\n",a,b);
    for(k=0;k<3;k++)
    {
        printf("\ninput %dth double data:",k+1);
        scanf("%lf",&dbldata);
        fprintf(pf,"%lf\n",dbldata);
    }
    fclose(pf);
}
```

实际输入字符串，文件 file.dat 建立后的一种结果如下：

```
12345
abcdefg
zyxw
09876
2334455
15
-23
```

```
20.750000
5000.236000
78.123000
```

【典型题 11-9】编写程序，读入磁盘中 C 语言源程序文件“text8.c”，并将注释显示出来。程序代码如下：

```
#include<stdio.h>
FILE *fp;
main()
{
    int c,d;
    if((fp=fopen("text8.c","r"))==NULL)
        exit(0);
    while((c=fgetc(fp)!=EOF))
    if(c=='/')                          /*如果是字符注释的起始字符'/'*/
        if(d=fgetc(fp)=='*')            /*则判断下一个字符是否为'*'*/
            in_comment();
        else
        {
            putchar(c);
            putchar(d);
        }
        else
            if(c=='\''||c=='\'')
                echo_quote(c);
            else
              putchar(c);
          }
 in_comment()
 {
     int c,d;
     c=fgetc(fp);
     d=fgetc(fp);
     while(c!='*'||d!='/')          /*连续的两个字符不是*和/,则继续处理注释*/
     {
         c=d;
         d=fgetc(fp)
     }
 }
 echo_quote(c)
 int c;
 {
     int d;
     putchar(c);
     while((d=fgetc(fp))!=c)             /*读入下一个字符判断是否为定界符 c*/
         {putchar(c);
         if(d=='\\')
             putchar(fgetc(fp));         /*下一个字符无论是何值都原样输出*/
         }
     putchar(d);
 }
```

【典型题 11-10】编写一个程序，从 data.dat 文本文件中读出一个字符，将其加密后写入 data1.dat 文件中，加密方式是字符的 ASCII 码加 1。

解析：先打开 data.dat 文本文件并建立 data1.dat 文件，从前者读出一个字符 c，将

(c+1)%256 这个 ASCII 码对应的字符写入后者。直到读完为止。

程序代码如下：

```
#include<stdio.h>
void main()
{
    FILE *fp,*fp2;
    char c;
    if((fp=fopen("data.dat","r"))==NULL)
    {
        printf("不能打开文件\n");
        return;
    }
    if((fp1=fopen(data1.dat),"w")==NULL){
        printf("不能建立文件\n");
        return;
    }
    while(!feof(fp)){
        c=fgetc(fp);
        c=(c+1)%256;
    fputc(c,fp1);
    }
    fclose(fp);
    fclose(fp1);
}
```

11.8　上 机 实 验

1. 实验目的

掌握文件和文件指针的概念及文件的定义方法。

学会使用文件的打开、关闭、读、写等文件操作函数。

掌握用缓冲文件系统对文件进行基本的操作。

2. 实验内容

(1) 编写程序，用键盘输入 10 个学生的学号和姓名并存放在二进制文件 file.data 中，再从该文件中读取数据，然后按学号从小到大进行排序，最后将排序后的数据重新存放到原文件中。

(2) 编写程序建立一个文件，然后将用键盘输入的以#字符结尾的一段文本写入文件并关闭该文件，重新打开该文件，将文件的内容读出并显示出来。

11.9　习　　题

1. 选择题

(1) 以下叙述中不正确的是________。

A. C 语言中的文本文件以 ASCII 码形式存储数据

B. C 语言中对二进制文件的访问速度比文本文件快

C. C 语言中随机读写方式不适用于文本文件

D. C 语言中顺序读写方式不适用于二进制文件

(2) 以下叙述中错误的是________。

A. 二进制文件打开后可以先读文件的末尾，而顺序文件不可以

B. 在程序结束时，应当用 fclose 函数关闭已打开的文件

C. 在利用 fread 函数从二进制文件中读数据时，可以用数组名给数组中的所有元素读入数据

D. 不可以用 FILE 定义指向二进制文件的文件指针

(3) 以下程序运行后的输出结果是________。

```
#include <stdio.h>
main()
{   FILE *fp; int i=20,j=30,k,n;
    fp=fopen("d1.dat","w");
    fprintf(fp,"%d\n",i);fprintf(fp,"%d\n",j);
    fclose(fp);
    fp=fopen("d1.dat", "r");
    fscanf(fp,"%d%d",&k,&n);  printf("%d%d\n",k,n);
    fclose(fp);
}
```

A. 20　30　　B. 20　50　　C. 30　50　　D. 30　20

(4) 若要打开 A 盘上 user 子目录下名为 abc.txt 的文本文件，并进行读、写操作，下面符合此要求的函数调用是________。

A. fopen("A:\user\abc.txt","r")　　B. fopen("A:\\user\\abc.txt","r+")

C. fopen("A:\user\abc.txt","rb")　　D. fopen("A:\\user\\abc.txt","w")

(5) 运行以下程序后，文件 test.txt 中的内容是________。

```
#include  <stdio.h>
void fun(char  *fname,char  *st)
{   FILE  *myf;   int  i;
    myf=fopen(fname,"w" );
    for(i=0;i<strlen(st); i++)fputc(st[i],myf);
    fclose(myf);
}
main()
{   fun("test","new world"); fun("test","hello,");
}
```

A. hello,　　B. new worldhello,　　C. new world　　D. hello, rld

(6) 有以下程序：

```
#include <stdio.h>
void WriteStr(char *fn,char *str)
{   FILE *fp;
    fp=fopen(fn,"w");fputs(str,fp);fclose(fp);
}
main()
{   WriteStr("t1.dat","start");
    WriteStr("t1.dat","end");
}
```

程序运行后，文件 t1.dat 中的内容是________。

A. start　　B. end　　C. startend　　D. endrt

(7) 以下可作为函数 fopen 中第一个参数的正确格式是________。

A. "c:\user\text.text"　　B. "c:\user\text.txt"

C. "c:\user\text.txt"　　D. "c:\\user\\text.txt"

(8) fscanf 函数的正确调用格式是________。

A. fscanf(fp,格式字符串,输出表列);

B. fscanf(格式字符串,输出表列,fp);

C. fscanf(格式字符串,文件指针,输出表列);

D. fscanf(文件指针,格式字符串,输入表列);

(9) 若有以下结构体类型：

```
struct  st
{  char  name[8];
   int num;
   float  s[4];
}student[50];
```

并且结构体数组 student 中的元素都已有值，若要将这些元素写到硬盘文件 fp 中，以下不正确的形式是________。

A. fwrite(student,sizeof (struct st),50,fp);

B. fwrite(student,50*sizeof(struct st),1,fp);

C. fwrite(student,25*sizeof(struct st),25,fp);

D. for(I=0;I<50;I++)

fwrite(student+I,sizeof(struct st),1,fp);

(10) 有以下程序(提示：程序中“fseek(fp,-2L*sizeof(int),SEEK_END.;”语句的作用是使位置指针从文件末尾向前移 2*sizeof(int)个字节)：

```
#include <stdio.h>
main()
{  FILE  *fp;  int i,  a[4]={1,2,3,4},b;
   fp=fopen("data.dat","wb");
   for(i=0;i<4;i++)fwrite(&a[i], sizeof(int),1,fp);
   fclose(fp);
   fp= fopen("data.dat","rb");
   fseek(fp,-2L* sizeof(int), SEEK_END);
/* 从文件中读取 sizeof(int)字节的数据到变量 b 中*/
   fread(&b, sizeof(int),1,fp);
   fclose(fp);
   printf("%d\n",b);
}
```

程序运行后的输出结果是________。

A. 2　　B. 1　　C. 4　　D. 3

2. 填空题

(1) 已有文本文件 test.txt，其中的内容为“Hello,everyone!”。以下程序中，文件

test.txt 已正确以“读”方式打开，由文件指针 fr 指向该文件，则程序运行后的输出结果是________。

```
#include    <stdio.h>
main()
{   FILE*fr;    char    str[40];
    …
    fgets(str,5,fr);
    printf("%s\n",str);
    fclose(fr);
}
```

(2) 若 fp 已正确定义为一个文件指针，d1.dat 为二进制文件，请填空，以便为“读”而打开此文件：“fp=fopen(__________);”。

(3) 以下程序用来统计文件中的字符个数，请填空。

```
#include  "stdio.h"
main()
{   FILE  *fp;   long  num=0L;
    if((fp=fopen("fname.dat","r"))==NULL)
    {   printf("Open error\n");  exit(0);
    }
    while(___________)
    {   fgetc(fp); num++;
    }
    printf("num=%ld\n",num-1);
    fclose(fp);
}
```

(4) 以下程序段打开文件后，先利用 fseek 函数将文件位置指针定位在文件末尾，然后调用 ftell 函数返回当前文件位置指针的具体位置，从而确定文件长度，请填空。

```
FILE  *myf;  ling  f1;
myf=_________("test.t","rb");
fseek(myf,0,SEEK_END); f1=ftell(myf);
fclose(myf);
printf("%d\n",f1);
```

(5) 以下程序中用户由键盘输入一个文件名，然后输入一串字符(用‘#’束输入)存放到此文件中形成文本文件，并将字符的个数写到文件末尾，请填空。

```
#include <stdio.h>
main()
{   FILE   *fp;
    char   ch, fname[32];   int  count=0;
    printf("Input the filename : ");  scanf("%s", fname);
    if((fp=fopen(______   ,"w+"))==NULL)
    {   printf("Can't open file: %s \n", fname); exit(0);
    }
    printf("Enter data: \n");
    while((ch=getchar())!="#")
    {   fputc(ch, fp);  count++;
    }
    fprintf(_________, "\n%d\n", count);
    fclose(fp);
}
```

第 12 章　位　运　算

本章要点

- ☑ 位运算符和位的逻辑运算
- ☑ 位的复合运算
- ☑ 位段的概念与运用

本章难点

对位段的理解

12.1　位 运 算 符

位运算是指对二进制进行的运算，它的运算对象不是以一个数据为单位，而是对组成数据的二进制位进行运算。每个二进制位用“0”或“1”表示。正确地使用二进制位运算，有助于节省内存空间和编写复杂的程序。

C 语言提供了 6 种位运算符，见表 12.1。

表 12.1　位运算符

位运算符	含　义	对 象 数
&	按位与	双目
|	按位或	双目
^	按位异或	双目
~	按位取反	单目
<<	左移	双目
>>	右移	双目

注意： 位的运算对象只能是整型数据(包括 int、short int、unsigned int 和 long int)或字符数据，不能是浮点型数据。

位运算的优先级比较分散。其中，按位与、按位或和按位异或运算符的优先级别都低于算术运算符和关系运算符的优先级别。按位取反运算符的优先级别高于算术运算符和关系运算符的优先级别，是所有位运算符优先级别最高的；左移运算符和右移运算符的优先级别高于关系运算符的优先级别，但低于算术运算符的优先级别。

现将各种位运算符的运算规则说明如下。

1. 按位与(&)

C 语言规定按位与的运算规则：如果参与运算数据的二进制位都为 1，则结果为 1；否则只要有 0 出现的位，其对应的二进制位与的结果都为 0。

格式如下：

```
a&b
```

例如：

```
0&0=0    0&1=0    1&0=0    1&1=1
```

注意： 不可将运算符&与运算符&&混淆。对于运算符&&，当两边操作数为非 0 值时，表达式的运算结果为 1；但对于运算符&，则需要对每一位进行与运算。

例如：如 a=0x27，b=0x07，则 a&b 的计算结果为

```
      a  0 0 1 0 0 1 1 1
      b  0 0 0 0 0 1 1 1
---------------------------
    a&b  0 0 0 0 0 1 1 1
```

即 a&b=0x07。

可运用与运算的这种性质，实现下面的功能。

(1) 将一个数清零。如果想使某个数为 0，只要用 0 与其进行按位与即可。当然，也可以将数据中某些位清零。例如，假设 a 是字符变量，要将 a 的第 2 位置 0，可让 a 与 0xfb 按位与即可，即 x=x&0xfb。

(2) 提取数据中的某些位。例如有 a=01001100，若想取得 a 的低 3 位的数，则可使 a 与一个数(假设为 b)按位与运算，将 b 的低 3 位置 1，其余各位均为 0，这样 a 与 b 按位与运算便可取得 a 的低 3 位的数。

2. 按位或(|)

按位或的运算规则：只要参与运算的两个数中对应的二进制位为 1，则结果的对应位为 1；否则为 0。

格式如下：

```
a|b
```

例如：

```
0|0=0  0|1=1  1|0=1  1|1=1
```

注意： 不可将运算符“|”与运算符“||”混淆。对于运算符“||”，当两边操作数为 0 时，表达式的运算结果为 0；但对于运算符“|”，则需要对每一位进行运算。

例如：a=0x36，b=0x47，则 a|b 的结果为

```
      a  0 0 1 1 0 1 1 0
      b  0 1 0 0 0 1 1 1
---------------------------
    a|b  0 1 1 1 0 1 1 1
```

即 a|b=0x77。

利用或的运算特性，可将数据中的某位或某些位置 1，而其余各位不变。如将 a(假设为字符型)中的第 2 位置 1，可用如下的运算：

```
a=a|0x02
```

例 12.1　有以下程序：

```
main()
{
   unsigned char a,b;
   a=0x3; b=a|0x8;
   printf("%d\n",b);
}
```

程序运行结果如下：

```
11
```

本题运用的是位的逻辑与运算。程序中将十六进制数 0x3 赋给变量 a，转换成二进制数为 00000011，0x8 的二进制数为 00001000，它们进行按位或运算后，b 为 00001011，即转换成十进制为 11。

3. 按位异或(^)

按位异或运算的运算规则：如果两个运算对象的对应位不相同，则结果为 1；否则为 0。

格式如下：

```
a^b
```

例如：

```
0^0=0  0^1=1  1^0=1  1^1=0
```

例如：a=0x69，b=0x52，则 a^b 的结果为

a	0 1 1 0 1 0 0 1
b	0 1 0 1 0 0 1 0
a^b	0 0 1 1 1 0 1 1

即 a^b=0x33。

由异或运算的性质可得到如下一些运用。

(1) 让数据中的某位翻转，即 0 变为 1，1 变为 0。

例如，要将 01100010 的低 4 位翻转，其他位保持不变，可进行以下异或运算：

a	0 1 1 0 0 0 1 0
b	0 0 0 0 1 1 1 1
a^b	0 1 1 0 1 1 0 1

可以看出结果中的低 4 位正好与原来数的低 4 位相反。

(2) 与 0 相异或，原值不变。

例如：0x62^00=0x62，因为原数中的 1 与 0 异或为 1，0 与 0 异或为 0，所以原数保持

不变。

(3) 可以用异或运算实现两个数的交换，例如，将 a 和 b 的值进行交换，可采用以下语句：

```
a=a^b;
b=b^a;
a=a^b;
```

也可采用如下形式：

```
c=b;
b=(a^b)^b
a=(a^c)^c^(a^c)
```

4. 按位取反(~)

按位取反运算的运算规则：将一个数中的各位二进制数取反，即 1 变为 0，0 变为 1。

按位取反是单目运算符，其格式为~a。

例如：

```
~1=0  ~0=1
```

例如，如有 a=0x73，则取反运算后的结果为：

a	0`1110011
~a	10001100

即~a=0x8C。

由于按位取反的运算级别高于算术运算符、关系运算符、逻辑运算符和其他运算符，那么在执行~a|b&c 时，是先进行反运算再进行与运算，最后进行的是或运算。

例 12.2 有下面程序。

```
main()
{
    int x=3, y=2, z=1;
    printf("%d\n",x/y&~z);
}
```

程序运行结果如下：

```
0
```

说明：由于表达式 x/y 的结果为 1，所以 x/y&~z 等价于 1&~1，先对 1 按取反后的结果，再与 1 按位相与，则使每位上都为 0，所以最终结果为 0。

5. 左移运算(<<)

左移运算的运算规则：将运算对象中的每个二进制位向左移要求的位数，从左边移出去的高位部分被丢弃，右边空出的部分用 0 填补。

格式如下：

```
a<<整型表达式;
```

例如：a<<2，将 a 的二进制位左移 2 位，右边补 0。设 a=0x26，左移情况如下：

a	0 0 1 0 1 0 1 0
a<<2	1 0 1 0 1 0 0 0

即左移后的结果为 a=0xa8，相当于原数乘以 4。可以看出，如左移时舍弃的高位不包含 1，则数每移动一位，相当于该数乘以 2。左移 n 位，相当于乘 2 的 n 次方。

例 12.3　用键盘输入两个字符 a 和 b，并按下列规则将其装配到一个整型变量中：将 a 字符作为整型变量的高字节，b 作为整型变量的低字节。程序代码如下：

```
#include<stdio.h>
main()
{
    char a,b;
    unsigned int iab;
    a=getchar();
    b=getchar();
    iab=a;
    iab<<=8;
    iab|=b;
}
```

6. 右移运算(>>)

右移运算的运算规则是：将运算对象中的每个二进制位向右移若干位，从右边移出的低位部分被舍弃，对无符号的数来说，左边空出的部分补 0；对有符号的数来说，如果符号位为 0，则空出的高位部分补 0，对于有符号数中的负数，取决于所使用的系统：补 0 的称为“逻辑右移”，补 1 的称为“算术右移”。

格式：

```
a>>整数表达式;
```

例如：a=0x28，则 a>>=2 的结果为：

a	0 0 1 0 1 0 0 0
a>>2	0 0 0 0 1 0 1 0

即 a=a>>2，也可写为 a>>2，其结果为 0x0a；可以看出在进行右移运算时，如果移出的低位不包含 1，则移动 1 位相当于除以 2，右移 n 位，相当于除以 2 的 n 次方。

7. 位运算与赋值运算符结合组成新的赋值运算符

例如：

a&=b 相当于 a=a&b

a|=b 相当于 a=a|b

a^=b 相当于 a=a^b

a>>=b 相当于 a=a>>b

a<<=b 相当于 a=a<<b

例 12.4　设计一个函数，给出一个数的原码，得到该数的补码。

分析：根据补码的定义，一个正数的补码等于该数的原码，一个负数的补码等于该数的反码加 1。假设 a 为 16 位整数，则步骤如下。

(1)　判别给定整数是正数还是负数。方法是：

```
z=a&0x8000;
```

若 z 等于 0，则 a 为正数；若为非 0，则 a 为负数。

(2) 如果 z 非 0，有 z=~a+1+0x8000；否则 z=a。

(3) 返回 z。

程序代码如下：

```
#include<stdio.h>
main()
{
    int a,get(int);
    printf("输入一个十六进制数:\n");
    scanf("%x",&a);
    printf("\t 它的补码是: %x\n",get(a));
}
get(int value)                  /*求一个数的补码*/
{
    int z;
    z=value&0x8000;
    if(z==0)
       z=value;                 /*符号位为 0,为正数*/
    else                        /*符号位为 1,为负数*/
    {
        z=~value+1;
        z=z+0x8000;
    }                           /*恢复符号位*/
    return z;
}
```

程序运行结果如下：

```
输入一个十六进制数:
4e5
它的补码是: 4e5
```

例 12.5 编写程序，从一个 16 位的单元中取出某几位，函数原型为 int get(int value,int n1,int n2)，其中 value 为一个整型数据，n1 与 n2 为欲取出的位序(第 n1 到 n2 位)。程序代码如下：

```
main()
{
    unsigned a;
    int n1,n2;
    printf("input a,n1,n2:\n");
    scanf("%o,%d,%d",&a,&n1,&n2);
    printf("the result is :%o\n",getbits(a,n1,n2));
}
unsigned getbits(int value,int n1,int n2)
{
    unsigned b,c,d;
    b=value>>16-n2;
    c=~(~0<<n2-n1+1);
    return b&c;
}
```

12.2　位　　段

所谓位段就是将一个机器字分成几段，以占用二进制位的数目来管理数据，位段常常用来表示和处理不需要整字节存储的信息，这样的信息可能是 3 位，也可能是 9 位……甚至是它们的组合。

位段类型也称为数据结构体类型，因此其类型定义的方法和结构体相同，不过对于非整数字节的成员，应当使用 unsigned 或 unsigned int 来定义成员，并指明所占的位数。如：

```
struct onebits{
              unsigned ch:5;
              unsigned int ld:11;
              unsigned int f1:3;
              unsigned int f2:2;
            };
```

上面定义了位段结构类型 struct onebits，它包含 4 个成员(又称为位段)，每个成员的数据类型都是整型。每个成员所占用的二进制位数由冒号后面的数字指定，至于这些位段具体存放的位置，将由编译系统来分配，程序设计人员不必考虑。

在带位段的结构体类型中，非位段成员，即普通类型的成员仍然占用新的完整字节。例如：

```
struct onebits{
               unsigned ch:5;
               float fd;
               unsigned ld:11;
               unsigned b:2;
               int id;
             };
```

其中浮点变量 fd 从新的字节开始，并占用完整的字节。

位段类型变量的定义和成员的引用，与结构体完全一致。例如：

```
struct onebits bit;
bit.b=3;
```

对于位段类型，规定如下。

(1)　位段只能用 unsigned 或 unsigned int 来定义，每个位段不能超过一个机器字长。

(2)　可以定义无名位段，但无法引用，它们只起占位的作用。例如：

```
struct onebit{
              unsigned int m1: 1;
              unsigned int:4;
            };
```

此位段中第二个成员是无名位段，它占用两个二进制位。无名位段所占空间不起任何作用。

(3)　所占位数为 0 的字段没有存储数据的意义，其作用是使下一个位段从一个新的字节开始。

(4)　作为结构体成员，位段不是数组，指针也无法指向位段。

(5)　含有位段的结构体类型所占的字节数应当用 sizeof()运算符求取，不能简单地将成

员相加。

(6) 位段成员可以当作整型量来运算和输出。

例如下面的用法是合法的：

```
x=onebit.ld+onebit.b+10;
```

(7) 当位段不足一个字节的位数，并且单独存在时，此位段仅占一个字节。

例如：

```
struct ontbit{
               unsigned bit1:3;
               unsigned:3;
               unsigned bit2:1;
               unsigned bit3:0;
               unsigned bit4:10;
               int integer1;
               unsigned bit5:6;
               char ch;
             };
```

12.3 小型案例实训

1. 案例说明

以异或运算替代取反运算对文件进行加密和解密。

2. 编程思路

位运算的加密解密法是由于数字计算机的出现而引起的一种加密算法。位运算加密的基本思想是对原文本中字符的各个位进行某种指定的操作。用这种方法加密的密码文本用文本方式显示是完全无法识别的，看起来就像一堆乱七八糟的数据，大大增强了加密效果。

C 语言是最适合于位运算加密的语言，因为它提供了多种位操作，在前面已经介绍过它们的具体功能。采用求反运算加密虽然简单，但是最容易被解密。求反运算有两个缺点。

(1) 加密解密过程不能人为控制，因此任何人都可以对密码文本进行解密。

(2) 这种方法过于简单，很容易被有经验的程序员破译。

克服这两个缺点的方法之一是以异或运算代替求反运算，增加一个密钥来控制加密解密过程。具体方法是在加密时，把原文本的每个字节与作为密钥的一个字节进行异或，产生密码文本；在解密时，按同样的方法进行处理，就恢复成原文本。密钥不一定是一个字节长，可以是多个字节长，也可以是多个密钥。我们以密钥只有一个，并且只有一个字节为例来说明加密解密程序。

3. 程序代码

```
#include<stdio.h>
#include <ctype.h>
#include "process.h"
void encode(char *input,char *output,char key); /*声明加密函数*/
```

```
void decode(char *input,char *output,char key); /*声明解密函数*/
main()
{
   unsigned char s[80],in_file[80],out_file[80],key;
   for(;;)
   {
      printf("encode,decode,quit\n");   /*提示选择是加密还是解密*/
      gets(s);
      *s=toupper(*s);
      switch(*s)
      {
         case 'E':printf("enter input filename:\n");
                  gets(in_file);        /*给出加密原文件*/
                  printf("enter output filename:\n");
                  gets(out_file);       /*给出加密后的密码文件名*/
                  printf("enter key:");
                  scanf("%d",&key);    /*输入密钥*/
                  encode(in_file,out_file,key);  /*调用加密函数*/
                  break;
         case 'D':printf("enter input filename:\n");
                  gets(in_file);        /*给出解密原文件*/
                  printf("enter output filename:\n");
                  gets(out_file);       /*给出解密后的密码文件名*/
                  printf("enter key:");
                  scanf("%d",&key);     /*输入密钥*/
                  decode(in_file,out_file,key);  /*调用解密函数*/
                  break;
         default:break;
      }
   }
}
void encode(char *input,char *output,char key)  /*加密函数*/
{
   int ch;
   FILE *fp1,*fp2;
   if((fp1=fopen(input,"r"))==NULL)       /*以只读方式打开原文件*/
   {
      printf("coan not open the output file\n");
      exit(0);
   }
   if((fp2=fopen(input,"r"))==NULL)
   {
      printf("coan not open the output file\n");
      exit(0);
   }
   do                                       /*读文件中的数据*/
   {
      ch=getc(fp1);                         /*从原文件中读一个字节*/
      if(ch==EOF)                           /*遇到文件尾退出 do 循环*/
           break;
      ch=ch^key;                            /*数据与密钥进行异或运算*/
      if(ch==EOF)                           /*如果数据与密钥各位都不同*/
      ch++;                                 /*数据的值加 1*/
      putc(ch,fp2);                         /*加密后的字节写入密码文件*/
      }while(1);
   fclose(fp1);
   fclose(fp2);
```

```
}
void decode(char *input,char *output,char key)        /*解密函数*/
{
    int ch;
    FILE *fp1,*fp2;
    if((fp1=fopen(input,"r"))==NULL)          /*以只读方式打开原文件*/
    {
        printf("can not open the input file\n");
        exit(0);
    }
    if((fp2=fopen(output,"w"))==NULL)         /*以只写方式打开密码文件*/
    {
        printf("can not open the output file\n");
        exit(0);
    }
    do{
        ch=getc(fp1);                         /*从原文件中读一个字节*/
        if(ch==EOF)                           /*遇到文件尾退出 do 循环*/
            break;
            ch=ch^key;                        /*数据与密钥进行异或运算*/
        if(ch==EOF+1)                         /*如果数据与密钥各位都不同*/
            ch--;                             /*数据的值减 1*/
            putc(ch,fp2);                     /*解密后的字节写入密码文件*/
            }while(1);
    fclose(fp1);
    fclose(fp2);
}

main()
{   unsigned char a,b,c;
     a=0x3;  b=a|0x8;   c=b<<1;
     printf("%d%d\n",b,c);
}
```

4. 输出结果

```
encode,decode,quit E
enter input filename:data.dat
enter output filename:data.nec
enter key:A
```

假定原文件 data.dat 中有一组数据，执行上述命令后得到该文件的加密文件 data.nec，并存在当前目录中。用 dir 命令可以看到这两个文件名。但由于是二进制文件，不能看到其中的内容。A 是密钥，由加密者掌握。再次执行程序：

```
encode,decode,quit   D
enter input filename:data.dat
enter output filename:data.nec
enter key:A
```

如果密钥正确，则加密文件 data.nec 被解密形成一个新文件 data.dec。

```
encode,decode,quit   Q
```

程序退出运行。

这个程序有点复杂，它涉及的内容比较多，包括位操作和文件的操作。请仔细分析程序代码中的注释。

12.4　学习加油站

12.4.1　重点整理

(1)　按位与(&)。C 语言规定按位与的运算规则：如果参与运算数据的二进制位都为 1，则结果为 1；否则只要有 0 出现的那个二进制位结果都为 0。

(2)　按位或(|)。按位或的运算规则：只要参与运算的两个数中对应的二进制位为 1，则结果的对应位为 1；否则为 0。

(3)　按位异或(^)。按位异或的运算规则：如果两个运算对象的对应位不相同，则结果为 1；否则为 0。

(4)　按位取反(~)。按位取反的运算规则：将一个数中的各位二进制数取反，即 1 变为 0，0 变为 1。

(5)　左移运算(<<)。左移运算的运算规则：将运算对象中的每个二进制位向左移要求的位数，从左边移出去的高位部分被丢弃，右边空出的部分用 0 填补。

(6)　右移运算(>>)。右移运算的运算规则：将运算对象中的每个二进制位向右移若干位，从右边移出的低位部分被舍弃。对无符号的数来说，左边空出的部分补 0；对有符号的数来说，如果符号位为 0，则空出的高位部分补 0，对于有符号数中的负数，取决于所使用的系统：补 0 的称为“逻辑右移”，补 1 的称为“算术右移”。

(7)　所谓位段就是将一个机器字分成几段，以占用二进制位的数目来管理数据。位段常常用来表示和处理不需要整字节存储的信息，这样的信息可能是 3 位，也可能是 9 位……甚至是它们的组合。位段类型也称为数据结构体类型，因此其类型定义的方法和结构体相同，不过对于非整数字节的成员，应当使用 unsigned 或 unsigned int 来定义成员，并指明所占的位数。

12.4.2　典型题解

【典型题 12-1】有以下程序：

```
main()
{   unsigned char a=2,b=4,c=5,d;
    d=a|b;d&=c;printf("%d\n",d);
}
```

程序运行后的输出结果是________。

A. 3　　B. 4　　C. 5　　D. 6

解析：本题考查的内容是按位与和按位或运算符的使用，由运算规则可知，d 的最终结果为 4。

答案：B

【典型题 12-2】有以下程序：

```
#include <stdio.h>
main()
{   int a=1, b=2, c=3, x;    x=(a^b)&c;
    printf("%d\n",x);
}
```

程序运行后的输出结果是________。

A. 0　　B. 1　　C. 2　　D. 3

解析：本题考查位运算。位运算的对象应为二进制数的形式。1 的二进制数表示为 00000001，2 的二进制数表示为 00000010，1 与 2 相异或得 00000011，3 的二进制数表示为 00000011，进行位与运算，即 00000011&00000011=00000011，转换为十进制数即为 3。

答案：D

【典型题 12-3】若变量已正确定义，则以下语句的输出结果是________。

```
s=32; s^=32;
printf("%d",s);
```

A. −1　　B. 0　　C. 1　　D. 32

解析："^"为位异或运算符，变量 s 与其相等的数值异或的结果为 0。

答案：B

【典型题 12-4】有以下语句：

```
int a=1,b=2,c;
c=a^(b<<2);
```

执行后，c 的值为________。

A. 6　　B. 7　　C. 8　　D. 9

解析：b=2 表示的二进制数为 00000010，经过移位操作得到 00001000，位异或操作 a^(00001000)得到 00001001，即十进制数 9。

答案：D

12.5 上机实验

1. 实验目的

掌握位运算的常用功能。

2. 实验内容

(1) 用键盘输入一个字符，将其转换为二进制 ASCII 码，并计算此 ASCII 码中为 1 的个数。

(2) 用键盘输入一个整数，若此数是偶数，则将其转换为大于此偶数的最小奇数，并显示出来。

12.6 习　　题

1. 选择题

(1) 以下程序运行后的输出结果是________。

```
main()
{   unsigned char a,b,c;
    a=0x3;  b=a|0x8;   c=b<<1;
```

```
    printf("%d%d\n",b,c);
}
```

A. –11　12　　B. –6　–13　　C. 12　24　　D. 11　22

(2) 以下程序运行后的输出结果是________。

```
main()
{   char  x=040;
        printf("%o\n",x<<1);
}
```

A. 100　　B. 80　　C. 64　　D. 32

(3) 整型变量 x 和 y 的值相等且为非 0 值，则以下选项中，结果为零的表达式是________。

A. x || y　　B. x | y　　C. x & y　　D. x ^ y

(4) 以下程序运行后的输出结果是________。

```
main()
{   int  x=0.5;  char  z='a';
   printf("%d\n", (x&1)&&(z<'z')  );
}
```

A. 0　　B. 1　　C. 2　　D. 3

(5) 设“int b=2;”，表达式(b>>2)/(b>>1)的值是________。

A. 0　　B. 2　　C. 4　　D. 8

(6) 语句“printf("%d \n"，12 &012);”的输出结果是________。

A. 12　　B. 8　　C. 6　　D. 012

(7) 执行程序段“int x=1,y=2; x=x^y;y=y^x;x=x^y;”后，x 和 y 的值分别是________。

A. 1 和 2　　B. 2 和 2　　C. 2 和 1　　D. 1 和 1

(8) 以下程序运行后的输出结果是________。

```
main( )
{   unsigned short n1,n2,n3,n4,n5,a,b;
   n1=n2=n3=n4=n5=a=100;    b=5;
   printf("%d,%d,%d,%d,%d\n",n1&b,n2|b,n3^b,n4<<b,n5>>b);
}
```

A. 100,100,97,320,3　　B. 5,101,97,3200,3

C. 100,101,97,3200,3　　D. 4,101,97,3200,3

2. 填空题

(1) 在 C 语言中，“&”作为单目运算符时表示的是________运算；作为双目运算符时表示的是________运算。

(2) 与 a^=b 等价的另一种书写形式是________。

(3) 与表达式 x&=y–4 等价的另一种书写形式是________。

(4) 设二进制数 a 的值为 11001101，若通过 a&b 运算使 a 中的低 4 位不变，高 4 位清零，则 b 的二进制数是________。

(5) 设 a 是一个整数(2 字节)，若要通过 a|b 使 a 的低 8 位为 1，高 8 位不变，则 b 的八进制数是________。

第 13 章　项 目 实 践

前面的章节介绍了 C 语言的基础知识以及如何用 C 语言编写程序。本章将从软件工程的角度来看待 C 语言和软件开发。C 语言只是众多程序设计语言中的一种，一个软件项目可以选择一种或多种程序设计语言来实现，一个程序员也要掌握一门或多门程序设计语言。程序设计语言本身也在不断地演变发展，通常认为程序设计语言的发展已经经历了三代：汇编语言、过程式语言和面向对象语言。

C 语言属于过程式语言，过程式语言引入了结构化的程序设计思想。在前面已经介绍过 C 语言提供了三种逻辑结构：顺序结构、选择结构和循环结构，这三种结构是结构化程序设计的基础。这些结构，从顶端进入，从底端退出，程序执行过程十分清晰。任何程序，无论是哪个领域，无论技术上多么复杂，都可以通过这三种结构的组装来实现。

初学者常常把程序编码混淆于软件开发，如果从软件工程的观点来看，软件开发是一个系列过程，如图 13.1 所示。

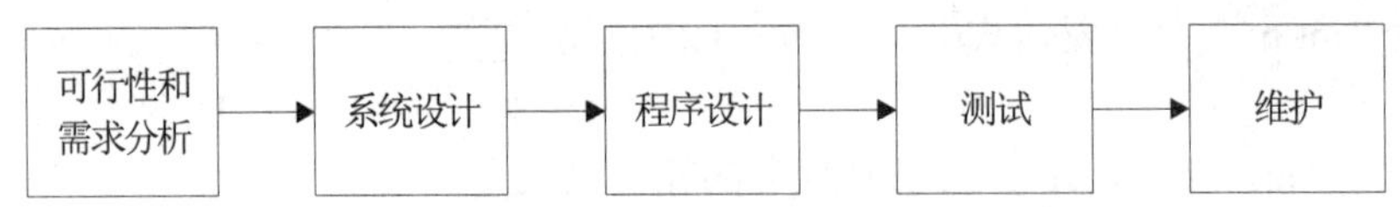

图 13.1　软件开发的过程

软件工程将系统化的、规范的、可度量的方法应用于软件开发、运行和维护过程，即将工程化应用于软件中。本章将讨论一个简单应用案例的开发过程，使大家对软件开发做到心中有数。

13.1　软件开发过程

13.1.1　可行性和需求分析

可行性分析要回答“能不能做”的问题，需求分析要回答“能做多少”的问题。给定无限的资源和无限的时间，则所有的项目都是可以实现的。但在现实中，软件产品的开发都要在有限的条件下完成，这就需要先评估其可行性。可行性分析大致要考虑以下几个方面。

(1) 经济可行性。成本-收益分析是开发商业软件战略计划的第一步，即便是自由软件不以营利为目的，也要考虑软件开发成本。

(2) 技术可行性。相关的技术是否能在有限的时间内完成一个可接受的系统，系统的功能和性能是否满足可预见的要求。

(3) 人力资源。管理、技术和市场各方面的人员是否到位。

(4) 其他因素。包括市场、风险和法律许可等方面。

可行性分析结束时应该书写项目可行性报告，明确项目的成本和收益，存在的风险和冲突，当前技术的优势和障碍，以及对其他因素的依赖。

需求分析的任务是确定软件所要实现的功能，这是软件开发过程中的第一个技术步骤，用户的需求要提炼为具体的约定，并作为后续所有软件设计活动的基础。

需求分析按常规可以细分为以下步骤，在实际操作时应当按照项目的大小和特点等情况确定合适的步骤。

(1) 需求获取。需求分析人员应该充分了解市场和客户需求，了解用户的业务目标，收集用户业务中的数据和信息，明白用户的业务处理方法和流程。

(2) 需求分析。明确用户所描述的系统内部和外部的边界，通过这个边界的信息流和物质流确定诸多需求的优先级，找出用户的基本需求，即用户日常工作所期望的需求；普通需求，为用户日常工作带来便利的需求；兴奋需求，想用户所未想，给用户带来惊奇的需求。为需求建立模型，包括数据流图、实体关系图、状态转换图、对话框图、人机交互图等。

(3) 编写需求说明书。需求分析阶段应该输出软件需求说明书。需求说明书应该包括项目视图，对产品进行定义和说明。描述软件的运行环境，包括硬件平台、操作系统，还有其他的软件组件或与其共存的应用程序。详尽地列出软件最终提交给用户的功能，使用户可以使用所提供的特性执行服务或者任务。描述产品如何响应可预知的出错条件或者非法输入或动作。对每个需求都有唯一的标识，使需求具有可跟踪性和可修改性的质量标准。

(4) 需求确认。要求用户在需求说明书上签字，是终止需求分析过程的正确方法。需求确认使需求分析人员和用户就软件的功能达成共同认识和有效约定。

俗话说“良好的开头是成功的一半”，软件需求分析对软件开发来说就是这样。开发软件系统最为困难的部分就是准确说明开发什么。需求分析过程中有很多因素会给需求分析带来障碍。需求分析人员要注意以下不利因素。

- 和用户交流不够；
- 用户需求的不断变化、增加；
- 用户需求模棱两可；
- 过于简化的需求说明；
- 不必要的特性；
- 不准确的特性。

13.1.2　系统设计

系统设计处于软件工程中的技术核心位置。软件的需求分析决定了软件“做什么”；而系统设计要决定“怎么做”。基于需求分析形成规范和约定后，系统设计时做出的决策最终会影响软件构造的成功与否，更重要的是决定软件维护的难易程度。

系统设计是把用户需求转化为完整的软件产品的唯一方法，是一个反复迭代的过程。初始时，蓝图描述了整个软件的整体视图；随着迭代的深入，需求变换成越来越清晰的软件蓝图；最后，用户的需求、功能和数据演化为软件的模块、函数和数据结构。系统设计中有一些重要的概念体现了系统设计的方法：抽象、模块化、求精和结构化设计。

1. 抽象

抽象体现了人类本身的思维习惯，我们借助于计算机软件来解决现实问题时，首先必须对问题的相关具体事物进行抽象，并建立一个计算机软件模型，这个模型可以被程序设计语言描述出来。

在软件设计中具有三种抽象形式：抽象数据、抽象过程和抽象控制。抽象数据是对客观世界具体事物的抽象表示。高级程序设计语言都支持抽象数据类型的定义，例如在 C 语言中可以自定义结构类型。抽象数据与具体的应用相关，例如在一个旅店管理系统中，在表示一个房间时，需要提取有关属性，如图 13.2 所示；而在一个建筑装潢设计软件系统中，就要使用另外一些属性来表示房间，如图 13.3 所示。

房间
  房间编号
  类型(单人间/双人间等)
  价格
  状态(空闲/预订/使用等)

图 13.2　旅店管理软件中的房间

房间
  形状
  大小(长度/宽度/高度等)
  建筑材料

图 13.3　装潢设计软件中的房间

抽象过程是将客观世界中的行为动作抽象为一系列程序设计语言的指令序列。例如在旅店中登记一个客房，就需要将顾客的一些资料信息存储到计算机中，将某个客房的状态修改为“使用中”等一系列指令。

抽象控制蕴含着不同抽象过程之间的控制机制，抽象控制可以协调一系列抽象过程的执行来完成一个复杂功能。

2. 模块化

模块化设计的方法已被广泛采用，软件的体系结构体现了模块化的概念。一个完整的软件系统被划分为独立命名并具有独立功能的模块构件，它们集成到一起，实现了整个系统的功能需求。

模块化设计过程有两种相反的思路：自顶向下和自底向上。自顶向下是一个逐步分解的过程，自底向上是一个逐步集成的过程。不管采用哪种方法，应对整个系统分而治之，将系统的整体视图(world view)划分为若干个模块，每个模块实现系统的部分功能；所有的模块组装在一起，构成整个系统，完成系统要求的功能，如图 13.4 所示。

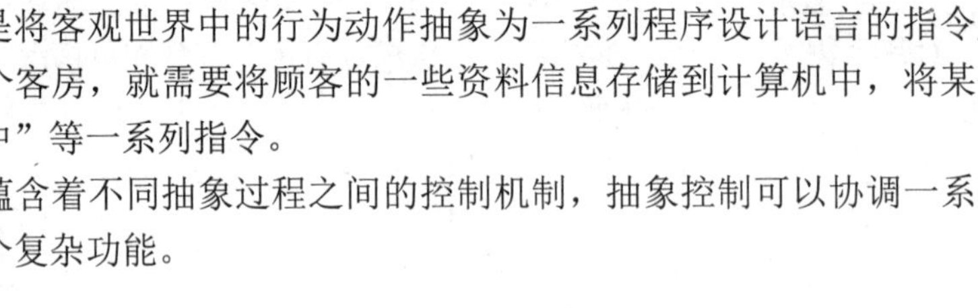

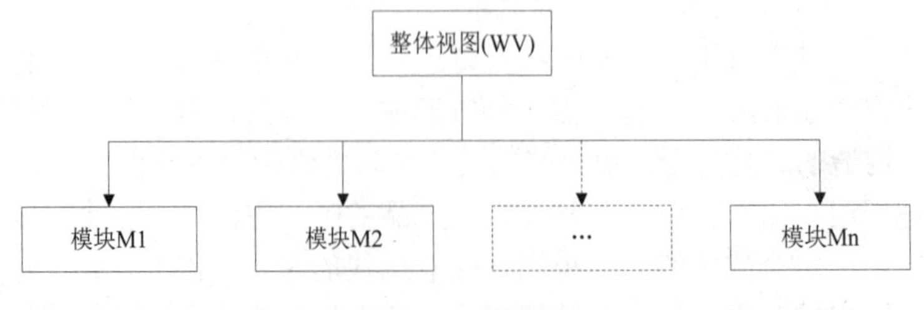

图 13.4　模块化

模块设计时，应使模块具有下列特性。

- 可分解性。模块由系统分解而来，它降低了整个系统的复杂性。模块要易于构造和使用。

- 可组装性。模块组装在一起就构成了一个系统或更大的模块，模块可以被重复使用，用于组装新的系统。
- 独立性。模块作为一个独立的单位行使功能。
- 保护性。如果模块内部出现异常，它的副作用应当局限在该模块内部。

3. 求精

自顶向下的设计策略采用逐步求精的方法，将程序的体系结构模块逐步分解。最初是一些较为宏观的模块，这些模块进一步划分为一组较为具体的小模块，如图 13.5 所示。这个求精过程可以反复多次，直到最后形成程序设计语言的函数、语句或表达式。

求精设计是一个推敲的过程，一开始定义几个较为宏观的概念，没有提供有关功能的内部工作流程和数据结构，在求精过程中，功能被细化，并提出越来越多、越来越具体的技术和实现细节。

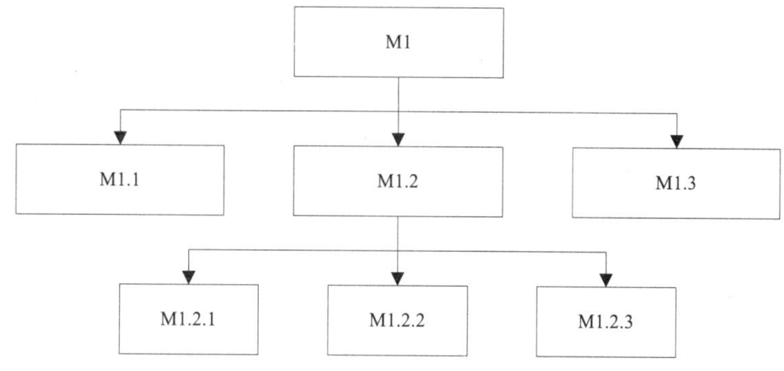

图 13.5　模块求精

随着求精过程的深入，模块的数量在递增，代码的可复用程度也在增加。程序设计流行一个原则——“小即优美”。

4. 结构化设计

设计是一个多步骤的过程，其主要任务是从用户的需求中综合出数据结构的表示、程序结构、程序接口和过程的细节。

程序是由数据所驱动的，数据设计因此是软件系统设计的第一步，系统设计首先要从用户的应用和需求领域中提炼出数据结构。数据结构直接影响程序结构和程序流程。在数据设计中应考虑以下原则。

- 根据软件功能和行为来分析和提取数据结构，软件的数据结构应符合软件的功能要求，使功能易于实现。
- 标识数据结构和与其相关的操作，找出高效的设计。例如一个有序的数据结构，为数据查询带来了效率，却会给添加数据带来麻烦。
- 理清不同数据之间的逻辑关系，明确数据的取值范围。
- 尽量隐藏数据，禁止无关模块访问数据，只允许相关模块看到并操作数据。
- 数据设计也要逐步求精。

- 程序设计语言必须能实现抽象数据结构。
- 进行体系结构设计时，要将程序结构和数据结构相结合，标识出数据在程序模块中的流动。
- 进行体系结构设计时，要将数据隐蔽到模块中，如果相关的数据信息发生变化，只需修改个别模块，其他模块不受影响，从而提高了软件的维护性。
- 在模块内要对可能发生的种种意外故障采取防护。软件是很脆弱的，一个微小的错误就能引发严重的事故，所以必须加强防范，阻止错误的蔓延。
- 模块要具有相对独立性，模块内部联系大，模块之间联系小。
- 模块之间的接口应清晰、简单、明确。

过程设计应该在数据、体系结构设计完成之后进行。定义程序处理过程或算法细节的语言应该含义明确，没有歧义性。自然语言往往要根据特定的语言环境来确定真正的含义，因此过程设计不适宜采用自然语言。为了定义过程，Dijstra 等人提出了三种逻辑结构：顺序结构、选择结构和循环结构。顺序结构实现算法规约的核心处理步骤；选择结构允许根据逻辑条件选择不同的处理方式；循环结构提供了重复处理方式。这三种结构是结构化程序设计的基础。任何程序，无论是哪个应用领域，无论技术上有多么复杂，都可以用这三种结构来设计和实现。

“一幅图胜过千句话”，软件工程师利用流程图来描述过程步骤，基本的流程图本书前面已经说明过。另一个图形化设计工具是盒状图(又称 N-S 图)，盒状图的最基本成分是方盒，两个方盒上下相连表示顺序结构，如图 13.6 所示。if 条件盒加上 if 部分方盒和 else 部分方盒组成 if-else 选择结构，如图 13.7 所示。case 条件盒加上多个 case 部分方盒组成多分支选择结构，如图 13.8 所示。用边界的条件部分将处理部分半包围起来表示循环结构。边界条件位于上方，表示 while 循环结构，如图 13.9 所示；边界条件位于下方，表示 until 循环结构，如图 13.10 所示。

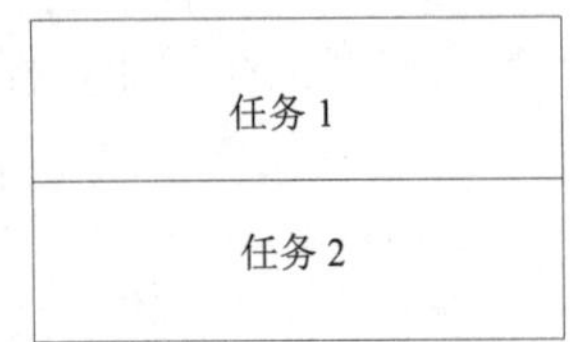

图 13.6　顺序结构

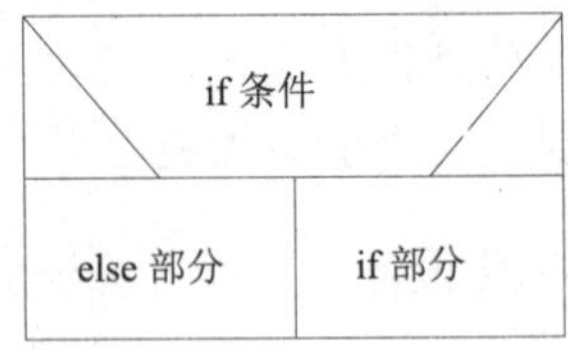

图 13.7　if-else 选择结构

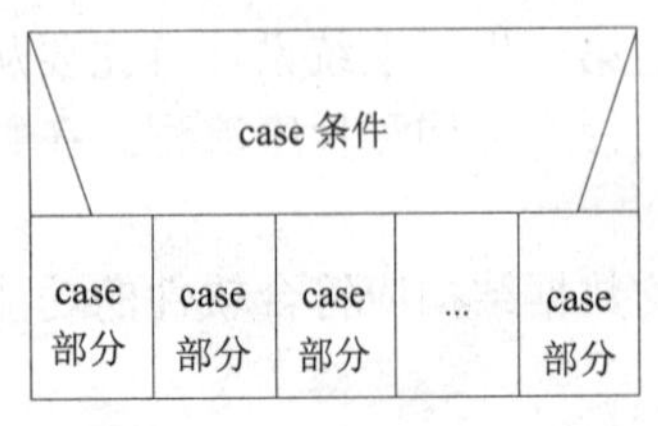

图 13.8　switch-case 选择结构

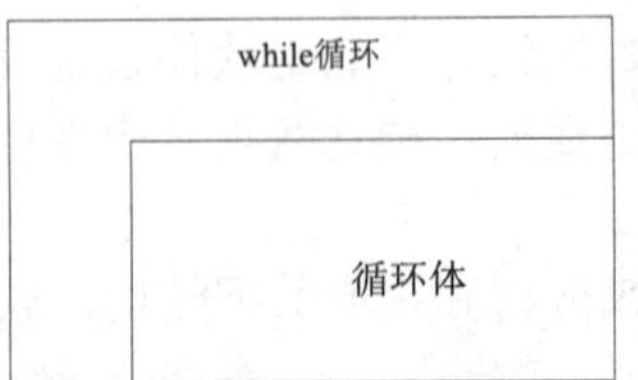

图 13.9　while 循环结构

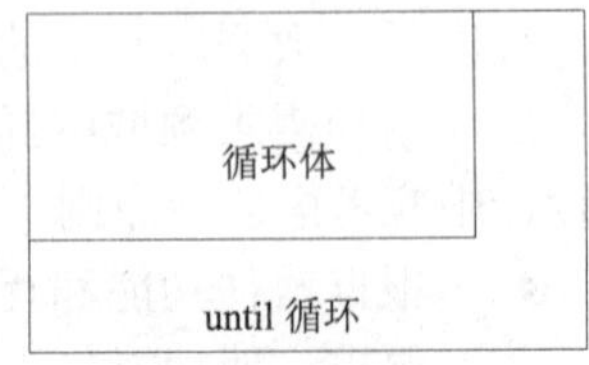

图 13.10　until 循环结构

盒状流程图可以画成分层结构，构成层的方盒可以表示模块的抽象。盒状流程图不允许随意地控制流，用于过程设计，不会破坏结构化程序的组成元素。

13.1.3　软件编码

在有了系统详细的设计说明书后，就可以依据它编写实际的程序。程序不仅给计算机读，还要给程序员读；不仅给自己读，还要给其他人读。为了保证程序代码的可读性，便于程序的修改、扩充、复用等，在编码之前，通常要制定该系统的软件编程规范。

1. 编程规范

编程规范用来约束不同程序员的编程习惯，使整个系统的软件代码具有一致的良好的设计风格。在编程规范中，可以制定许多对编码的具体要求，下面讨论一些较为基本的规范。

编程规范首先要指定编程语言及其标准。就 C 语言而言，有不同的厂商扩展其功能，添加新的特性，其本身也处在不断的发展变化中。1989 年，ANSI(美国国家标准委员会)为 C 语言制定了 C89 标准；1999 年，ISO(国际标准化组织)为 C 语言制定了 C99 标准。这是当前 C 语言程序经常采用的标准。

编程规范其次要为系统中的模块以及子模块指定代号和编码。模块和子模块中使用的全局变量在命名时，应该带上模块或子模块的前缀，以示区分。在程序异常时，如果要显示错误信息，也应该带上模块的代号，以便于定位错误。在模块间传递数据时，通常需要附上源模块和目标模块的编码，以便对数据进行跟踪。

为了便于程序的移植，编程规范要指定对 C 语言本身提供的数据类型进行封装，这样当程序移植到不同的操作系统时，如果其数据类型发生变化，可以对封装类型重新定义，而不需要对整个程序进行修改。例如：

1) 8 位整数

```
typedef unsigned char BYTE;
typedef unsigned char UINT8;
typedef signed   char INT8;
```

2) 16 位整数

```
typedef unsigned short  WORD;
typedef unsigned short  UINT16;
typedef signed   short  INT16;
```

3) 32 位整数

```
typedef unsigned int  DWORD;
typedef unsigned int  UINT32;
typedef signed   int  INT32;
```

4) 浮点数

```
typedef float  FLOAT;
typedef double DOUBLE;
```

5) 布尔型和值

```
#define TRUE     (unsigned char)1;
#define FALSE    (unsigned char)0;
typedef unsigned char   BOOL;
```

6) 指针

```
typedef unsigned char   *LPSTR;
typedef LPSTR          *LPLPSTR;
typedef void *           HANDLE;
typedef void *           LPVOID;
```

在编程规范中还要制定变量的命名规则，变量的命名规则直接关系到程序的可读性，有关这个话题的讨论也最多。Charles Simonyi 设计了一种以前缀为基础的命名方法，这种方法称为“匈牙利命名法”，见表 13.1。

表 13.1 匈牙利命名法示例

前 缀	类 型	示 例
ch	8 位字符(char)	chGrade
b	布尔变量	bEnabled
n	整型	nLength
w	16 位无符号整型(WORD)	wPos
l	32 位有符号整型	lOffset
dw	32 位无符号整型(DWORD)	dwTime
s	字符串	sName
p	指针	pDoc
lp	长指针	lpDoc
lpsz	32 位以 0 结尾的字符串指针	lpszName
g_	全局变量	g_Server
m_	成员变量	m_pDoc

在具体应用中，采用的前缀及前缀表示的含义不尽相同。还有很多程序员在使用变量时，加上了项目或模块的前缀，以区分变量。通常全局变量要使用具有说明性的名字，而局部变量宜采用短名字。

2. 代码保护

有人说完全不会出错误的程序是没有使用价值的，错误总是要伴随程序存在的，在意想不到的情况下就会跳出来。而使用一些有效的代码保护方法，可以大大地减少和抵御异常错误。

1) 预见危险

C 语言在<assert.h>里提供了一种断言的机制，因此可以在程序里加上一些条件测试，如果条件不满足，即断言失败，则程序将会终止(Abort)。

使用断言来预见危险，是一种很无奈的选择，它有可能在程序造成进一步的危害之前，终止程序，起到一定的保护作用。

```
BYTE LoadData()
{
...
```

```
}

main()
{
  /*加载初始数据*/
  load = LoadData();
  assert(SUCCESS == load);
...
}
```

上面程序在启动时需要加载初始数据，一般情况下，LoadData()返回 SUCCESS，程序进入后面的流程；特殊情形下，LoadData()不能返回 SUCCESS，断言 assert()将终止程序执行，并显示如下错误信息：

Assertion failed: SUCCESS == load, file …, line …

2)　主动防御

主动防御是一种很有用的技术，就是在程序里面增加一些代码，专门处理“不可能”出现的情况，也就是那些从逻辑上讲不合理的情况。特别是在一些模块的接口上，对方可能“不按规矩出牌”，程序应该主动地加以防御。

例如，在一个用户界面上要求用户输入性别，M 表示男性，F 表示女性，而用户可能输入既非 M 也非 F 的值，此时程序应该提示用户输入非法，并要求重新输入。

```
while(!done)
{
  chInput = getchar();
  if('M' == chInput || 'm' == chInput)
  {
    /*性别男*/
    ...
    done = TRUE;
  }
  else if('F' == chInput || 'f' == chInput)
  {
    /*性别女*/
    ...
    done = TRUE;
  }
  else
  {
    /*提示输入不合法*/
  }
}
```

一个主动防御的程序应该能主动发现并抵御空指针、下标越界、除零、参数非法等各类异常，保护自己。

3)　亡羊补牢

一个常被忽略的保护措施是检查函数调用的返回值，一些标准库函数和系统调用都有一个有意义的返回值，表示函数调用执行的成功或失败。例如，在读写文件时，首先必须打开文件(可以调用标准 I/O 库函数 fopen())，如果此时错误已经发生，就必须立即终止后续的读写操作，采取有效的补救措施。

检查函数的返回值是一个非常重要的保护措施，如果及时发现错误，尚可亡羊补牢。

```
/*打开文件 OutFile*/
fp = fopen(OutFile, "w");
if(NULL == fp)
{ /*输出错误信息*/
  printf("Cannot open file: %s", OutFile);
  /*打开备份文件 OutFile2*/
  fp = fopen(OutFile2, "w");
  if(NULL == fp)
  { /*输出错误信息*/
    printf("Cannot open file: %s", OutFile2);
    return;
  }

  /*文件写*/
  ... fprintf(fp, ...)
  /*文件关闭*/
  ... fclose(fp)
}
```

4) 良好习惯

程序员在编码中养成一些良好的习惯，对于提高软件质量、排除错误具有举足轻重的作用。例如：

(1) 在代码中添加注释。

(2) 在 C 程序中禁用 goto 语句。虽然 goto 语句可以提高编码的灵活性，但它破坏了结构化程序的顺序过程，会导致程序的结构混乱，程序员完全可以通过其他结构来实现 goto 语句。

(3) 定义的变量要赋予一定的初值。在选择结构中，不同分支要给变量赋不同的值时，很容易漏掉变量赋值，给随后的处理带来错误。定义指针变量要赋给空值(NULL)。

(4) 使用 const 定义不会改变的常量，将不会改变的函数形参声明为 const。

良好的习惯要逐步积累，遵守这些平淡无奇的规则并不困难，却可以有效地提高代码质量，何乐而不为呢？

13.1.4 软件测试

Dijkstra 有一个非常著名的说法：测试可以证明程序中存在错误，但不能证明程序中没有错误。测试是在程序能工作的情况下，为了验证其功能、性能、稳定性等而进行的一系列有目的的试验。

讨论软件测试的文章很多，软件测试的方法和分类也多种多样。下面简要介绍最常见的软件测试策略。

- 单元测试。单元测试对软件模块单元进行验证，只有这些构成软件系统的零部件工作良好，才能进行下一步的测试工作。
- 集成测试。单元测试通过以后，将软件模块集成起来进行测试。集成测试可以检查各个模块之间的接口是否存在问题。
- 确认测试。翻开软件需求文档，对照其中的规约，来确认软件是否满足文档中具体描述的功能要求。
- 系统测试。软件只是整个计算机系统的一部分，还可以将软件放到其应用环境中进行系统测试。

软件测试时，应该形成书面的软件测试报告，记录软件测试的用例，测试环境、方法、过程，以及测试结果。

13.1.5　小结

从软件工程的观点来看待的软件开发过程，见表 13.2。

表 13.2　软件工程各阶段的任务

阶　段	关键问题	结束标准
可行性和需求分析	问题是什么？ 是否能解决？ 能解决哪些问题？	项目可行性报告 软件需求说明书
系统设计	程序如何解决问题？	系统设计说明书
软件编码	程序和模块是否正确？	程序源码文件
软件测试	符合要求吗？	软件测试报告
其他		用户手册 维护日志

13.2　旅店管理系统

本节将用 C 语言开发一个简单的“旅店管理系统”。由于例子较为简单，同时受教材篇幅所限，所以只能简要介绍相关步骤。设计本例的目的是希望能将软件工程的思想运用到实例开发过程中，同时提高对 C 语言的认识，加强使用 C 语言的基本功，并运用 C 语言开发较复杂的应用程序。

13.2.1　需求分析

1. 需求规定

旅店管理系统采用现代成熟的计算机技术来代替传统的基于笔录和账簿的旅店管理系统。经过多次与用户的交流和沟通，深入了解用户的传统管理方式，并对用户的当前需求和期望进行归纳和提炼。该软件实现以下功能需求：

- 客户登记客房；
- 客户退房；
- 客户情况查询；
- 客房配置管理。

2. 运行环境规定

旅店管理系统软件的运行环境如下。

- 硬件配置：个人电脑(PC 机)，硬盘≥400MB，内存≥64MB。

● 软件配置：操作系统 UCDOS，或中文 Windows 95、Windows 98 操作系统及以上。

13.2.2　系统设计

1. 系统总体结构

旅店管理系统软件的体系结构如图 13.11 所示。

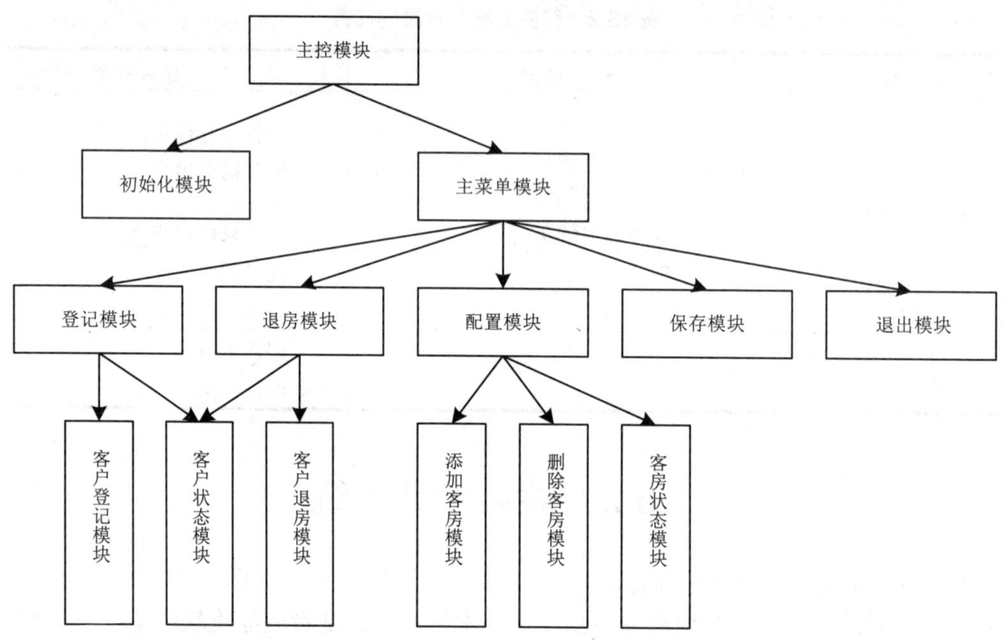

图 13.11　旅店管理系统软件的体系结构

- 主控模块：为软件入口模块，其调用初始化模块后，进入主菜单模块，提供人机交互界面。
- 初始化模块：加载客房数据和客户数据。
- 主菜单模块：提供人机接口界面，接收并处理用户请求，实现旅店管理功能。
- 登记模块：实现旅店用户登记功能。
- 退房模块：实现旅店用户退房功能。
- 配置模块：实现旅店客房配置管理。
- 保存模块：存储当前旅店的客房和客户信息。
- 退出模块：退出旅店管理软件。
- 客户登记模块：实现客户登记功能，记录相关客户信息。
- 客户退房模块：实现客户退房功能，删除相关客户信息。
- 客户状态模块：查看旅店当前客户信息。
- 添加客房模块：添加客房信息。
- 删除客房模块：删除客房信息。
- 客房状态模块：查询客房信息。

2. 开发环境

该软件采用结构化程序设计语言 C 语言实现，遵守 ISO C99 标准。

采用 Visual C++ 6.0 作为软件开发工具。

3. 数据结构设计

该软件要处理客房、客户等数据。

(1) 客房数据结构。

编号　字符型　10 字节　关键字

类型　整型　1 字节

状态　整型　1 字节

客房类型包括：单人间、双人间和三人间。

客房状态包括：空闲和使用中。

客房数据和客户数据之间具有关联性，一个客房可以包含 1～3 个客户。在内存中，通过指针指向相关的客户数据，当存储客房数据时，通过包含相关客户的身份证实现关联。

(2) 客户数据结构。

名字　字符型　30 字节

身份证　字符型　30 字节　关键字

日期　字符型　30 字节　格式(YYYYMMDD)

天数　整型　2 字节

名字为旅店客户名字，身份证为客户关键字，唯一标识一个客户。日期为客户登记客房日期，天数为客户住宿天数。

4. 模块设计

模块设计部分以客户登记模块为例，该模块的流程如图 13.12 所示。

13.2.3 程序代码

1. 程序文件清单

程序文件清单见表 13.3。

表 13.3　旅店管理系统软件程序文件清单

程序文件编号	程序文件名	功能说明	相关文档	开发人员
1	Hotel.h	定义基本数据类型	《旅店管理系统需求说明》 《旅店管理系统设计说明》	
2	Type.h	定义程序主要数据类型	……	
3	CheckIn.c	CheckIn 模块	……	
4	CheckOut.c	CheckOut 模块	……	
5	Config.c	Config 模块	……	

续表

程序文件编号	程序文件名	功能说明	相关文档	开发人员
6	Customer.c	顾客数据链表操作	……	
7	Hotel.c	Main 和 MainMenu 模块	……	
8	Init.c	Init 模块	……	
9	Room.c	客房数据链表操作	……	
10	Save.c	Save 模块	……	

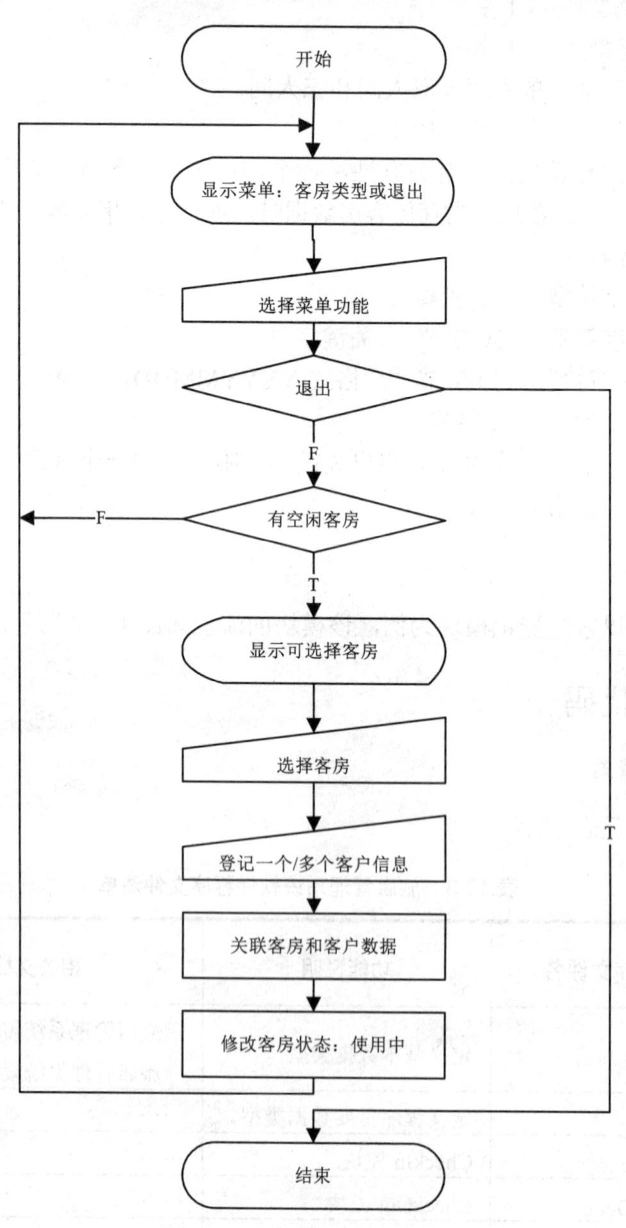

图 13.12　客户登记模块的流程

2. 头文件 Type.h

头文件 Type.h 对 C 语言提供的一些基本数据类型进行封装。在不同的操作系统上，C 语言的实现也存在差别，比如一个 long 型变量在某个系统里为 4 个字节，在另外一个系统里可能为 8 个字节，当一个 C 程序在这样的两个系统间迁移时，就要重新审视程序中的所有 long 型变量，不得不对整个程序进行修改。

使用自定义的封装数据类型，在跨越不同平台时，如果某个 C 语言数据类型实现发生变化，只要重新调整封装数据类型的定义，而不需要对整个程序大动干戈。

Type.h 文件中的代码如下：

```
/*8 位整数*/
typedef  unsigned  char  BYTE;
typedef  unsigned  char  UINT8;
typedef  signed    char  INT8;
/*16 位整数*/
typedef  unsigned  short   WORD;
typedef  unsigned  short   UINT16;
typedef  signed    short   INT16;
/*32 位整数*/
typedef  unsigned  int  DWORD;
typedef  unsigned  int  UINT32;
typedef  signed    int  INT32;
/*浮点数*/
typedef  float  FLOAT;
typedef  double DOUBLE;
/*布尔型和值*/
#define TRUE     (unsigned char)1
#define FALSE    (unsigned char)0
typedef  unsigned  char   BOOL;
/*指针*/
typedef  char*            PSTRING;
typedef  unsigned  char*   UPSTRING;
typedef  void*            PVOID;
/*其他*/
typedef  void             VOID;
#define SUCCESS  (int)0
#define ERROR    (int)-1
```

3. 头文件 Hotel.h

Hotel.h 文件中的代码如下：

```
#include <stdio.h>
#include <conio.h>
#include <stdlib.h>
#include <string.h>
#include <io.h>
#include <direct.h>

/*基本类型*/
#include "Type.h"

/*客房类型*/
```

```
#define SINGLE_ROOM          (BYTE)1    /*单人间*/
#define DOUBLE_ROOM          (BYTE)2    /*双人间*/
#define TRIANGULAR_ROOM      (BYTE)3    /*三人间*/

/*客房状态*/
#define IDLE_STATUS          (BYTE)0    /*空闲*/
#define BUSY_STATUS          (BYTE)1    /*使用中*/

/*一间客房最多容纳顾客人数*/
#define MAX_CUSTOMER_NUM      (BYTE)3

typedef char CUSTOMERID[31];
/*顾客(内存结构)*/
typedef struct _customer
{
    INT8              name[31];          /*名字*/
    CUSTOMERID         id;               /*身份证*/
    INT8              date[9];           /*日期*/
    WORD              days;              /*天数*/
  struct _customer  *next;
} CUSTOMER;
/*顾客(存储结构)*/
typedef struct _customersto
{
    INT8              name[31];          /*名字*/
    CUSTOMERID         id;               /*身份证*/
    INT8              date[9];           /*日期*/
    WORD              days;              /*天数*/
} CUSTOMERSTO;

typedef char ROOMNO[11];
/*客房(内存结构)*/
typedef struct _room
{
    ROOMNO          no;                                 /*编号*/
    BYTE            type;                               /*类型*/
    BYTE            status;                             /*状态*/
    CUSTOMER        *pcustomer[MAX_CUSTOMER_NUM];       /*顾客*/
    struct _room     *next;
} ROOM;

/*客房(存储结构)*/
typedef struct _roomsto
{
    ROOMNO          no;                                 /*编号*/
    BYTE            type;                               /*类型*/
    BYTE            status;                             /*状态*/
    CUSTOMERID       cid[MAX_CUSTOMER_NUM];             /*顾客*/
} ROOMSTO;

/*调试*/
#define DEBUG              1
/*输入提示符*/
#define INPUT_PROMPT        "输入〉"
```

```
/*日志目录*/
#define LOG_DIR            "./log"
/*日志文件*/
#define LOG_FILE           "./log/hotel.log"
/*数据目录*/
#define DATA_DIR           "./data"
/*客房数据文件*/
#define ROOM_FILE          "./data/room.dat"
/*旅客数据文件*/
#define CUSTOMER_FILE       "./data/customer.dat"
```

4. 源文件 Hotel.c

Hotel.c 文件中的代码如下：

```
#if defined(_cplusplus) || defined(c_plusplus)
extern "C" {
#endif
#include  "Hotel.h"

/*初始化*/
extern VOID Init();

/*登记*/
extern INT32 CheckIn();
/*退房*/
extern INT32 CheckOut();
/*配置*/
extern INT32 Config();
/*保存*/
extern INT32 Save();

/*
** 主菜单
*/
static VOID MainMenu()
{
    BYTE choice;
    BOOL change = FALSE;
    BOOL done = FALSE;

   while(!done)
    {
        printf("\n********主 菜 单********\n\n");
        printf("       1   登记\n");
        printf("       2   退房\n");
        printf("       3   配置\n");
        printf("       4   保存\n");
        printf("       5   退出\n");
        printf("\n************************\n");

        printf(INPUT_PROMPT);
        choice=getch();
        if(DEBUG)
        {
            printf("choice:(%c)\n", choice);
        }
```

```
        if( '1' <= choice && choice <= '3')
        {
            change = TRUE;
        }

        switch(choice)
        {
        case '1':
            CheckIn();
            break;
        case '2':
            CheckOut();
            break;
        case '3':
            Config();
            break;
        case '4':
            if(change)
            {
                Save();
                change = FALSE;
            }
            break;
        case '5':
            if(change)
            {
                printf("修改尚未保存, 真的要退出吗?(Y/N)>");
                choice=getch();
                if('Y' == choice && 'y' == choice)
                {
                    done = TRUE;
                }
                printf("\n");
            }
            else
            {
                done = TRUE;
            }
        default:
            printf("请选择和功能对应的数字 1-5\n");
            break;
        }
    }
}

VOID main(int argc, char **args)
{
    /*初始化*/
    Init();

    /*主菜单*/
    MainMenu();
}

#if defined(_cplusplus) || defined(c_plusplus)
}
#endif
```

5. 源文件 Init.c

Init.c 文件中的代码如下：

```
#if defined(_cplusplus) || defined(c_plusplus)
extern "C" {
#endif

#include  "Hotel.h"

extern CUSTOMER *AllocACustomer();
extern CUSTOMER *GetCustomerById(char *id);
extern INT32     LinkCustomer(CUSTOMER *pcustomer);

extern ROOM     *AllocARoom();
extern INT32     LinkRoom(ROOM *proom);

/*读取客户信息*/
INT32 ReadCustomer();
/*读取客房信息*/
INT32 ReadRoom();
/*初始化*/
VOID  Init();

/*
**读取客户信息
*/
INT32 ReadCustomer()
{
    INT32          count = 0;
    CUSTOMER      *pcustomer = NULL;
    FILE          *pfile = NULL;
    CUSTOMERSTO    cstore;

    if(DEBUG)
    {
        printf("加载客户数据...\n");
    }

    if(NULL == (pfile = fopen(CUSTOMER_FILE, "rb")))
    {
        return count;
    }

    while(fread(&cstore, sizeof(cstore), 1, pfile))
    {
        if(NULL == (pcustomer = AllocACustomer()))
        {
            break;
        }

        strcpy(pcustomer->name,  cstore.name); /*名字*/
        strcpy(pcustomer->id,    cstore.id);   /*身份证*/
        strcpy(pcustomer->date,  cstore.date); /*日期*/
        pcustomer->days =        cstore.days;  /*天数*/

        if(DEBUG)
        {
```

```
            printf("顾客[%d]\n",  count);
            printf("名字:%s\n",   pcustomer->name);
            printf("身份证:%s\n", pcustomer->id);
            printf("日期:%s\n",   pcustomer->date);
            printf("天数:%d\n\n", pcustomer->days);
        }

        LinkCustomer(pcustomer);
        count ++;
    }

    fclose(pfile);
    return count;
}

/*
**读取客房信息
*/
INT32 ReadRoom()
{
    INT32      count = 0;
    ROOM      *proom = NULL;
    FILE      *pfile = NULL;
    ROOMSTO    rstore;
    INT32      i;

    if(DEBUG)
    {
        printf("加载客房数据...\n");
    }

    if(NULL == (pfile = fopen(ROOM_FILE, "rb")))
    {
        return count;
    }

    while( fread(&rstore, sizeof(rstore), 1, pfile) )
    {
        proom = AllocARoom();
        if(NULL == proom)
        {
            break;
        }

        strcpy(proom->no,  rstore.no);       /*编号*/
        proom->type =      rstore.type;      /*类型*/
        proom->status =    rstore.status;    /*状态*/
        for(i=0; i<proom->type; i++)         /*顾客*/
        {
            proom->pcustomer[i] = GetCustomerById(rstore.cid[i]);
        }

        if(DEBUG)
        {
            printf("客房[%d]\n",  count);
            printf("编号:%s\n",   proom->no);
            printf("类型:%d\n",   proom->type);
            printf("状态:%d\n",   proom->status);
```

```
            printf("顾客:", count);
             for(i=0; i<proom->type; i++)
             {
                 if(NULL != proom->pcustomer[i])
                 {
                     printf("%s/", proom->pcustomer[i]->name);
                 }
             }
            printf("\n\n");
        }

        LinkRoom(proom);
         count ++;
    }

    fclose(pfile);
    return count;
}

/*
**初始化
*/
VOID Init()
{
    /*读取客户信息*/
    ReadCustomer();

    /*读取客房信息*/
    ReadRoom();

    return;
}

#if defined(_cplusplus) || defined(c_plusplus)
}
#endif
```

6. 源文件 CheckIn.c

文件 CheckIn.c 中的代码如下：

```
#if defined(_cplusplus) || defined(c_plusplus)
extern "C" {
#endif

#include  "Hotel.h"

extern CUSTOMER *AllocACustomer();
extern INT32    LinkCustomer(CUSTOMER *pcustomer);
extern INT32    ListCustomer();

extern ROOM *roomLink;
extern INT8 *RoomType(char type);
extern ROOM *GetRoomByNo(ROOMNO no);

/*
**顾客登记
*/
```

```
INT32 Register()
{
    BYTE      choice, type;
    INT8      line[256];
    INT32     count, i;
    CUSTOMER  *pcustomer = NULL;
    ROOM      *proom = NULL;
    ROOMNO    no;

    while(TRUE)
    {
        printf("\n 请选择客房类型(1 单人间 2 双人间 3 三人间 4 返回)〉 ");

        choice=getch();
        switch(choice)
        {
        case '1':
            type = SINGLE_ROOM;
            break;
        case '2':
            type = DOUBLE_ROOM;
            break;
        case '3':
            type = TRIANGULAR_ROOM;
            break;
        default:
            return 0;
        }

        count = 0;
        proom = roomLink;
        while(NULL != proom)
        {
            if( proom->type == type &&
                proom->status == IDLE_STATUS)
            {
              if(0 == count)
              {
                printf("\n 可选择客房: ");
              }

              printf("%s ", proom->no);
                count ++;
            }
          proom = proom->next;
        }

        if(0 == count)
        {
            printf("\n%s 已满。", RoomType(type));
            continue;
        }

        printf("\n 输入客房编号〉 ");
        gets(no);
        proom = GetRoomByNo(no);
        if(NULL == proom || IDLE_STATUS != proom->status)
        {
```

```
                continue;
            }

            for(i=0; i<proom->type; i++)
            {
                if(i>0)
                {
                    printf("登记另一个顾客(Y/N)〉 ");
                    choice=getch();
                    if('Y' != choice && 'y' != choice)
                    {
                        break;
                    }
                    printf("\n");
                }

                pcustomer = AllocACustomer();
                if(NULL == pcustomer)
                {
                    return ERROR;
                }

                printf("输入顾客名字〉 ");
                gets(pcustomer->name);
                printf("输入顾客证件〉 ");
                gets(pcustomer->id);
                printf("输入日期〉 ");
                gets(pcustomer->date);
                printf("输入天数〉 ");
                gets(line);
                pcustomer->days = atoi(line);

                /*加入链表*/
              LinkCustomer(pcustomer);
                /*指向客户结点*/
                proom->pcustomer[i] = pcustomer;
            }

            proom->status = BUSY_STATUS;
        }

        return SUCCESS;
}

INT32 CheckIn()
{
        BYTE choice;
        BOOL done = FALSE;

        while(!done)
        {
            printf("\n");
            printf("********* 登记 ********\n\n");
            printf("    1  顾客登记\n");
            printf("    2  顾客列表\n");
            printf("    3  回主菜单\n\n");
            printf("***********************\n");
```

```
        printf(INPUT_PROMPT);
        choice=getch();
        if(DEBUG)
        {
            printf("choice:(%c)\n", choice);
        }

        switch(choice)
        {
        case '1':
            Register();
            break;
        case '2':
            ListCustomer();
            break;
        default:
            done = TRUE;
            break;
        }
    }

    return SUCCESS;
}

#if defined(_cplusplus) || defined(c_plusplus)
}
#endif
```

7. 源文件 CheckOut.c

CheckOut.c 文件中的代码如下：

```
#if defined(_cplusplus) || defined(c_plusplus)
extern "C" {
#endif

#include  "Hotel.h"

extern CUSTOMER *customerLink;

extern ROOM* GetRoomByCustomer(CUSTOMER *pcustomer);
extern CUSTOMER *GetCustomerById(CUSTOMERID id);
extern INT32 DeleteCustomerById(CUSTOMERID id);

/*
** 顾客退房
*/
INT32 Check()
{
    CUSTOMERID        id;
    CUSTOMER         *pcustomer = NULL;
    ROOM             *proom = NULL;
    INT32             i, count;
    BYTE              choice;

    while(NULL != customerLink)
    {
        printf("\n 身份证〉 ");
        gets(id);
```

```
        pcustomer =  GetCustomerById(id);
        if(NULL != pcustomer)
        {
          proom = GetRoomByCustomer(pcustomer);
            if(NULL != proom)
            {
                printf("顾客(%s)退出客房(%s)。\n", pcustomer->name,
                proom->no);
                count = 0;
                for(i=0; i<proom->type; i++)
                {
                    if( proom->pcustomer[i] == pcustomer )
                    {
                        proom->pcustomer[i] = NULL;
                    }
                    else if(NULL != proom->pcustomer[i])
                    {
                        count ++;
                    }
                }
                if(0 == count)
                {
                    proom->status = IDLE_STATUS;
                }
            }

            DeleteCustomerById(id);
        }
        else
        {
            printf("顾客(%s)不存在。", id);
        }

        printf("\n继续(Y/N)〉 ");
       choice=getch();
        if('Y' != choice && 'y' != choice)
        {
            break;
        }
        printf("\n");
    }

    return SUCCESS;
}

/*
**显示客户
*/
INT32 ListCustomer()
{
    ROOM     *proom = NULL;
    CUSTOMER *pcustomer = customerLink;

    if(NULL == customerLink)
    {
        printf("无客户。\n");
    }

    while(NULL != pcustomer)
```

```
    {
        printf("\n顾客: %s", pcustomer->name);
        printf("\n证件: %s", pcustomer->id);
        proom = GetRoomByCustomer(pcustomer);
        if(NULL != proom)
        {
            printf("\n客房: %s", proom->no);
        }
        printf("\n日期: %s",  pcustomer->date);
        printf("\n天数: %d\n", pcustomer->days);

        pcustomer = pcustomer->next;
    }

    return SUCCESS;
}

/*
**退房
*/
INT32 CheckOut()
{
    BYTE choice;
    BOOL done = FALSE;

    while(!done)
    {
        printf("\n");
        printf("********* 退房*********\n\n");
        printf("    1  顾客退房\n");
        printf("    2  顾客列表\n");
        printf("    3  回主菜单\n\n");
        printf("************************\n");
        printf(INPUT_PROMPT);
        choice=getch();
        if(DEBUG)
        {
            printf("choice:(%c)\n", choice);
        }

        switch(choice)
        {
        case '1':
            Check();
            break;
        case '2':
            ListCustomer();
            break;
        default:
            done = TRUE;
            break;
        }
    }

    return SUCCESS;
}

#if defined(_cplusplus) || defined(c_plusplus)
```

```
}
#endif
```

8. 源文件 Config.c

Config.c 文件中的代码如下：

```
#if defined(_cplusplus) || defined(c_plusplus)
extern "C" {
#endif

#include  "Hotel.h"

extern CUSTOMER *customerLink;
extern ROOM     *roomLink ;

extern BOOL      RoomExists(char *no);
extern INT32     LinkRoom(ROOM *proom);
extern INT32     DeleteRoomNode(char *no);
extern ROOM     *AllocARoom();
extern INT8     *RoomType(char type);
extern INT8     *RoomStatus(ROOM *proom);
extern ROOM     *GetRoomByCustomer(CUSTOMER *pcustomer);

/*添加客房*/
INT32 AddRoom();
/*删除客房*/
INT32 DeleteRoom();
/*显示客房*/
INT32 ListRoom();
/*配置*/
INT32   Config();

/*
**添加客房
*/
INT32 AddRoom()
{
    BYTE     choice;
    ROOM    *proom = NULL;
    ROOMNO   no;

    while(TRUE)
    {
        printf("\n 请输入客房编号〉 ");
        gets(no);
        if(RoomeExists(no))
        {
            printf("客房(%s)已存在。\n", no);
        }
        else
        {
            if(NULL == (proom = AllocARoom()))
            {
                return ERROR;
            }
            strcpy(proom->no, no);
```

```
            printf("请选择客房类型(1 单人间 2 双人间 3 三人间)〉 ");
            choice=getch();
            switch(choice)
            {
            case '2':
                proom->type = DOUBLE_ROOM;
                break;
            case '3':
                proom->type = TRIANGULAR_ROOM;
                break;
            default:
                proom->type = SINGLE_ROOM;
                break;
            }

            LinkRoom(proom);
        }

        printf("\n 继续添加另一个客房(Y/N)〉 ");
        choice=getch();
        if('Y' != choice && 'y' != choice)
        {
            break;
        }
    }

    return SUCCESS;
}

/*
**删除客房
*/
INT32 DeleteRoom()
{
    INT8      no[11];
    BYTE      choice;
    ROOM     *proom = NULL;

    while(NULL != roomLink)
    {
        printf("\n 客房编号〉 ");
        gets(no);

        printf("\n 确定要删除客房(%s)? (Y/N)〉 ", no);
        choice=getch();
        printf("\n");
        if('Y' == choice || 'y' == choice)
        {
            if(RoomeExists(no))
            {
                if(SUCCESS == DeleteRoomNode(no))
                {
                    printf("删除客房(%s)。\n", no);
                }
            }
            else
            {
                printf("客房(%s)不存在。\n", no);
            }
```

```
        }

        printf("继续删除另一个客房? (Y/N)〉 ");
        choice=getch();
        if('Y' != choice && 'y' != choice)
        {
            break;
        }
        printf("\n");
    }

    return SUCCESS;
}

/*
**显示客房
*/
INT32 ListRoom()
{
    INT32   i;
    ROOM    *proom = roomLink;

    if(NULL == roomLink)
    {
        printf("无客房。\n");
    }

    while(NULL != proom)
    {
        printf("\n 房间号: %s", proom->no);
        printf("\n 房间类型: %s", RoomType(proom->type));
        printf("\n 状态: %s", RoomStatus(proom));
        if( IDLE_STATUS != proom->status )
        {
            printf("\n 顾客: ");
            for(i = 0; i<proom->type; i++)
            {
                if(NULL != proom->pcustomer[i])
                {
                    printf("%s/", proom->pcustomer[i]->name);
                }
            }
            printf("\n");
        }
        printf("\n");

        proom = proom->next;
    }

    return SUCCESS;
}

/*
**配置菜单
*/
INT32 Config()
{
    BYTE choice;
    BOOL done = FALSE;
```

```
    while(!done)
    {
        printf("\n");
        printf("********* 配 置*********\n\n");
        printf("    1  增加客房\n");
        printf("    2  删除客房\n");
        printf("    3  客房状态\n");
        printf("    4  回主菜单\n\n");
        printf("************************\n");
        printf(INPUT_PROMPT);
        choice=getch();
        if(DEBUG)
        {
            printf("choice:(%c)\n", choice);
        }

        switch(choice)
        {
        case '1':
            AddRoom();
            break;
        case '2':
            DeleteRoom();
            break;
        case '3':
            ListRoom();
            break;
        default:
            done = TRUE;
            break;
        }
    }

    return SUCCESS;
}

#if defined(_cplusplus) || defined(c_plusplus)
}
#endif
```

9. 源文件 Save.c

Save.c 文件中的代码如下：

```
#if defined(_cplusplus) || defined(c_plusplus)
extern "C" {
#endif

#include  "Hotel.h"

extern CUSTOMER *customerLink;
extern ROOM     *roomLink ;

/*备份文件*/
INT32 BackupFile(char *filename);
/*备份*/
INT32 Backup();
```

```
/*保存客户信息*/
INT32 SaveCustomer();
/*保存客房信息*/
INT32 SaveRoom();
/*保存*/
INT32 Save();

/*
**备份文件
*/
INT32 BackupFile(char *filename)
{
INT8      backfile[256];
INT8      buffer[256];
DWORD     n;
FILE     *pfile = NULL;
FILE     *pback = NULL;

    if(0 != access((char*)filename, 0))
    {
        return SUCCESS;
    }

    /*备份文件名*/
    strcpy(backfile, filename);
    strcat(backfile, ".bak");

    if( NULL == (pback = fopen(backfile, "wb")) ||
        NULL == (pfile = fopen(filename, "rb")) )
    {
        return ERROR;
    }

    while( n = fread(buffer, 1, sizeof(buffer), pfile) )
    {
       if(n != fwrite(buffer, 1, n, pback) )
       {
          return ERROR;
       }
    }


    if(0 == fclose(pfile) && 0 ==fclose(pback))
    {
       return SUCCESS;
    }
    return ERROR;
}

/*
**备份
*/
INT32 Backup()
{
     return BackupFile(ROOM_FILE) | BackupFile(CUSTOMER_FILE);
}

/*
**保存客户信息
```

```
*/
INT32 SaveCustomer()
{
CUSTOMER     *pcustomer = NULL;
FILE        *pfile = NULL;
CUSTOMERSTO   cstore;

pcustomer = customerLink;
pfile = fopen(CUSTOMER_FILE, "wb");
if( NULL == pfile )
    {
       printf("Cannot open file (%s).", CUSTOMER_FILE);
        return ERROR;
    }

    while( NULL != pcustomer )
    {
       strcpy(cstore.name,   pcustomer->name);
       strcpy(cstore.id,     pcustomer->id);
       strcpy(cstore.date,   pcustomer->date);
       cstore.days  =       pcustomer->days;

       if(1 != fwrite(&cstore, sizeof(cstore), 1, pfile))
       {
          printf("Cannot write file (%s).", CUSTOMER_FILE);
          return ERROR;
       }

        pcustomer = pcustomer->next;
    }

    if(0 != fclose(pfile))
    {
       printf("Cannot close file (%s).", CUSTOMER_FILE);
       return ERROR;
    }

     return SUCCESS;
}

/*
**保存客房信息
*/
INT32 SaveRoom()
{
INT32    i;
ROOM    *proom = NULL;
FILE    *pfile = NULL;
ROOMSTO  rstore;

if( NULL == (pfile = fopen(ROOM_FILE, "wb")) )
    {
       printf("Cannot open file (%s).", ROOM_FILE);
        return ERROR;
    }

proom = roomLink;
while( NULL != proom )
    {
       strcpy(rstore.no, proom->no);
```

```
        rstore.type = proom->type;
        rstore.status = proom->status;
        for(i=0;  i<rstore.type; i++)
        {
             if(NULL != proom->pcustomer[i])
             {
               strcpy(rstore.cid[i], proom->pcustomer[i]->id);
             }
        }

        if(1 != fwrite(&rstore, sizeof(rstore), 1, pfile))
        {
           printf("Cannot write file (%s).", ROOM_FILE);
           return ERROR;
        }

        proom = proom->next;
     }


    if(0 != fclose(pfile))
    {
       printf("Cannot close file (%s).", ROOM_FILE);
       return ERROR;
    }
    return SUCCESS;
}

/*
**保存
*/
INT32 Save()
{
    Backup();

if(0 != access((char*)DATA_DIR, 0))
    {
       if( 0 != mkdir((char*)DATA_DIR))
        {
            return ERROR;
        }
    }

if(SUCCESS != SaveRoom() || SUCCESS !=SaveCustomer())
    {
        return ERROR;
    }

    return SUCCESS;
}

#if defined(__cplusplus) || defined(c_plusplus)
}
#endif
```

10. 源文件 Customer.c

Customer.c 文件中的代码如下：

```
#if defined(_cplusplus) || defined(c_plusplus)
extern "C" {
#endif

#include  "Hotel.h"

/*
** 顾客数据链表
*/
CUSTOMER *customerLink = NULL;

CUSTOMER *AllocACustomer()
{
    CUSTOMER* pnode = (CUSTOMER*)malloc(sizeof(CUSTOMER));
    if(NULL != pnode)
    {
       memset(pnode, 0, sizeof(CUSTOMER));
    }
else
    {
        printf("cannot alloc a customer node.");
    }

return pnode;
}

INT32 LinkCustomer(CUSTOMER *pcustomer)
{
if(NULL != customerLink)
    {
        pcustomer->next = customerLink;

    }
customerLink = pcustomer;

    return SUCCESS;
}

CUSTOMER *GetCustomerById(CUSTOMERID id)
{
    CUSTOMER *pnode = customerLink;

    while(NULL != pnode)
    {
        if(strcmp(id, pnode->id) == 0)
        {
            return pnode;
        }

        pnode = pnode->next;
    }

    return NULL;
}

INT32 DeleteCustomerById(CUSTOMERID id)
{
    CUSTOMER *plast = NULL;
```

```
    CUSTOMER *pnode = customerLink;

    while(NULL != pnode)
    {
        if(strcmp(id, pnode->id) == 0)
        {
            break;
        }
        plast = pnode;
        pnode = pnode->next;
    }

    if(NULL != pnode)
    {
        if(customerLink == pnode)
        {
            customerLink = pnode->next;
        }
        else
        {
            plast->next = pnode->next;
        }
        free(pnode);
    }

    return SUCCESS;
}

#if defined(_cplusplus) || defined(c_plusplus)
}
#endif
```

11. 源文件 Room.c

Room.c 文件中的代码如下：

```
#if defined(_cplusplus) || defined(c_plusplus)
extern "C" {
#endif

#include  "Hotel.h"

/*
** 客房数据链表
*/
ROOM  *roomLink = NULL;

ROOM *AllocARoom()
{
    ROOM* pnode = (ROOM*)malloc(sizeof(ROOM));
    if(NULL != pnode)
    {
       memset(pnode, 0, sizeof(ROOM));
    }
    else
    {
```

```
        printf("cannot alloc a room node.");
    }

    return pnode;
}

BOOL RoomeExists(char *no)
{
    ROOM *proom = roomLink;
    while(NULL != proom)
    {
        if(0 == strcmp(proom->no, no))
        {
            return TRUE;
        }

        proom = proom->next;
    }

    return FALSE;
}

INT32 DeleteRoomNode(ROOMNO no)
{
    ROOM    *plast = NULL;
    ROOM    *proom = roomLink;

    while(proom)
    {
        if(strcmp(proom->no, no) == 0)
        {
            break;
        }

        plast = proom;
        proom = proom->next;
    }

    if(proom)
    {
        if(proom == roomLink)
        {
            roomLink = proom->next;
        }
        else
        {
            plast->next = proom->next;
        }

        free((void*) proom);

        return SUCCESS;
    }

    return ERROR;
}
```

```
INT8* RoomStatus(ROOM *proom)
{
    if(IDLE_STATUS == proom->status)
    {
        return "空闲";
    }
    else
    {
        return "使用中";
    }
}

INT8* RoomType(BYTE type)
{
    if(SINGLE_ROOM == type)
    {
        return "单人间";
    }
    else if(DOUBLE_ROOM == type)
    {
        return "双人间";
    }
    else if(TRIANGULAR_ROOM == type)
    {
        return "三人间";
    }
    else
    {
        return "?";
    }
}

INT32 RoomCmp(char *pno1, char *pno2)
{
    INT32 len1 = strlen(pno1);
    INT32 len2 = strlen(pno2);

    if(len1 == len2)
    {
        return strcmp(pno1, pno2);
    }
    else
    {
        return len1 - len2;
    }
}

INT32 LinkRoom(ROOM *proom)
{
    INT32    cmp;
    ROOM    *p1 = NULL;
    ROOM    *p2 = NULL;

    p2= roomLink;
    while(NULL != p2)
    {
        cmp = RoomCmp(proom->no, p2->no);
```

```
        if( cmp < 0 )
        {
            break;
        }
        else if( cmp == 0 )
        {
            return ERROR;
        }

        p1 = p2;
        p2 = p2->next;
    }

   proom->next = p2;
    if(p2 == roomLink)
    {
        roomLink = proom;
    }
    else
    {
        p1->next = proom;
    }


    return SUCCESS;
}

ROOM* GetRoomByNo(ROOMNO no)
{
    ROOM  *proom = roomLink;

    while(NULL != proom)
    {
        if(0 == strcmp(proom->no, no))
        {
            break;
        }

        proom = proom->next;
    }

    return proom;
}

ROOM* GetRoomByCustomer(const CUSTOMER *pcustomer)
{
    INT32  i;
    ROOM  *proom = roomLink;

    while(NULL != proom)
    {
        for(i=0; i<proom->type; i++)
        {
            if(pcustomer == proom->pcustomer[i])
            {
                return proom;
            }
        }
```

```
        proom = proom->next;
    }

    return proom;
}

#if defined(_cplusplus) || defined(c_plusplus)
}
#endif
```

13.2.4　软件测试

软件测试是针对系统的各项功能，预先设计好测试数据并预测相应的输出结果，通过检查输出结果，确定功能是否正确。

在软件测试时，要详细记录测试记录，图 13.13 所示是一个测试记录示例。

<table>
<tr><td>测试编号</td><td>1</td><td>功能名称</td><td colspan="2">客户登记</td></tr>
<tr><td>时间</td><td colspan="2">2015-04-01</td><td>测试人</td><td>×××</td></tr>
<tr><td colspan="5">测试条件：已添加≥3 个客房</td></tr>
<tr><td colspan="5">测试数据：客户名字：张三
身份证：340401197001011234
日期：2015-04-01
天数：3</td></tr>
<tr><td colspan="5">测试步骤：
(1) 配置客房
(2) 用户登记
(3) 查看用户状态
(4) 查看客房状态</td></tr>
<tr><td colspan="5">测试结果：通过(√) 部分通过( ) 失败( ) 未测试( )</td></tr>
<tr><td colspan="5">本功能最终测试结论：</td></tr>
</table>

图 13.13　软件测试记录

附录 A　运算符的优先级和结合性

<table>
<tr><th>优先级</th><th>运 算 符</th><th>运算符的功能</th><th>运算类别</th><th>结合方向</th></tr>
<tr><td>最高
15</td><td>( )
[ ]
->
.</td><td>圆括号、函数参数表
数组元素下标
指向结构体成员
结构体成员</td><td></td><td>自左至右</td></tr>
<tr><td>14</td><td>!
~
++、--
+
-
*
&
(类型名)
sizeof</td><td>逻辑非
按位取反
自增 1、自减 1
求正
求负
间接运算符
求地址运算符
强制类型转换
求所占字节数</td><td>单目运算</td><td>自右至左</td></tr>
<tr><td>13</td><td>*、/、%</td><td>乘、除、整数求余</td><td>双目算术运算</td><td>自左至右</td></tr>
<tr><td>12</td><td>+、-</td><td>加、减</td><td>双目算术运算</td><td>自左至右</td></tr>
<tr><td>11</td><td><<、>></td><td>左移、右移</td><td>移位运算</td><td>自左至右</td></tr>
<tr><td>10</td><td><、<=、>、>=</td><td>小于、大于或等于、大于、大于或等于</td><td>关系运算</td><td>自左至右</td></tr>
<tr><td>9</td><td>==、!=</td><td>等于、不等</td><td>关系运算</td><td>自左至右</td></tr>
<tr><td>8</td><td>&</td><td>按位与</td><td>位运算</td><td>自左至右</td></tr>
<tr><td>7</td><td>^</td><td>按位异或</td><td>位运算</td><td>自左至右</td></tr>
<tr><td>6</td><td>|</td><td>按位或</td><td>位运算</td><td>自左至右</td></tr>
<tr><td>5</td><td>&&</td><td>逻辑与</td><td>逻辑运算</td><td>自左至右</td></tr>
<tr><td>4</td><td>||</td><td>逻辑或</td><td>逻辑运算</td><td>自左至右</td></tr>
<tr><td>3</td><td>? :</td><td>条件运算</td><td>三目运算</td><td>自右至左</td></tr>
<tr><td>2</td><td>=、+=、-=、*=、
/=、%=、&=、^=、
!=、<<=、>>=</td><td>赋值、
运算且赋值</td><td>双目运算</td><td>自右至左</td></tr>
<tr><td>最低
1</td><td>,</td><td>顺序求值</td><td>顺序运算</td><td>自左至右</td></tr>
</table>

说明：同一优先级的运算次序有结合方向决定。例如，*号和/号有相同的优先级，其结合方向为自左至右，因此，3*5/4 的运算次序是先乘后除。单目运算符--和++具有同一优先级，结合方向为自右至左，因此，表达式：--i++相当于--(i++)。

附录 B　常用字符与 ASCII 代码对照表

<table>
<tr><th>ASCII码</th><th>字符</th><th>ASCII码</th><th>字符</th><th>ASCII码</th><th>字符</th><th>ASCII码</th><th>字符</th><th>ASCII码</th><th>字符</th><th>ASCII码</th><th>字符</th></tr>
<tr><td>000</td><td>NUL</td><td>022</td><td>SYN(^V)</td><td>044</td><td>,</td><td>066</td><td>B</td><td>088</td><td>X</td><td>110</td><td>n</td></tr>
<tr><td>001</td><td>SOH(^A)</td><td>023</td><td>ETB(^W)</td><td>045</td><td>-</td><td>067</td><td>C</td><td>089</td><td>Y</td><td>111</td><td>o</td></tr>
<tr><td>002</td><td>STX(^B)</td><td>024</td><td>CAN(^X)</td><td>046</td><td>.</td><td>068</td><td>D</td><td>090</td><td>Z</td><td>112</td><td>p</td></tr>
<tr><td>003</td><td>ETX(^C)</td><td>025</td><td>EM(^Y)</td><td>047</td><td>/</td><td>069</td><td>E</td><td>091</td><td>[</td><td>113</td><td>q</td></tr>
<tr><td>004</td><td>EOT(^D)</td><td>026</td><td>SUB(^Z)</td><td>048</td><td>0</td><td>070</td><td>F</td><td>092</td><td>\</td><td>114</td><td>r</td></tr>
<tr><td>005</td><td>EDQ(^E)</td><td>027</td><td>ESC</td><td>049</td><td>1</td><td>071</td><td>G</td><td>093</td><td>]</td><td>115</td><td>s</td></tr>
<tr><td>006</td><td>ACK(^F)</td><td>028</td><td>FS</td><td>050</td><td>2</td><td>072</td><td>H</td><td>094</td><td>^</td><td>116</td><td>t</td></tr>
<tr><td>007</td><td>BEL(bell)</td><td>029</td><td>GS</td><td>051</td><td>3</td><td>073</td><td>I</td><td>095</td><td>-</td><td>117</td><td>u</td></tr>
<tr><td>008</td><td>BS(^H)</td><td>030</td><td>RS</td><td>052</td><td>4</td><td>074</td><td>J</td><td>096</td><td>‘</td><td>118</td><td>v</td></tr>
<tr><td>009</td><td>HT(^I)</td><td>031</td><td>US</td><td>053</td><td>5</td><td>075</td><td>K</td><td>097</td><td>a</td><td>119</td><td>w</td></tr>
<tr><td>010</td><td>LF(^J)</td><td>032</td><td>Space</td><td>054</td><td>6</td><td>076</td><td>L</td><td>098</td><td>b</td><td>120</td><td>x</td></tr>
<tr><td>011</td><td>VT(^K)</td><td>033</td><td>!</td><td>055</td><td>7</td><td>077</td><td>M</td><td>099</td><td>c</td><td>121</td><td>y</td></tr>
<tr><td>012</td><td>FF(^L)</td><td>034</td><td>“</td><td>056</td><td>8</td><td>078</td><td>N</td><td>100</td><td>d</td><td>122</td><td>z</td></tr>
<tr><td>013</td><td>CR(^M)</td><td>035</td><td>#</td><td>057</td><td>9</td><td>079</td><td>O</td><td>101</td><td>e</td><td>123</td><td>{</td></tr>
<tr><td>014</td><td>SO(^N)</td><td>036</td><td>$</td><td>058</td><td>:</td><td>080</td><td>P</td><td>102</td><td>f</td><td>124</td><td>|</td></tr>
<tr><td>015</td><td>SI(^O)</td><td>037</td><td>%</td><td>059</td><td>;</td><td>081</td><td>Q</td><td>103</td><td>g</td><td>125</td><td>}</td></tr>
<tr><td>016</td><td>DLE(^P)</td><td>038</td><td>&</td><td>060</td><td><</td><td>082</td><td>R</td><td>104</td><td>h</td><td>126</td><td>~</td></tr>
<tr><td>017</td><td>DC1(^Q)</td><td>039</td><td>’</td><td>061</td><td>=</td><td>083</td><td>S</td><td>105</td><td>i</td><td>127</td><td>del</td></tr>
<tr><td>018</td><td>DC2(^R)</td><td>040</td><td>(</td><td>062</td><td>></td><td>084</td><td>T</td><td>106</td><td>j</td><td></td><td></td></tr>
<tr><td>019</td><td>DC3(^S)</td><td>041</td><td>)</td><td>063</td><td>?</td><td>085</td><td>U</td><td>107</td><td>k</td><td></td><td></td></tr>
<tr><td>020</td><td>DC4(^T)</td><td>042</td><td>*</td><td>064</td><td>@</td><td>086</td><td>V</td><td>108</td><td>l</td><td></td><td></td></tr>
<tr><td>021</td><td>NAK(^U)</td><td>043</td><td>+</td><td>065</td><td>A</td><td>087</td><td>W</td><td>109</td><td>m</td><td></td><td></td></tr>
</table>

说明：表中用十进制数表示 ASCII 码值。符号^代表 Ctrl 键。

附录C 各章习题参考答案

第 1 章

1. 选择题

(1) B　(2) C　(3) D　(4) C　(5) B　(6) B　(7) A

2. 填空题

(1) 结构
(2) 分号或“;”

第 2 章

1. 选择题

(1) B　(2) C　(3) C　(4) A　(5) A　(6) C　(7) D
(8) B　(9) B　(10) B

2. 填空题

(1) 单精度型　双精度型　整型　字符型　枚举型
(2) 字母　数字　下划线
(3) 6　4
(4) 6
(5) (y%2)==1

第 3 章

1. 选择题

(1) B　(2) D　(3) C　(4) B　(5) D　(6) D　(7) A
(8) C　(9) D　(10) B

2. 填空题

(1) 25 21 37
(2) 6,5,A,B
(3) b=1
(4) 5.0,4,c=3
(5) c=3,a=2,b=3

第 4 章

1. 选择题

(1) D　(2) B　(3) A　(4) D　(5) D　(6) D
(7) A　(8) C　(9) A　(10) B

2. 填空题

(1) a<c||b<c
(2) 0
(3) 0
(4) 4599
(5) x<10　　x>=1

第 5 章

1. 选择题

(1) A　(2) A　(3) C　(4) B　(5) C　(6) D　(7) B
(8) B　(9) C　(10) B

2. 填空题

(1) 234
(2) fabs(t)>0.00001　　(3) k/(n*2+1)　　(4) 4*pi
(3) 1 ↙ 2
(4) x=8,y=22
(5) 23

第 6 章

1. 选择题

(1) B　(2) D　(3) D　(4) D　(5) C　(6) D
(7) A　(8) D　(9) C　(10) D

2. 填空题

(1) x
(2) x*x+1
(3) n=1　　s　　3,2,2,3
(4) 7
(5) 4　3　3　4

第 7 章

1. 选择题

(1) C (2) D (3) D (4) B (5) C (6) C (7) B
(8) B (9) C (10) D

2. 填空题

(1) s[i++]
(2) a[i−1] a[9−i]
(3) 5 4
(4) 6
(5) 58

第 8 章

1. 选择题

(1) D (2) B (3) B (4) B (5) C (6) A (7) C (8) A

2. 填空题

(1) 7 (2) double * (3) 36 (4) 5 (5) 28

第 9 章

1. 选择题

(1) D (2) A (3) D (4) D (5) B (6) A (7) C
(8) B (9) D (10) B

2. 填空题

(1) pc,pb 或 pb,pc pc,pa 或 pa,pc pb,pa 或 pa,pb
(2) 7 1
(3) int * *z
(4) 1001
(5) 11

第 10 章

1. 选择题

(1) A　(2) D　(3) B　(4) B　(5) A　(6) D
(7) C　(8) B　(9) C　(10) D

2. 填空题

(1) 80
(2) sizeof(struct node)
(3) x.link=y.link; 或 x.link=&z ;
(4) struct node *
(5) 13431

第 11 章

1. 选择题

(1) D　(2) D　(3) A　(4) B　(5) A　(6) B
(7) D　(8) D　(9) C　(10) D

2. 填空题

(1) Hell
(2) "d1.dat","rb"
(3) !feof(fp)
(4) fopen
(5) fname　fp

第 12 章

1. 选择题

(1) D　(2) A　(3) D　(4) A　(5) A　(6) B　(7) C　(8) D

2. 填空题

(1) 取地址　按位与
(2) a=a^b
(3) x=x&(y–4)
(4) 0000 1111
(5) 0377

参 考 文 献

[1] 谭浩强. C 程序设计[M]. 3 版. 北京：清华大学出版社，2005.

[2] 何光明，童爱红，王国全. C 语言实用培训教程[M]. 北京：人民邮电出版社，2002.

[3] 李玲，桂玮珍，刘莲英. C 语言程序设计教程[M]. 北京：人民邮电出版社，2005.

[4] 杨旭. C 语言程序案例教程[M]. 北京：人民邮电出版社，2005.

[5] 高福成. C 程序设计教程[M]. 天津：天津大学出版社，2004.

[6] 张基温. C 语言程序设计教程[M]. 北京：清华大学出版社，2004.

[7] 王明福. C 语言程序设计教程[M]. 北京：高等教育出版社，2004.

[8] 李春葆. C 程序设计[M]. 北京：清华大学出版社，2002.

[9] 王树武. C 语言程序设计基础教程习题与上机指导[M]. 北京：北京理工大学出版社，2001.

[10] 孟庆昌，刘振英. C 语言程序设计[M]. 北京：人民邮电出版社，2002.

[11] 李盘林，陈宪福，王旭. C 语言程序设计[M]. 北京：科学出版社，1998.

[12] 张宝森，陈彦. C 语言程序设计[M]. 北京：科学出版社，2004.

[13] 崔武子，李青，李红豫. C 语言程序设计辅导实例[M]. 北京：清华大学出版社，2004.

[14] 郝玉洁，等. C 语言程序设计[M]. 北京：机械工业出版社，2000.